科学是永无止境的，它是一个永恒之迷。

——爱因斯坦

"中国制造2025"
出版工程

《"中国制造 2025"出版工程》
编 委 会

国家出版基金项目
NATIONAL PUBLICATION FOUNDATION

"十三五"国家重点出版物
出版规划项目

"中国制造2025"
出版工程

大数据管理系统

江大伟　高云君　陈刚　编著

化学工业出版社

·北　京·

本书详细讨论大数据管理技术的各个分支及其实现技术，包括大数据建模技术、大数据存储和索引技术、大数据查询处理技术、大数据事务处理技术和大数据总线技术，并在此基础上，对大数据应用系统进行了全面分析。

　　本书面向大数据应用的开发人员、大数据管理系统的开发人员以及大数据管理技术的研究人员，也适用于高等院校相关专业师生学习。

图书在版编目（CIP）数据

大数据管理系统/江大伟，高云君，陈刚编著. —北京：化学
工业出版社，2019.1
"中国制造2025"出版工程
ISBN 978-7-122-33327-8

Ⅰ.①大…　Ⅱ.①江…②高…③陈…　Ⅲ.①数据处理系统-
研究　Ⅳ.①TP274

中国版本图书馆CIP数据核字（2018）第268031号

责任编辑：宋　辉　　　　　　　　　　文字编辑：陈　喆
责任校对：宋　夏　　　　　　　　　　装帧设计：尹琳琳

出版发行：化学工业出版社（北京市东城区青年湖南街13号　邮政编码100011）
印　　装：三河市延风印装有限公司
710mm×1000mm　1/16　印张16½　字数304千字　2019年4月北京第1版第1次印刷

购书咨询：010-64518888　　　　　　售后服务：010-64518899
网　　址：http://www.cip.com.cn
凡购买本书，如有缺损质量问题，本社销售中心负责调换。

定　　价：78.00元　　　　　　　　　　　　版权所有　违者必究

序

　　制造业是国民经济的主体，是立国之本、兴国之器、强国之基。近十年来，我国制造业持续快速发展，综合实力不断增强，国际地位得到大幅提升，已成为世界制造业规模最大的国家。但我国仍处于工业化进程中，大而不强的问题突出，与先进国家相比还有较大差距。为解决制造业大而不强、自主创新能力弱、关键核心技术与高端装备对外依存度高等制约我国发展的问题，国务院于2015年5月8日发布了"中国制造2025"国家规划。随后，工信部发布了"中国制造2025"规划，提出了我国制造业"三步走"的强国发展战略及2025年的奋斗目标、指导方针和战略路线，制定了九大战略任务、十大重点发展领域。2016年8月19日，工信部、国家发展改革委、科技部、财政部四部委联合发布了"中国制造2025"制造业创新中心、工业强基、绿色制造、智能制造和高端装备创新五大工程实施指南。

　　为了响应党中央、国务院做出的建设制造强国的重大战略部署，各地政府、企业、科研部门都在进行积极的探索和部署。加快推动新一代信息技术与制造技术融合发展，推动我国制造模式从"中国制造"向"中国智造"转变，加快实现我国制造业由大变强，正成为我们新的历史使命。当前，信息革命进程持续快速演进，物联网、云计算、大数据、人工智能等技术广泛渗透于经济社会各个领域，信息经济繁荣程度成为国家实力的重要标志。增材制造（3D打印）、机器人与智能制造、控制和信息技术、人工智能等领域技术不断取得重大突破，推动传统工业体系分化变革，并将重塑制造业国际分工格局。制造技术与互联网等信息技术融合发展，成为新一轮科技革命和产业变革的重大趋势和主要特征。在这种中国制造业大发展、大变革背景之下，化学工业出版社主动顺应技术和产业发展趋势，组织出版《"中国制造2025"出版工程》丛书可谓勇于引领、恰逢其时。

　　《"中国制造2025"出版工程》丛书是紧紧围绕国务院发布的实施制造强国战略的第一个十年的行动纲领——"中国制造2025"的一套高水平、原创性强的学术专著。丛书立足智能制造及装备、控制及信息技术两大领域，涵盖了物联网、大数据、3D 打印、机器人、智能装备、工业网络安全、知识自动化、人工智能等一系列的核心技术。丛书的选题策划紧密结合"中国制造 2025"规划及 11 个配套实施指南、行动计划或专项规划，每个分册针对各个领域的一些核心技术组织内容，集中体现了国内制造业领域的技术发展成果，旨在加强先进技术的研发、推广和应用，为"中国制造 2025"行动纲领的落地生根提供了有针对性的方向引导和系统性的技术参考。

这套书集中体现以下几大特点：

首先，丛书内容都力求原创，以网络化、智能化技术为核心，汇集了许多前沿科技，反映了国内外最新的一些技术成果，尤其使国内的相关原创性科技成果得到了体现。这些图书中，包含了获得国家与省部级诸多科技奖励的许多新技术，因此，图书的出版对新技术的推广应用很有帮助！这些内容不仅为技术人员解决实际问题，也为研究提供新方向、拓展新思路。

其次，丛书各分册在介绍相应专业领域的新技术、新理论和新方法的同时，优先介绍有应用前景的新技术及其推广应用的范例，以促进优秀科研成果向产业的转化。

丛书由我国控制工程专家孙优贤院士牵头并担任编委会主任，吴澄、王天然、郑南宁等多位院士参与策划组织工作，众多长江学者、杰青、优青等中青年学者参与具体的编写工作，具有较高的学术水平与编写质量。

相信本套丛书的出版对推动"中国制造 2025"国家重要战略规划的实施具有积极的意义，可以有效促进我国智能制造技术的研发和创新，推动装备制造业的技术转型和升级，提高产品的设计能力和技术水平，从而多角度地提升中国制造业的核心竞争力。

中国工程院院士　潘垚鼐

前言

作为过去十年里最重要的信息技术，大数据技术深刻影响了人们生活的方方面面。如今，从在家购物到出门打车，从投资理财到金融风控，从健康管理到公共安全，人们无时无刻不在使用各种大数据。在大数据引领的信息时代下，如何有效管理大数据，从大数据中获取有价值的信息，提升组织者的决策水平，发现新的利润增长点，成为各界持续关注和广泛研究的重要课题。大数据管理技术已经成为互联网等行业的核心竞争力之一。

大数据管理技术涉及了大数据管理的各个方面，包括数据存储、数据查询、数据治理、数据集成、数据处理、数据分析、数据可视化。传统关系数据库的一站式服务已经无法满足大数据领域的数据处理需求。一方面，以互联网应用为代表的大数据应用产生的庞大数据量超出了传统工具的处理能力；另一方面，异构数据源和种类繁多的大数据应用对数据处理和数据查询提出了诸多灵活性需求，这些需求大多不易通过传统的 SQL 查询来实现。为解决数据量大和数据处理需求多样性所带来的挑战，大数据管理技术发展出了一系列革新的数据管理技术。

本书从大数据管理技术产生的历史背景出发，对大数据管理技术的起源和发展进行了全面介绍，详细讨论大数据管理技术，包括大数据建模技术、大数据存储和索引技术、大数据查询处理技术、大数据事务处理技术和大数据总线技术等，并在此基础上，对大数据应用系统进行了全面分析。

本书采取理论与实践并重的方式介绍大数据管理技术。在理论层面，力求覆盖面广，涵盖大数据管理技术的所有重要分支。在具体技术层面，力求深入浅出，重点介绍技术产生的应用背景，以及该技术解决应用中痛点问题的基本原理。对技术实现细节感兴趣的读者，可以通过书中列出的引文，从原始文献中获取相关信息。在实践层面，本书通过三章内容，具体介绍大数据管理技术如何应用于实际的大数据应用系统。希望这样的安排，能够满足不同层面的读者对大数据管理技术的研习需求。

本书面向大数据应用的开发人员、大数据管理系统的开发人员以及大数据管理技术的研究人员，也适用于高等院校相关专业师生学习。本书要求读者具有一定的计算机基础和数据库相关知识。希望本书在帮助读者了解大数据技术发展的同时，能够为相关领域的工作者在进行大数据系统开发时提供借鉴。

本书由浙江大学计算机科学与工程系陈刚教授、江大伟研究员、高云君教授共同编著。在本书的撰写过程中，丹麦奥尔堡大学的助理教授陈璐博士给予了有益的反馈。浙江大学计算机科学与工程系研究生张哲槟、鲁鹏凯、胡文涛、蒋飞跃、卜文凤、张远亮、仲启露等同学参与本书的校对以及插图绘制等工作。在此，向上述在本书撰写过程中给予帮助的老师和同学们表示深深的感谢。

由于作者水平有限，书中难免会有疏漏之处，敬请同行和读者不吝赐教，我们当深表感谢。

编著者

目录

28　第4章　大数据应用开发

第2篇　大数据管理系统实现技术

40　第5章　大数据存储和索引技术

59 第 6 章　大数据查询处理技术

151 第 7 章　大数据事务处理技术

176　第8章　大数据总线技术

第3篇　面向领域应用的大数据管理系统

190　第9章　面向决策支持的云展大数据仓库系统

第1篇

大数据管理
系统基础

第1章

大数据技术简介

1.1 大数据技术的起源

"大数据"一词最早出现于 SGI 公司首席科学家 John R. Mashey 博士在 1999 年 USENIX 年度技术会议上做的特邀报告中。在该报告中，Mashey 博士论述到："人们对网络应用的期望正在不断提升，人们希望网络应用能够创建、存储、理解大数据，数据量越来越大（图片、图像、模型），数据类型越来越多（音频、视频）[1]。"Mashey 博士的论述总结了我们对大数据最初的两点认识：①互联网应用是大数据的驱动型应用；②大数据的特征是数据量大、数据类型多。随后，Laney 博士在一份未公开的研究报告中进一步将大数据的特征定义为数据量大、数据类型杂、数据产生速度快（即 3V）[2]。Laney 博士的定义构成了我们普遍接受的对大数据的描述性定义。

然而，大数据的概念在提出后并没有受到人们的关注，甚至在相当长的时间内被人们遗忘。2000 年 3 月 10 日美国纳斯达克指数创造了 5048.62 点的历史性新高。不幸的是，在随后的黑色星期一（即 3 月 13 日），发生了互联网泡沫破裂，以.com 公司为代表的科技股票遭受大规模抛售。在纳斯达克上市的企业有 500 家破产（其中 90％的企业为互联网企业），惨淡的股市使人们再没有理由不关注互联网应用以及与之相关的大数据技术。

互联网泡沫破裂的原因是多方面的，但是其中最重要的原因是当时的互联网企业无法找到稳定的盈利模式。与传统企业不同，互联网企业并不经营实物资产，而是经营虚拟的数据资产。因此，传统企业研发的实物资产管理和变现技术并不适用于互联网企业。而互联网企业也没有研发出适应自身特点的资产管理和变现技术。由于缺乏有效的资产变现手段，在互联网泡沫破裂前，几乎所有的互联网企业都处于严重亏损状态。糟糕的营收绩效极大地打击了投资者的信心，从而引发了大规模的股票抛售。

幸运的是，互联网产业并没有从此消失。一些互联网企业如亚马逊、谷歌、雅虎等存活了下来。他们反思企业运营中出现的问题，投入大量的精力研发适合自身特点的资产管理和变现技术，向技术要红利。经过近十年的摸索，亚马逊的股价在 2011 年升至 246.71 美元，相较 2001 年泡沫破裂后的 5.51 美元，增长了近 50 倍！如此戏剧性的惊天逆转震惊了所有人。人们纷纷追问两个问题：①互联网企业成功的秘诀是什么？②能否将互联网企业成功的秘诀复制到非互联网企业？

经过研究，人们发现互联网企业成功的秘密在于研发出了适应自身资产特点的"开源节流"技术。首先，互联网企业研发出云计算技术，有效地降低了维护海量数据资产的运营成本；其次，互联网企业研发出大数据管理技术，高效地管理其数据资产；最后，互联网企业研发出大数据分析技术，有效地从数据资产中发现规律，提升数据资产的变现效率。人们将互联网企业研发出的大数据管理技术和大数据分析技术统称为大数据技术。进一步的研究表明，大数据技术乃至云计算技术可以向非互联网企业迁移。也就是说，大数据技术和云计算技术仍然有巨大的潜力和上升空间。

至此，谜底揭开。人们重新以巨大的热情讨论大数据技术。各国政府纷纷制定政策推动大数据技术的研发与应用。大数据相关的研讨经常被《经济学家》[3,4]、《纽约时报》[5] 和"国家公共广播电台"[6,7] 等公共媒体报道。两个主要的科学期刊《自然》和《科学》也开辟了专栏来讨论大数据的挑战和影响[8,9]。

本书主要介绍大数据管理技术。在正式展开讨论之前，我们首先介绍与大数据技术密切相关的云计算技术。

1.2 大数据与云计算

云计算与大数据密切相关。大数据是计算密集型操作的对象，需要消耗巨大的存储空间。云计算的主要目标是在集中管理下使用巨大的计算和存储资源，用微粒度计算能力提供大数据应用。云计算的发展为大数据的存储和处理提供了解决方案。另外，大数据的出现也加速了云计算的发展。基于云计算的分布式存储技术可以有效地管理大数据；借助云计算的并行计算能力可以提高大数据采集和分析的效率。尽管云计算和大数据技术存在很多重叠的技术，但在以下两个方面有所不同。首先，它们的概念在一定程度上是不同的。云计算转换 IT 架构，而大数据影响业务决策。但是，大数据依赖云计算作为平稳运行的基础架构。其次，大数据和云计算有不同的目标客户。云计算是针对首席信息官（CIO）的技术和产品，是一种先进的 IT 解决方案。大数据是针对首席执行官（CEO）、聚焦于业务运营的产品。因为决策者可能直接感受到市场竞争的压力，所以必须以更具竞争力的方式击败对手。随着大数据和云计算的发展，这两种技术当然也越来越相互融合。云计算具有类似于计算机和操作系统的功能，提供系统级资源；大数据及相应的大数据管理系统运行在云计算支持的上层，提供类似于数据库的功能和高效的数据处理能力。

　　大数据的演变受快速增长的应用需求所驱动，而云计算是由虚拟化技术发展而成的。因此，云计算不仅为大数据提供计算和处理，其本身也是一种服务模式。在一定程度上，云计算的发展促进了大数据的发展，两者相辅相成。

参考文献

[1] Diebold F. On the Origin（s）and Development of the Term "Big Data". Pier working paper archive, Penn Institute for Economic Research, Department of Economics, University of Pennsylvania, 2012.

[2] Laney D. 3-D Data Management: Controlling Data Volume, Velocity and Variety. META Group Research Note, 2001.

[3] Cukier K. Data, data everywhere: a special report on managing information. Economist Newspaper, 2010.

[4] Drowning in numbers-digital data will flood the planet and help us understand it better, 2011. http: //www. economist. com/blogs/dailychart/2011/11/bigdata-0.

[5] Lohr S. The age of big data. New York Times, 2012.

[6] Yuki N. Following digital breadcrumbs to big data gold. http: //www. npr. org/2011/11/29/142521910/thedigitalbreadcrumbsthat-lead-to-big-data, 2011.

[7] Yuki N. The search for analysts to make sense of big data. http: //www. npr. org/2011/11/30/142893065/the-searchforanalyststo-make-sense-of-big-data, 2011.

[8] Big data. http: //www. nature. com/news/specials/bigdata/index. html, 2008.

[9] Special online collection: dealing with big data. http: //www. sciencemag. org/site/special/data/, 2011.

第2章

大数据管理系统架构

2.1 大数据管理系统不能采用单一架构

2.1.1 大数据的 5V 特征

麦肯锡研究所将大数据定义为那些用传统数据库软件无法有效地获取、存储、管理和分析的超大规模数据集。在 20 世纪 70 年代，MB（10^6 bytes）级别的数据就能被称作"大"数据了，随着存储介质的更新换代和数据来源的不断扩大，如今能够被称作大数据的数据规模已经从 TB（10^{12} bytes）到 PB（10^{15} bytes），甚至达到了 EB（10^{18} bytes）级别。Gartner 研究机构将大数据的特征概括为 3V：大体量（Volume）、高速性（Velocity）和多样性（Variety），而后其他研究者在此基础上增加了真实性（Veracity）和价值性（Value），它们共同构成了大数据的 5V 特征。

（1）大体量（Volume）

在如今这个信息爆炸的时代，我们每年获取的数据量，都比以前成百上千年所积累的信息总量要多得多。数据的来源十分广泛，股票交易、社交网站、交通网络，每分每秒都有数据源源不断地被收集和存储。随着人们的生活逐渐迈入智能化和云计算的时代，数据量的增长将会难以估量。

要对如此海量的数据进行存储和加工，所需的硬件设备规模也是十分庞大的。以 Google 公司为例，截至 2015 年，他们已经在全球拥有 36 个数据中心，分布于美国、欧洲、南美洲和亚洲等区域。据估计，Google 公司的服务器数量至少有 20 万台，实际的数字可能更多，并且还在不断地增长当中。Google 公司也正在进一步扩展其数据中心的数量，2017 年在另外 12 个地区建立了更多的数据中心。

（2）高速性（Velocity）

大数据的高速性指的是数据以极快的速度被产生、累积、消化和处理。许多数据都具有时效性，这要求它们在一定的时间限度内被消化掉。在很多领域，对这些源源不断产生的海量数据进行实时分析和处理是十分必要的——搜索引擎要能让用户查找到几分钟前发生的事情的新闻报道；个性推荐算法需要根据用户行为特征尽可能快地向用户完成推送；医疗机构通过监测网上的文章和用户搜索记录来跟踪流感传播等。

大数据管理系统，不仅需要对海量的数据进行可靠存储，更要具备高效的数据分析和处理能力，才能适应当今时代下大数据的发展。

（3）多样性（Variety）

传统的数据库管理系统是为了管理交易记录而诞生的，这些结构化的数据能够用关系数据库系统保存和分析。而如今，传播于互联网中的数据已经远不止是简单的交易记录了，数据的类型也从简单的结构化数据转变成了半结构化和非结构化的数据。数据来源的广泛性极大地增加了数据格式的多样性——社交网络中的博客内容、购物网站中的购买记录、移动设备中的位置信息、监控网络中的录像视频、传感仪器上传的测量数据，不一而足。格式的多样性使得很难用传统的结构化数据库软件来存储这些数据，人们需要用新的技术来迎接大数据多样性带来的挑战。

（4）真实性（Veracity）

数据的来源是极其广泛的，通常无法人为进行控制，这就导致了数据的可靠性和完整性的问题。数据的可靠性和完整性决定了数据的质量，如果不加以甄别地对这些质量不一的数据进行统一的加工处理，那么得到的分析结果也将是不可靠的。如何在数据分析处理的过程中对数据的真实性加以判别，将是大数据时代下人们面临的另一个挑战。

（5）价值性（Value）

大数据的价值不在于数据本身，而在于从大数据的分析中所能发掘出的潜在价值。大数据的体量大而价值密度低，大数据的分析挖掘过程就是提升其价值的过程。通过强大的算法来对庞大的数据集合进行有机的组织和分析，大数据中所蕴含的价值才能被提炼出来。

前面的四个特征是从技术的角度看待大数据的特征的，而大数据价值性的实现依赖于技术基础。只有当我们能够解决大数据时代带来的技术挑战时，大数据的价值性才能够得到体现。

2.1.2 关系数据库系统架构的缺陷

1970 年，E. F. Codd 博士发表了有关数据库的关系模型的论文[1]，提出了关系数据库的理论模型。紧接着 IBM 公司便着手开发了关系数据库的原型系统——System R。1973 年，加州大学伯克利分校开发了自己的关系数据库系统 Ingres。至此，关系数据库成了数据库市场的主流，走上了商业化的道路。Oracle 等公司基于 Ingres 项目推出了自己的商业化产品。关系数据库迅速发展起来，成了商业领域数据管理的不二之选。

随着数据库需要处理的数据量的增加，单台计算机的磁盘和性能已经无法对如此多的数据进行存储和分析，并行数据库应运而生。"无共享型"并行数据库的各个节点都是一台单独的计算机，它们拥有各自独立的处理器、内存和磁盘，并通过网络互相连接。数据以哈希或其他方式分散存储于各个节点上，而对数据的操作采取的是分而治之、并行处理的策略。并行数据库的第一代系统诞生于 20 世纪 80 年代，它为用户提供了统一的 SQL 查询语言，掩盖了并行编程的复杂性，其高性能和高可用性使其取得了巨大成功。看起来，并行数据库似乎已经是一个十分完善的系统了。

然而到了 20 世纪 90 年代，万维网的兴起使得 Google、Yahoo 这样的搜索引擎公司需要处理的数据量激增，数据的处理方式也和以前的关系模型大不相同，并行数据库提供的 SQL 查询已不能适应他们的应用需求。Google 为了解决该问题，开发了自己的文件系统——Google File System（GFS），以及相应的编程模型——MapReduce[2]。这就是大数据分析平台 Hadoop 的前身，我们在下一节将会详细介绍。

反观数据库在过去几十年里的发展，数据库厂商致力于往同一个方向发展——One size fits all——使用单一数据库管理系统架构来服务各种各样的应用场景。数据库厂商们希望为所有的用户提供相同软件服务，使他们能在自己的应用中轻松地部署这样的数据库系统。但在应用和需求不断变化的今天，One size fits all 的图景已经不复存在，大数据的出现给管理系统带来的新的挑战，逼迫传统的关系数据库走下历史的舞台，而根据个性需求为用户定制的大数据系统正在兴起。

如今，在数据库系统的各个市场分支上，相比于专门定制的数据库系统，传统的关系数据库的性能都已经远远落后。我们将通过几个例子来说明这一点。

（1）数据仓库

所有主流的数据库管理系统都是使用行存储的，也就是把一条记录的各个属性的值在磁盘上连续存储。行存储方式带来的好处是，当需要写入一条记录的时候，只需要对磁盘进行一次写操作，因此这样的存储方式是面向写优化的。写优化在联机事务处理的应用中显得尤其重要，这也是主流数据库系统采用行存储的原因。

但是数据仓库不同于联机事务处理，通常只是周期地将大量数据导入到数据仓库中而不需要频繁地写入和更新操作，数据仓库需要向用户提供的是强大的即席（ad-hoc）查询能力——让用户根据自己的需求，灵活地选择查询条件，在大规模数据集上做查询并得到相应的统计报表。因此数据仓库需要实现的是面向读优化的系统，而列存储方式能够满足这一要求。在某些应用场景中，一条记录的属性可能多达上百个，但用户查询只关心其中的某几个属性，如果使用行存储模式，那么读取无关属性就会浪费大量的磁盘读取时间，而列存储系统可以只读取特定的属性，极大提升了查询效率。

（2）文本检索

文本检索被广泛地应用于搜索引擎等领域。在文本检索中，最常见的操作主要包含两个方面：将网络爬虫得到的新文档保存到已有目录中；对现有目录进行即席查询。在这样的系统中，写操作通常只包含追加操作，而读操作通常是连续读取。为了提升效率，需要支持对同一文件并发的写入。另外，系统需要有很高的容错率，因为在这样一个由性能一般的机器组成的集群中错误时常发生，系统设计需要具有高可用性和从错误中迅速恢复的能力。

擅长处理传统的交易事务的数据库系统已经难以胜任文本检索这样的工作，即便某些数据库系统已经添加了对文本检索应用的支持，但其性能和易用性也远不及那些专门针对文本检索的定制系统，比如 Google 的 GFS 文件系统。

除了上面提到的数据仓库和文本检索之外，在另外一些领域诸如科学计算数据库、XML 数据库和传感器网络数据，传统数据库管理工具也已经暴露出了其局限性。

单一架构（One size fits all）的时代已经过去，在大数据的浪潮下，数据管理系统的发展正在进入一个新的时期。不同的领域中呈现出各种不同的应用场景，从而对数据管理工具提出个性化要求。数据库管理系统需要不断去适应用户需求，才能在竞争激烈的市场中占得一席之地。

2.2 基于 Hadoop 生态系统的大数据管理系统架构

2.2.1 Hadoop 简介

Hadoop[3] 起源于 Google Lab 开发的 Google File System（GFS）存储系统和 MapReduce 数据处理框架。当时 Google 为了处理其搜索引擎中的大规模网页文件而开发了 MapReduce 并行处理技术，并在 OSDI 会议上发表了题为"MapReduce：Simplified Data Processing on Large Clusters"的论文[2]。Doug Cutting 看到此论文后大受启发，在 Apache Nutch 项目中根据 Google 的设计思想开发了一套新的 MapReduce 并行处理系统，并将其与 Nutch 的分布式文件系统 NDFS 相结合，用以服务 Nutch 项目中搜索引擎的数据处理。2006 年，NDFS 和 MapReduce 从 Nutch 项目中独立出来，被重新命名为 Hadoop，Apache Hadoop 项目正式启动以支持其发展。同年，Hadoop 0.1.0 版本发布。2008 年，Hadoop 成了 Apache 上的顶级项目，发展到今天，Hadoop 已经成了主流的大数据处理平台，与 Spark、HBase、Hive、Zookeeper 等项目一同构成了大数据分析和处理的生态系统。Hadoop 是一个由超过 60 个子系统构成的系统集合。实际使用的时候，企业通过定制 Hadoop 生态系统（即选择相应的子系统）完成其实际大数据管理需求。Hadoop 生态系统由两大核心子系统构成：HDFS 分布式文件系统和 MapReduce 数据处理系统。

2.2.2　HDFS 分布式文件系统

HDFS 是一个可扩展的分布式文件系统，它为海量的数据提供可靠的存储。HDFS 的架构是基于一组特定的节点构建的，其中包括一个 NameNode 节点和数个 DataNode 节点。NameNode 主要负责管理文件系统名称空间和控制外部客户机的访问，它对整个分布式文件系统进行总控制，记录数据分布存储的状态信息。DataNode 则使用本地文件系统来实现 HDFS 的读写操作。每个 DataNode 都保存整个系统数据中的一小部分，通过心跳协议定期向 NameNode 报告该节点存储的数据块的状况。为了保证系统的可靠性，在 DataNode 发生宕机时不致文件丢失，HDFS 会为文件创建复制块，用户可以指定复制块的数目，默认情况下，每个数据块拥有额外两个复制块，其中一个存储在与该数据块同一机架的不同节点上，而另一复制块存储在不同机架的某个节点上。

所有对 HDFS 文件系统的访问都需要先与 NameNode 通信来获取文件分布的状态信息，再与相应的 DataNode 节点通信来进行文件的读写。由于 NameNode 处于整个集群的中心地位，当 NameNode 节点发生故障时整个 HDFS 集群都会崩溃，因此 HDFS 中还包含了一个 Secondary NameNode，它与 NameNode 之间保持周期通信，定期保存 NameNode 上元数据的快照，当 NameNode 发生故障而变得不可用时，Secondary NameNode 可以作为备用节点顶替 NameNode，使集群快速恢复正常工作状态。

NameNode 的单点特性制约了 HDFS 的扩展性，当文件系统中保存的文件过多时 NameNode 会成为整个集群的性能瓶颈。因此在 Hadoop 2.0 中，HDFS

Federation 被提出，它使用多个 NameNode 分管不同的目录，使得 HDFS 具有横向扩展的能力。

2.2.3　MapReduce 数据处理系统

MapReduce 是位于 HDFS 文件系统上一层的计算引擎，它由 JobTracker 和 TaskTracker 组成。JobTracker 是运行在 Hadoop 集群主节点上的重要进程，负责 MapReduce 的整体任务调度。同 NameNode 一样，JobTracker 在集群中也具有唯一性。TaskTracker 进程则运行在集群中的每个子节点上，负责管理各自节点上的任务分配。

当外部客户机向 MapReduce 引擎提交计算作业时，JobTracker 将作业切分成一个个小的子任务，并根据就近原则，把每个子任务分配到保存了相应数据的子节点上，并由子节点上的 TaskTracker 负责各自子任务的执行，并定期向 JobTracker 发送心跳来汇报任务执行状态。

以上介绍的是 Hadoop 1.0 版本中 MapReduce 的架构，但其自身面临着许多局限。其一，JobTracker 的单点故障会导致整个计算任务的失败；其二，JobTracker 由于需要负责所有 TaskTracker 的执行状态和每个子节点的资源利用情况，系统的可扩展性低；其三，根据子节点中存放资源的数量来分配作业的方式不利于整个系统的负载均衡。

为了解决上述的问题，Hadoop 2.0 对 MapReduce 的架构加以改造，对 JobTracker 所负担的任务分配和资源管理两大职责进行分离，在原本的底层 HDFS 文件系统和 MapReduce 计算框架之间加入了新一代架构设计——YARN。Hadoop 1.0 与 Hadoop 2.0 架构对比如图 2-1 所示。YARN 是一个通用的资源管理系统，为上层的计算框架提供统一的资源管理和调度。在新的架构中，ResourceManager 负责整个集群资源的管理和分配，而不需要对作业进行状态追踪；NodeManager 则运行于每个子节点上，对各个节点进行自管理，分担了 ResourceManager 的职责。任务分配的职责也从原本的 JobTracker 中独立出来，由 ApplicationMaster 来负责，并在 NodeManager 控制的资源容器中运行。每个应用程序都有其专门的 ApplicationMaster，负责向 ResourceManager 索要适当的资源容器，运行任务以及跟踪应用程序执行状态。

YARN 新架构采用的责任下放思路使得 Hadoop 2.0 拥有更高的扩展性，资源的动态分配也极大提升了集群资源利用率。不仅如此，ApplicationMaster 的加入使得用户可以将自己的编程模型运行于 Hadoop 集群上，加强了系统的兼容性和可用性。

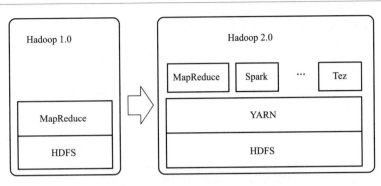

图 2-1　Hadoop 1.0 与 Hadoop 2.0 架构对比

　　HDFS 和 MapReduce 是 Hadoop 生态系统中的核心组件，提供基本的大数据存储和处理能力。以上述两个核心组件为基础，Hadoop 社区陆续开发出一系列子系统完成其他大数据管理需求，这些子系统和 HDFS、MapReduce 一起共同构成了 Hadoop 生态系统。图 2-2 显示了 HortonWorks 公司发布的 Hadoop 生态系统的系统架构。

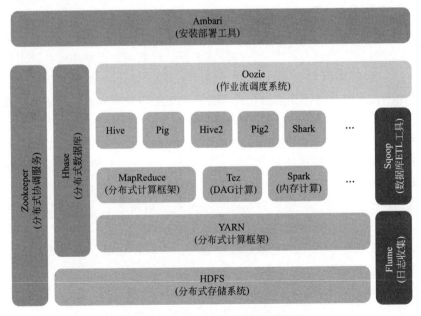

图 2-2　Hadoop 生态系统结构组成

　　综上概括，Hadoop 生态系统为用户提供的是一套可以用来组装自己的个性化数据管理系统的工具，用户根据自己的数据特征和应用需求，对一系列的部件进行有机地组装和部署，就能得到一个完整可用的管理平台。如 2.1.2 节所述，传统数据库软件采用的"One size fits all"的理念在大数据时代已经不再适用，大数据处理对系统架构的灵活性、数据处理伸缩性、数据处理效率提出了更高的要求。Hadoop 生态系统是开源社区对大数据 5V 挑战的解决方案，为大数据管理系统的后续发展奠定了良好的基础。

2.3 面向领域的大数据管理系统

2.3.1 什么是面向领域的大数据管理系统

Hadoop 生态系统已经成为目前主流的大数据平台解决方案。不仅大型的互联网公司在他们的系统中部署了 Hadoop 工具，一些传统的企业也选择 Hadoop 平台进行日志分析等工作。随着该生态系统的不断完善，Hadoop 为它的用户提供了更多更方便的数据处理工具。然而，随着大数据应用种类的进一步扩大，Hadoop 生态系统的局限性也逐步显现出来。

Hadoop 呈现在用户面前的是一个处理问题的框架，是一个等待被组装的零件集合。要得到一个健全可用的数据处理平台，需要用户根据个性化需求自己进行构建。尽管用户可以结合多种多样的组件来满足不同的数据处理需求，但在这些组件中的数据流动并不是自动化的，需要人工手写很多脚本代码去实现数据传递和数据转换。这是 Hadoop 系统的问题之一。

随着更多的查询引擎被加入到 Hadoop 生态系统中，用户开始逐渐使用 Hive 和 Pig 等高级编程框架来进行查询，而不再是直接写底层的 MapReduce 代码。高级查询语言的优势在于提供高层次的抽象，使得查询过程更为简单，但问题在于，Hive 与 Pig 是建立在 MapReduce 查询引擎之上的，它们最终还是转化为 Map 与 Reduce 两种操作，而不能提供关系数据库中丰富的关系代数算子，制约着查询分析能力的扩展，而且这样的中间转化过程不利于系统性能的最优化。

由于 Hadoop 生态系统过于通用，企业需要复杂的定制过程才能实际部署。当企业的大数据处理需求相对固定，并且只需要 Hadoop 生态系统中的一小部分组件时，许多研究者选择脱离 Hadoop 生态圈，转而开发新的大数据管理系统。这类面向特定垂直应用领域的大数据管理系统称为面向领域的大数据管理系统。与 Hadoop 的高度定制化不同，这类系统虽然具备一定的通用性，但无需进行复杂的定制和配置就可以实际部署。我们以 AsterixDB[4] 为例介绍面向领域的大数据管理系统。

AsterixDB 是一个从 2009 年开始发起的开源项目，其设计之初就旨在结合传统数据库系统与 Hadoop 这类分布式系统各自的优势，实现一个具备如下特征的系统：

① 采用灵活的半结构化数据模型，既能处理有 schema 定义的数据，也能处理无 schema 定义的数据；

② 拥有与 SQL 相媲美的查询能力；

③ 有强大的并行处理能力；

④ 支持数据管理和自动索引；

⑤ 能够处理各种规模的查询；

⑥ 支持处理连续的数据流；

⑦ 具备良好的扩展性；

⑧ 能够处理常见的大数据类型。

AsterixDB 的开发者提出的口号是"One size fits a bunch"，他们不要求新的大数据系统能够处理所有的问题，但要求至少在某些领域具备通用性。与 Hadoop 拼装组件的方式不同，AsterixDB 为用户提供的是一个整体性更强的系统，它本身具备完善的功能，也更容易管理。AsterixDB 的性能也许比不上那些深度定制的系统，但其目标是在相对更广阔的应用场景中发挥出令人满意的性能。

2.3.2　面向领域的大数据管理系统架构

图 2-3 显示了 AsterixDB 的系统架构。数据通过批量加载、数据流和插入查询等方式进入到集群存储中；集群控制器为外部访问集群提供接口，数据导入、用户查询、结果返回都是通过集群控制器进行的。集群中的节点控制器和 MD 节点控制器分别提供数据和元数据的底层存储。

图 2-4 显示 AsterixDB 的软件堆栈。集群控制器通过一个基于 HTTP 的编程接口接受来自于外部客户端的查询命令，用户可以使用 AQL 查询语言来进行查询操作。AQL 是由 AsterixDB 团队基于 XQuery 开发的查询语言，适用于半结构化数据的处理。当 AQL 语句被传入到集群控制器之后，它被 AQL 编译器转化为一系列的 Hyracks 任务，任务执行器将这些任务分配给对应的节点控制器。节点控制器主要有两个职责，一是管理各自节点上的数据，二是执行由任务执行器分配的任务。

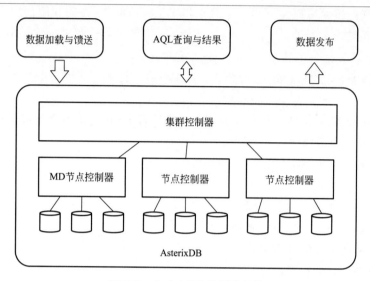

图 2-3 AsterixDB 的系统架构

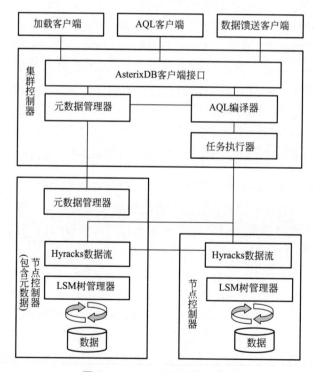

图 2-4 AsterixDB 的软件堆栈

下面我们从存储索引、事务处理和计算引擎方面具体介绍 AsterixDB。

（1）数据存储与索引

AsterixDB 使用日志归并（log-structured merge，LSM）树来实现大数据存储和索引。LSM 树被分为两部分，一部分存储在内存中，另一部分存储在磁盘上。新插入的记录先被保存在内存中的 LSM 树上，随着插入数据量不断增加达到一个阈值时，缓存被清空，内存中的树被写到磁盘上，新写入到磁盘上的 LSM 树定期与老的 LSM 树进行归并。这样的方式带来的好处是，从内存到磁盘上的写入过程都是批量进行的，避免了随机读写造成的额外 I/O 开支。因此 AsterixDB 可以支持高效率的流数据连续处理。

另外，AsterixDB 支持对外部数据的处理，为了提高效率，AsterixDB 不需要将外部数据集拷贝到自己内部存储中。以 HDFS 文件系统为例，查询编译器通过与 HDFS 的 NameNode 交换信息，把查询任务发送到对应的节点上，从而在相应的数据上执行操作。

（2）事务处理

AsterixDB 中的并发事务处理是通过 2PL 协议进行控制的，所有的锁都是在节点内部，没有分布式的锁，并且只有在用主索引对记录进行修改的时候上锁才是必要的，这就允许通过使用不同的索引进行高并发度的访存。但这也可能会引起数据的不一致性——如果在使用二级索引读取记录的时候，有其他程序使用主索引修改相应数据，那么读操作得到的结果是非一致的。为了解决这个问题，使用二级索引查找数据的时候需要同时获取该数据的主索引，另外在获得返回值之后，需要检查其是否满足二级索引搜索的条件。

（3）编译优化

在对查询语句进行处理的过程中，AsterixDB 先使用编译器对用户的 AQL 语句进行编译，将查询过程转化为 Algebricks 代数（相当于关系数据库中的关系代数），之后使用优化器对 Algebricks 代数表示的查询过程进行优化重组得到具体的查询计划，最后查询计划被转化成 Hyracks 任务，并由 Hyracks 引擎负责执行。

（4）Hyracks 计算引擎

AsterixDB 使用 Hyracks 作为其底层计算引擎，负责执行由 AQL 语句编译优化之后得到的 Hyracks 任务。任务以 DAG（directed acyclic graph，有向无环图）的形式被提交到 Hyracks 中。DAG 的每一个节点对应于一个操作算符，连接器代表节点之间的边。AsterixDB 目前支持 53 种操作算符和 6 种连接器。操作算符负责将输入块进行相应的操作之后得到输出块，连接器对输出块中的数据进行重分配，为下一个操作算符提供输入块。DAG 将查询任务有序地组织起来，供 Hyracks 执行。

一系列的系统性能测试表明，相对于 Hive 和 Mongo 这样的成熟的数据处理工具，AsterixDB 具有很强的竞争力，无论是各种类型的查询操作，还是数据的批量插入，AsterixDB 的处理效率并不落下风。作为一个新的大数据系统，AsterixDB 的表现是令人十分满意的。在经过进一步的系统优化之后，AsterixDB 的性能还有很大的提升空间。

参考文献

[1]　Codd E F. A relational model of data for large shared data banks[J]. Communications of the ACM, 1970, 13（6）: 377-387.

[2]　Dean J, Ghemawat S. MapReduce: simplified data processing on large clusters[J]. Communications of the ACM, 2008, 51（1）: 107-113.

[3]　White T. Hadoop: The definitive guide [M]. "O'Reilly Media, Inc.", 2012.

[4]　Alsubaiee S, Altowim Y, Altwaijry H, et al. AsterixDB: A scalable, open source BDMS[J]. Proceedings of the VLDB Endowment, 2014, 7（14）: 1905-1916.

第3章

大数据模型

大数据的重要特征是数据类型多。大数据管理系统采用分而治之的方式，通过为每种类型的数据建立特定数据模型的方法，解决数据类型多所带来的挑战。本章介绍大数据管理系统支持的常见数据模型。

3.1 关系数据模型

3.1.1 关系数据模式

关系数据模式用表的集合来表示数据和数据间的关系，它具有以下特征：
- 具有严格的数学理论基础。
- 数据结构简单清晰。
- 优点：数据具有高度一致性，易于管理和维护；可使用通用的 SQL 查询语言进行数据查询分析。
- 缺点：无法表示复杂的数据类型；可扩展性较差。

3.1.2 关系大数据存储模型

关系数据库是由表的集合构成的，表中的每一行称为一个元组，表中的列称作属性，属性上取值范围称为该属性的域。在一个关系（表）中，超键是一个或多个属性的集合，该集合唯一标识该关系中元组的属性的组合，使得任何两个关系不同的元组在该属性组合上的取值都不同。对于某些超键，它的任何真子集都不能成为超键，那么这样的超键被称为候选键。主键是被指定的一个候选键，用来区分关系中的不同元组，我们通常说的键指的是主键。在关系数据模型中，一个关系 r_1 中的属性 A 可能会包括另一个关系 r_2 的主键，在这种情况下，属性 A 在 r_1 中称作参照 r_2 的外键，r_1 是该外键的参照关系，而 r_2 是被参照关系。参照完整性约束规定，在参照关系中的任何一个元组的外键上的取值必须等于被参照关系中某个元组在该属性上的值。

在关系模型中，表的模式也叫做关系模式，它是由属性序列及各属性的域组成的。关系模式在创建表的时候就已经确定，向表中导入的每条记录（即每个元组）都需要在属性的域上满足关系模式中的约束条件。

3.1.3　查询语言

在关系数据库中，SQL 是使用最为广泛的结构化查询语言，主要的关系数据库系统都支持 SQL 语言来对数据进行查询。但需要注意的是，在不同的数据库实现中，开发商都对 SQL 标准进行了各自的改编扩展，因此它们对 SQL 的支持也会有些不同，支持的语法也不完全一致，在不同的数据库系统中，SQL 不能完全通用。

作为一种结构化的查询语言，SQL 允许用户在不关心底层数据存储的情况下，只对高层数据结构进行操作和查询，它包含了数据定义语言（DDL）和数据操纵语言（DML）两部分。数据定义语言提供了定义关系模式、删除关系模式以及修改关系模式的命令；而数据操纵语言包括了查询语言，以及往数据库中插入元组、删除和修改元组的命令。SQL 基本查询包括三个子句：select、from 和 where。select 指定输出结果中所包含的属性列表和聚集运算，from 指定查询输入中的关系，where 指定在关系上进行的运算。SQL 查询的输出结果是一个关系，它可以作为子句嵌套到其他 SQL 查询中。SQL 语言还支持连接、集合运算、聚集函数等运算，为数据查询分析提供了丰富的功能。

3.1.4　典型系统

MySQL 是中小型数据库，由于其体积小、源码开放等特点，受到了个人使用者和中小型企业开发者的欢迎。但在处理大规模数据时，相比于其他的大型商业化数据库，MySQL 的数据处理能力就略显不足了。

Oracle 数据库是由甲骨文公司开发的关系型数据库管理系统，是一种高效率、高可靠性、高吞吐量的数据库解决方案。Oracle 数据库提供了完整的数据管理功能，能够对大量数据进行永久性存储，并保证数据的可靠性和共享性。在处理大数据方面，Oracle 数据库提供了完善的分布式数据库功能，Oracle RAC 支持多达 100 个集群节点，极大增强了系统的可用性和可扩展性。

虽然分布式的关系数据库能够通过加入新的节点来增大存储容量，但是由于数据查询的时候经常需要将多个表进行连接操作，随着数据量的不断增大，查询延迟也会越来越大，数据库系统的整体性能也随之下降。因此在处理海量数据的时候，关系数据库有其本质上的局限性。

3.2 键值数据模型

3.2.1 键值数据模式

键值数据模式按照键值对的形式对数据进行存储和索引，它具有以下特征：

- 通过键来获取数据对象。
- 值可以存储各种类型的数据，如视频和图像等。
- 优点：容易扩展，并且有着简单的应用程序编程接口（get、put 和 delete）。
- 缺点：不能根据值域来生成查询。

3.2.2 键值数据存储模型

在键值数据存储中，数据是用键值对来表示的，每个键值对表示一个属性名和它对应的值。键值存储中的每条记录都可以包含任意数量的属性，每个属性可以是一个对象、一个单值，或是一个集合。这些条目的集合就构成了键值存储中的表。与关系数据模型不同，键值数据存储不需要事先定义表的模式，用户可以灵活地为表中的每条记录添加属性和它对应的值。在用户创建一个表的时候，除了表的名称之外，还需要指定表的主键，它是表中每个条目的唯一标识。例如，在一个键值存储的产品列表中，表名加上产品 ID 构成了表中每个产品的主键，它保证表中不同的产品对应不同产品 ID。

在键值数据存储模型中，主键有两种类型：

- 分区键：这是一种由单个属性构成的简单主键，它决定了条目被存储的分区。不同的条目不能拥有相同的分区键。
- 分区排序键：这种键包含两个属性，一个属性是分区键，另一个是排序键。分区键决定了条目存储的位置，排序键决定了如何对条目进行排序。拥有相同分区键的条目被存储在一起，不同的条目可以有相同的分区键，但是它们的排序键不能重复。

3.2.3 查询语言

与关系数据库不同，非关系型数据库没有统一的查询语言，根据数据模型的不同，需要使用不同的方式来对数据进行查询。键值存储模型为用户提供了简单的应用程序编程接口：

- get(key)：获取键为 key 的条目对应的值。
- put(key, value)：向数据库中插入一条记录，其键和值分别为 key 和 value。
- delete(key)：删除键为 key 的条目。

除了这些基本的数据操作接口，根据具体实现的不同，各种键值数据库还可能提供对列表和集合的操作函数，用户可以根据这些接口来创建和管理更为复杂的数据类型。很多编程语言都提供了对不同键值数据库的支持，可以参考具体的编程语言来查看管理和使用键值数据库的方法。

3.2.4　典型系统

Redis 是一款可基于内存也可持久化的数据库，相比于其他键值数据库而言，它支持丰富的数据类型，包括字符串、哈希、链表、集合和有序集合等，并且提供交、并、差等集合操作。Redis 中的所有操作都是原子操作，并提供多个编程语言接口。

在 3.0 版本以前，Redis 只支持单例模式，数据库容量受到物理内存的限制，使得 Redis 主要局限于数据量较小的应用场景。直到 3.0 正式版本于 2015 年发布之后，Redis 开始支持集群，最多可以在集群中配置 1000 个节点，能够承受更多的并发访问。

作为一款内存数据库，Redis 的低延时特性使其十分适合用作缓存层组件，同时，它的高吞吐、数据结构丰富的特点也适合 OLTP 场景。

3.3　列族数据模型

3.3.1　列族数据模式

列族数据模式具有以下特点：

- 键包括了一行、一个列族和一个列名；
- 将版本化的二进制文件对象存储在一个大的表格中；
- 可以使用列名、列族和行进行数据查询；
- 优点：良好的扩展性和版本控制；
- 缺点：列式存储设计十分重要，无法根据二进制对象的内容进行查询。

3.3.2 列族数据存储模型

在列族数据存储模型中，数据是存储在行和列中的。这里所说的行和列不同于关系数据库，在列式数据库中，数据模型是多维的，它包含了以下概念。

① 表——表是由许多行构成的。

② 行——每一行包括一个行键和多个列。列族存储使用行键的字母序来对行进行存储，其目的在于将有关联的行保存在一起。这就使得行键的设计尤其重要，举个例子来说，对于如下两个网站域名：maps.google.com 和 google.com，使用倒序来存储域名就是一个明智的设计，它会让这些有关联的域名聚集在一起；否则的话，它们就会被分散存储在不同的位置。

③ 列——列包含了两个部分：列族和列修饰符，它们之间用冒号分隔。表中的每一行都有相同的列族，列族拥有一系列与存储有关的属性，包括了数据压缩、内存缓存和编码属性等。列族的设计是为了在物理上将成员列与它们的值并置存储，从而优化系统性能。列修饰符为数据提供了索引。例如，如果一个列族的内容是.pdf，那么修饰符就是 pdf；如果列族的内容是图片，那么修饰符就是 gif。列修饰符是可编辑的，并且不同行的列修饰符可能是不同的，但列族在表创建之后就固定不变了。

④ 单元格——单元格是由数据的值构成的。一个单元格由行、列族和列修饰符的组合所确定，它包括了数据的值和时间戳。时间戳表示了数据被写入或更新时的系统时间，它与数据的值存储在一起。

3.3.3 查询语言

在列族数据库中，用户需要通过使用行键、行键＋时间戳或行键＋列（列族：列修饰符）的方式定位特定的数据，从而对数据进行查询和操作。

熟悉 SQL 语言的开发人员对列族数据库提供的查询方式比较陌生，于是人们开发了相应的中间层来连接列族数据库与人们熟悉的 SQL 查询语言。以 Phoenix 为例，它为 NoSQL 数据库 HBase 提供了标准的 SQL 和 JDBC 接口，帮助开发者轻松地使用 NoSQL 数据库，让他们既能享受 NoSQL 数据库提供的高性能存储，又能以传统的 SQL 方式进行查询操作。

3.3.4 典型系统

HBase是一个分布式的、面向列的开源数据库，它是根据 Google 的 BigTable 开发的，在 Hadoop 集群上实现了类似于 Bigtable 的功能。HBase 为用户提供了高可靠性、高性能、高可扩展性的分布式存储解决方案，适用于非结构化数据的存储[1]。HBase 运行于 HDFS 集群之上，其低延迟的读写特性适合用来进行大数据的实时查询，它能够处理 PB 级别的数据量，吞吐量能达到每秒百万条查询。HBase 本身只提供了 Java 的 API 接口，不支持 SQL 语句，需要联合 Phoenix 等工具来支持 SQL 查询。

HBase 适用于处理超大数据量的半结构化或非结构化数据，在需要强大吞吐能力和水平扩展能力的应用中，HBase 是不错的选择，但它不支持事务、连接等关系数据库特性，不适合应对事务要求高、多维度查询的应用。目前 HBase 为用户提供了以下接口。

• Native Java API——最常规和高效的访问方式，适合 Hadoop MapReduce Job 对 HBase 表数据进行并行批处理。

• HBase Shell——HBase 命令行工具，最简单的接口，适合 HBase 管理使用。

• Thrift Gateway——利用 Thrift 序列化技术，支持 C＋＋、PHP、Python 等多种语言，适合其他异构系统在线访问 HBase 表数据。

• REST Gateway——支持 REST 风格的 Http API 访问 HBase，解除了语言限制。

• Pig——可以使用 Pig Latin 流式编程语言来操作 HBase 中的数据，本质上是变异成 MapReduce Job 来处理 HBase 表数据，适合做数据统计。

• Hive——使用类 SQL 语言来访问 HBase。

3.4 文档数据模型

3.4.1 文档数据模式

文档数据模式能够灵活地适应多种结构数据的存储，它具有以下特征。

• 使用嵌套分层结构对数据进行存储。

• 数据被作为文档进行存储。

• 逻辑数据作为一个单元被存储在一起。

• 可以对文档进行查询。

• 优点：没有对象到关系的映射层，适用于搜索。

• 缺点：实现复杂，与 SQL 语言不兼容。

3.4.2　文档数据存储模型

这里以 MongoDB 为例介绍文档数据存储模型[2]。

在 MongoDB 中，文档数据存储模型将数据作为文档进行存储，这些文件的二进制形式被称作 BSON（Binary JSON）。BSON 是 JSON（JavaScript Object Notation）的扩展，它在 JSON 的基础上增加了整型、长整型和浮点型等数据类型。JSON 是一种轻量级的数据交换格式（Crockford 2006），使用独立于编程语言的文本格式来表示数据，它为结构化数据的表示定义了一系列格式化规则。JSON 可以表示四种基本数据类型（字符串型、数字型、布尔型和空值）和两种结构化数据类型（对象和数组）。对象是键值对的集合，键是一个字符串，值可以是字符串、布尔型、数字和空值，也可以是其他对象和数组（数组是值的有序序列）。

BSON 文档按照集合的形式被组织在一起。与关系数据库类比，集合相当于表格，文档相当于行，而字段相当于列。文档是由一个或多个字段组成的，每个字段都包含一个值（整型、长整型、对象、数组和子文档）。例如，针对一个博客应用，关系数据库会把数据建模为多个表格；而文档数据存储模型会把数据分成两个集合：用户集合和文章集合。对于每一个博客，文档可能包含多个评论、标签和分类。对于一条记录，文档包含该条记录的所有数据，但在关系数据库中，一条记录的相关信息可能散落在多个表格中。数据的局域性存储使得文档数据库不需要对不同的表格进行连接操作，这样能够提高数据库的性能，一次读操作就能得到该文档所有字段的信息。不仅如此，文档可以与面向对象编程语言的结构紧密结合，使得开发者可以轻易地将应用数据映射到文档数据存储模型中，从而加快系统开发速度。

3.4.3　查询语言

文档数据库根据实现的不同，为用户提供了不同的数据查询接口，但一般包含以下 CRUD 操作：

- Creation
- Retrieval
- Update
- Deletion

以 XML 数据库为例，它作为文档数据库中的一种，支持使用 XQuery 进行查询分析。XQuery 是建立在 XPath 基础之上的查询语言，可以对任何以 XML 形式呈现的数据（数据库或者 XML 文件）进行查询，具有精确、强大和易用的特点，并且已经被主流的数据库所支持，包括 DB2、SQL Server 等。

XQuery 与 SQL 十分相似，它主要包含五个部分：for、let、where、order by 和 return，因此 XQuery 也被称为 "FLWOR" 表达式。for 子句指定 XPath

表达式结果范围内变动的变量，let 子句允许将 XPath 表达式结果赋值给变量名以简化表达，where 子句对 for 子句的连接元组进行条件筛选，order by 子句可以对输出结果进行排序，return 子句可以构造 XML 形式的输出结果。与 SQL 一样，用户可以在 XQuery 进行连接和嵌套查询等操作，XQuery 还提供许多其他特性，例如 if-then-else 结构等。

文档数据库通常具有强大的查询引擎，可以通过索引进行查询优化，从而支持快速高效的数据查询。

3.4.4　典型系统

MongoDB 是一个跨平台的基于分布式文件存储的数据库，使用 C＋＋语言编写，旨在为 Web 应用提供可扩展的高性能数据存储解决方案。它使用 BSON 格式文件存储复杂的数据类型，并且提供了强大的查询语言，其语法类似于面向对象的查询语言，几乎可以实现类似关系数据库单表查询的绝大部分功能，还支持对数据建立索引。

MongoDB 的特点是高性能、可扩展、易于部署使用，存储数据十分方便，它具有如下功能特性。

- 面向集合存储，容易存储对象类型的数据。
- 模式自由，采用无模式结构存储。
- 支持动态查询。
- 支持完全索引，可以在任意属性上建立索引。
- 支持复制和故障恢复。
- 使用高效的二进制数据存储，包括大型对象。
- 自动处理分片，以支持云计算层次的扩展。
- 可通过网络访问。

MongoDB 适用于事件记录、内容管理和博客平台等，由于缺乏事务机制，不适合用于高度事务性系统，如银行和会计系统等。

3.5　图数据模型

3.5.1　图数据模式

图数据模式具有以下特征。

- 数据通过节点的关系和属性进行存储。

- 查询的过程实际上是图的遍历过程。
- 擅长于处理对实体间的关系信息。
- 优点：能够在网络和公共连接数据集上进行快速搜索。
- 缺点：当图的体积超过 RAM 的容量的时候会造成扩展性问题；需要用专门的查询语言（如 SPARQL）对数据库进行查询。

3.5.2　图数据存储模型

图形数据库是 NoSQL 数据库的一种类型，它应用图形理论存储实体之间的关系信息。在基于图的数据模型中，每个节点都是一个用户，用户节点上的标签表明了该用户在网络中的角色，该节点以一定的关系与其他的节点相连。图是由节点、关系、属性和标签组成的，一个标签属性图具有以下特点。

- 它包含节点和关系。
- 节点具有属性。节点将属性用键值对的形式进行存储，键是字符串型，值可以存储基本数据类型、字符串、对象和数组。节点可以用标签进行标识，标签的作用是对节点进行分组，它表明了该节点在数据集中扮演的角色。
- 关系将节点连接在一起构成图。关系由起始节点、终止节点、方向和名称构成，它为图的结构提供了语义上的说明。与节点一样，关系也具有属性，属性能为关系附加额外信息，其元数据对于各种图算法的实现具有重要作用，此外，属性还能在数据分析时帮助约束查询条件。

3.5.3　查询语言

不像是关系数据库那样拥有通用的 SQL 语言来进行查询分析，图形数据库没有统一的查询语言。针对不同的数据库实现，它们分别有其对应的查询语言，如 Gremlin、SPARQL 和 Cypher 等。

Cypher 是图形数据库查询语言之一，它最初被开发用于 Neo4j 数据库的图形数据查询，开发团队于 2015 年发布了其开源版本 openCypher，而后 open-Cypher 被其他图形数据库（SAP HANA 和 AgensGraph 等）所采用。openCypher 项目致力于对 Cypher 查询语言进行标准化，向用户提供功能齐备的图形数据库查询工具。Cypher 是一个申明式的图形查询语言，它的使用简单，使得用户可以在不用编写图形遍历算法代码的情况下，进行数据查询和数据更新操作。使用 Cypher，用户可以通过简单的语句进行复杂的查询。Cypher 查询语言中能够包含各种子句，最常见的是 MATCH 和 WHERE。MATCH 用于模式匹配，WHERE 为模式附加其他约束条件。Cypher 还提供了 CREATE、DELETE 等子句来对数据进行写入、更新和删除等一系列操作。

SPARQL 是针对 RDF（resource description framework，资源描述框架）图开发的一种申明式查询语言和数据获取协议，它是为 W3C 所开发的 RDF 数据模型所定义的，但是可以用于任何可以用 RDF 来表示的信息资源。SPARQL 协议和 RDF 查询语言（SPARQL）于 2008 年正式成为一项 W3C 标准，它构建于以前的 RDF 查询语言（例如 RDFDB、RDQL 和 SeRQL）之上，并加入了一些有价值的新特性。SPARQL 具备一整套分析查询算符，如连接、排序和聚集函数等。针对具有图形结构的数据，SPARQL 还提供了图遍历算法的语法。

3.5.4 典型系统

Neo4j[3] 是一个高性能、轻量级的图形数据库，它基于磁盘工作，支持完整事务的 Java 持久化引擎，将结构化数据存储在图上，帮助用户高效地管理和查询数据。Neo4j 提供了大规模可扩展性，在一台机器上可以处理包含数十亿节点/关系/属性的图，并且可以扩展到多台机器上并行运行。Neo4j 具有以下优点。

- 查询运行速度不会随着数据量的增加而明显降低。
- 提供完全的事务特性。
- 良好的扩展性。
- Cypher 语言提供高效率查询。

在管理包含关系信息的数据的时候，使用 Neo4j 等图形数据库是最好的选择。例如在表示多对多关系时，如果用使用关系数据库，那么我们需要建立一个关联表来记录不同实体之间的关系，在两个实体间存在多种关系的情况下，我们就需要建立多个关联表；而在图形数据库中，我们只需标明代表不同实体的图节点之间存在的各种关系。因此图形数据库在描述数据间关联的时候比关系数据库更为简单精练。不仅如此，像社交网络这样的数据，不仅数据量巨大，而且变化迅速，需要频繁进行查询，关系数据库由于可扩展性较低，并且需要大量的表连接操作，无法满足体量如此庞大的数据的存储和快速查询要求，而其他的 No-SQL 数据库缺乏对结构化数据和事务的支持。图数据库最适合用于这样的场景中，它善于处理大量复杂、互相连接、低结构化数据。

Neo4j 提供更直观、更灵活的数据操纵和查询，它将节点、边和属性分开存储，有利于提高图形数据库的性能。Neo4j 通过围绕图进行数据建模，能够以相同速度遍历节点与边，其遍历速度与构成图的数据量没有任何关系，还提供了非常快速的图算法，推荐系统和 OLAP 风格的分析。Neo4j 数据库十分适用于实时推荐系统、社交网络和数据中心管理等。

参考文献

[1] Apache HBase. https：//hbase. apache. org/.

[2] Banker K. MongoDB in Action. Manning Publications Co. , 2011.

[3] Webber J. A programmatic introduction to neo4j. In Proceedings of the 3rd Annual Conference on Systems，Programming，and Applications：Software for Humanity， SPLASH'12， 217-218. New York，USA，2012. ACM.

第4章

大数据应用开发

4.1 大数据应用开发流程

通常将大数据应用开发分为五个步骤——获取、存储、处理、访问以及编制（orchestration）。获取是指获取一些辅助数据［例如来自客户关系系统（CRM）、生产数据（ODS）的数据］，并将其加载入分布式系统（如 Hadoop）为下一环节处理做准备。存储是指对分布式文件系统（GFS）或 NoSQL 分布式存储系统（如 BigTable）、数据格式（data formates）、压缩（compression）和数据模型（data models）的决策。处理是指将采集的原始数据导入到大数据管理系统，并将其转化为可用于分析和查询的数据集。分析是指对已处理过的数据集运用各种分析查询，获得想要知道的答案和见解。编排是指自动地安排和协调各种执行获取、处理、分析的过程。图 4-1 显示了大数据应用开发的流程。

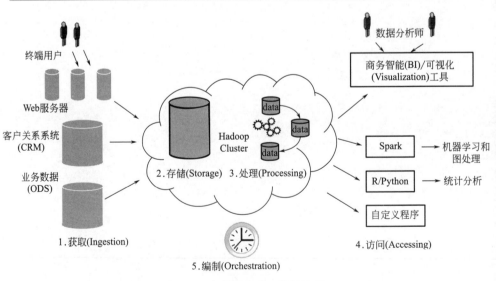

图 4-1　大数据应用开发的流程

本节通过点击流分析，介绍大数据应用开发流程中的每一步如何实现。在点击流分析的例子中，利用分布式文件系统（GFS）来存储数据，通过 Flume[1] 获取（ingestion）网站日志文件及其他辅助数据（如客户关系系统和操作记录中的数据）并导入到分布式系统中。同时，利用 Spark 来处理数据。通过连接商业智能工具，分布式系统交互地进行数据处理查询，并利用工具将操作过程编制成单一的工作流程。

本节将详细介绍各个设计环节，包括文件格式的细节及数据模型。

（1）大数据获取

有多种获取数据并导入至大数据管理系统的方法，接下来将分别介绍不同方法的适用范围，评估该方法是否适用于本任务。

① 文件传输：此方法适合一次性传输文件，对于本任务面临可靠的大规模点击流数据获取，将不适用。

② Sqoop：Sqoop 是 Hadoop 生态系统提供的将关系型数据管理系统等外部数据导入大数据管理系统的工具[2]。

③ Kafka：Kafka 的架构用于将大规模的日志文件可靠地从网络服务器传输到分布式系统中[3]。

④ Flume：Flume 工具和 Kafka 类似，也能可靠地将大量数据（如日志文件）传输至分布式系统中。在本任务中，Kafka 和 Flume 都适用于获取日志数据，都可以提供可靠的、可扩展的日志数据获取。考虑到本任务仅需要将日志数据导入至分布式系统中，不必自定义开发传输通道，选用 Flume 作为本任务获取数据的方法。同时，Flume 还提供拦截器的作用，可以过滤因爬虫产生的虚假点击数据。如果需要更通用的数据获取通道，支持多个数据源导入至分布式系统，将会使用 Kafka 作为获取数据的方案。

（2）大数据存储

在数据处理的每个步骤中，包括初始数据、数据变换的中间结果及最终的数据集都需要存储。由于每一个数据处理步骤的数据集都有不同的目的，因此在选择数据存储的时候要确保数据的形式及模型和数据相匹配。

作为数据存储的第一个步骤，原始数据的存储是将文本格式的数据存储到分布式系统中。分布式系统具有以下一些优点：①在序列数据处理过程中，需要通过多条记录来进行批处理转换；②分布式系统可以高效率地通过批处理，处理大规模数据。选择文本格式存储文件是因为文本格式不需要额外的处理流程即可以简单地处理日志数据。

在这个任务中，需要对原始数据进行保留，而不是处理后就删除数据。基于此，我们选择分布式系统（Hadoop），有以下几点好处。

① 当在数据传输（ETL）处理过程中出现错误时，可以方便地重新处理数据。

② 在分析原始数据时，对于一些容易被忽略的感兴趣的数据将会导入至处理后的数据集中，这对于数据发现及在设计数据传输（ETL）阶段挖掘原始数据显得格外有效，尤其是在决策处理数据集特征的时候。

③ 在存储数据集的过程中，需要使用目录结构来进行统一化存储。此外，由于本任务分析的数据是以一天（或其倍数）为单位进行分析的，故用日期划分点击得到的数据集。例如，可以通过以下的目录结构来存储原始数据和处理后的点击数据：

```
/etl/BI/casualcyclist/clicks/rawlogs/year=2017/month=10/day=10
```

（3）大数据处理

我们最终选择使用 Flume 获取点击流数据。接下来，我们将选择如何处理原始的点击流数据。网络服务器上的原始数据在分析前需要进行清洗。例如，需要移除无效和空缺的日志数据。此外还有一些日志数据重复，需要删除这些重复数据。清洗完数据后，还要将数据进行统一化（例如给每个点击数据分配唯一的 ID 编号）。在处理数据前可能还需要对点击数据做进一步的处理和分析，包括对数据以每天或每小时为单位进行汇总，这能更快地进行之后的查询操作。事实上，对数据进行预处理是为了之后能高效地进行查询操作。

综上概括，大数据处理需要经历以下四步。

① 数据清洗：清理原始数据。

② 数据抽取：从原始点击数据流中提取出感兴趣的数据（数据抽取）。

③ 数据转换：对提取后的数据进行转换，以便之后产生处理后的数据集。

④ 数据存储：存储在分布式文件系统中的数据支持高性能查询方式。

首先在数据清洗步骤中，移去不完整和无效的日志行以确保每一条记录（例如日志行）都具有所有字段。之后，删除重复的日志行。这是因为在使用 Flume 获取日志数据的时候，会发生程序崩溃，通过 Flume 固有机制保证了所有数据都被存储至分布式文件系统中，但不能保证这些数据只被存储一次。在 Flume 程序崩溃的时候，将会产生重复的数据，因此需要删除重复的数据。在数据转换的过程中，需要将数据进行统一化，并产生新的统一后的数据集。

（4）大数据分析

数据经过获取和处理后，将通过分析数据来获得想要了解的知识及答案。商业分析师通过以下几个工具来探索和分析数据。

• 可视化（visualization）和商业智能工具（BI）。例如 Tableau 和 MicroStrategy。

- 统计分析工具。例如 R 或 Python。
- 基于机器学习的高级分析。例如 Mahout 和 Spark MLlib。
- SQL。

（5）大数据编制

之前讨论了将数据导入至分布式系统，同时对点击流数据进行各种处理，并将处理后的数据给数据分析师进行分析。由此可见，数据分析是一种临时性的行为，但从提高效率的角度出发，需要将这些步骤——获取、多种数据处理操作——进行自动化编制。接下来将讨论编制点击流分析的各个步骤。

首先，在获取数据阶段，通过 Flume 将数据连续传输到分布式系统中。其次，在数据处理阶段，因为在一天结束时终止所有连接是常见的，故采用每天执行会话算法（sessionization algorithm）。一天执行一次会话算法是对会话算法的延迟和复杂性的折中，如果频繁地使用会话算法，则需要维持一个运行的会话列表，使得算法更加复杂，同时这对于一个近似实时处理系统而言，响应时间过长，在本案例中并不需要实时分析系统。在编制阶段，需要确保前一天的数据都被存储起来后才开始分析，在处理前进行同步操作的这种编制设计模型是相当常见的，避免了数据不一致情况的发生，尤其是在开始处理数据时仍有数据进行写入操作。

在开始处理工作数据流前，验证 Flume 写入分布式系统的当天数据。这种同步验证方式是常见的，因为通过简单地查看当前日期分区的情况，可以校验当前日期数据是否开始写入大数据管理系统。

4.2 大数据库设计

4.1 节介绍了大数据应用开发的流程。我们将原始大数据经过清洗、抽取、转换之后，需要将转换后的大数据存入大数据管理系统中。为了能够高效地查询和分析转换之后的大数据，应用开发人员需要设计大数据的物理存储结构。本节介绍大数据库设计的相关技术。与传统的数据库设计步骤相同，大数据库也采用自顶向下、逐步求精的设计原则。

4.2.1 顶层设计

通常，大数据管理系统支持多种大数据物理存储结构。因此，应用开发人员需要根据应用需求，为转换之后的大数据选择相应的物理存储结构。选择物理存储结构时需要考虑的因素如下。

① 数据存储格式：大数据管理系统通常支持多种文件格式和压缩格式，每一种格式对特定场合有独特的优势。

② 数据模式设计：尽管多数大数据管理系统（如 Hadoop 生态系统）具有无模式（schema-less）的特性，但在数据存储进分布式系统时，仍需充分考虑到数据结构，这包括数据存储进分布式文件系统时采用的目录结构以及数据处理和分析导出的结果。

③ 元数据管理：在任何数据管理系统中，与存储数据相关的元数据和数据本身一样重要。同时，理解和做出同元数据管理相关的决策至关重要。

4.2.2　数据存储格式

当在分布式系统上搭建架构时，最基本的考量是数据如何存储。而在分布式系统中没有标准的数据存储格式，但就像使用标准文件系统一样，分布式系统允许数据以任何格式存储，例如文本、二进制或图像等其他的格式。同时，分布式系统还内置了对数据存储和处理的优化设置，这意味着可以选择多种数据存储形式而不影响性能。这种优化设置不仅可用于原始数据的获取，还可以应用在处理数据时产生的中间值，以及数据处理后的结果数据。这些阶段的优化意味着有许多种格式来选择存储数据，以达到性能的最优。在分布式系统存储数据时，主要注意以下几点。

（1）文件格式

大数据管理系统支持多种数据文件存储格式。这些不同的文件存储格式的优势与数据应用场景和源数据类型有关。

① 标准文件格式：首先讨论在分布式系统中利用标准文件格式存储，例如文本文件或二进制文件。通常最好使用接下来所说的分布式系统的特有格式，但在一些情况下可能更希望利用源数据最初的格式存储。如前所述，分布式系统最强大的功能之一就是能存储所有格式的数据，而同时能保证当需求发生变化时重新处理和分析数据时使用源数据及本身的格式。

② 文本数据：在分布式系统中通常存储和分析日志数据，例如像网站或服务器日志数据。而在存储这些文本数据时通常要考虑文件在文件系统中的组织架构。此外，因为文本文件会迅速占用大量空间，应选择合适的压缩算法对文件进行压缩。同时当文本格式数据类型发生转换时会产生一些开销。依据数据的用途来选择压缩类型，当存储一些文档时可选择一些压缩率高的压缩类型算法，而当需要进行任务分发时则选择一些可分发的压缩类型算法，对数据进行高效的并行处理。

③ 结构化文本数据：结构化文件格式是一种特殊的文本格式，例如 XML 和 JSON。这些特殊的格式在分布式系统中处理数据时会更复杂，更具挑战性。为解决这些难题，有以下解决方案。

a. 使用容器格式，像 Avro 之类。将数据转化成 Avro 格式，可以让数据存储和处理变得紧凑和高效。

b. 利用专门处理 XML 或 JSON 文件的资源库。

④ 二进制数据：虽然在分布式系统中，存储源文件通常采用文本格式，但像图像这样的二进制文件也可以用分布式系统存储。在多数情况下，处理二进制格式的文件多用容器格式，但如果可分发的二进制数据大于 64MB，则不能使用容器存储数据。

⑤ 序列化格式：序列化是指将数据结构转变为字节流，以便存储或在网络中传输。与此相反的是，反序列化是指将字节流转化为数据结构的过程。序列化是分布式系统的核心，因为实现高效存储以及通过网络传输就是通过将数据转变成序列化格式。在分布式系统中，序列化通常和数据处理中的两个部分相关联：远程协助传输（RPC）和数据存储。

在分布式系统中主要使用的序列化形式是 Writables，尽管这种格式紧凑、处理速度快，但不利于扩展和 Java 外的编程语言使用。因此，其他的序列化形式使用得越来越多，包括 Thrift、Protocol Buffers 和 Avro。其中 Avro 是最适合的，因为它是专门为解决 Writables 格式创建的。下面将分别介绍各种序列化格式。

a. Thrift：Thrift 是一个实现跨语言服务接口的框架，利用接口定义语言（IDL）来定义接口，并使用 IDL 文件生成代码用于实现可跨语言使用的 RPC 客户端和服务器[4]。虽然 Thrift 有时用于序列化，但它不支持记录的内部压缩，不可分发，并且缺少分布式系统的内部计算框架支持。

b. Protocol Buffers：协议缓冲区格式（Protocol Buffers）用于不同语言编写的程序进行数据交换，同 Thrift 一样，协议缓冲区格式不支持记录的内部压缩，不可分发。

c. Avro：Avro 是专门设计用来解决分布式系统中 Writable 的语言不可移植性的数据序列化系统[5]。Avro 将模式存储在文件标题中，它是自描述（self-describing）的，同时 Avro 文件可以通过其他语言编写的程序读取数据。因为 Avro 文件可压缩和分发的特性，它支持分布式系统计算框架。Avro 还具有另一个重要的特性，那就是它读取文件的模式不需要和写入文件的模式相匹配，这使得可以增量式地添加字段。虽然 Avro 定义了少量的基本类型，如布尔型、整型、浮点型及字符串，它同时也支持复杂的数据结构，如数组等。

（2）数据压缩

数据压缩是选择大数据物理存储格式的另一个重要考虑因素。数据压缩不仅能减少存储要求，也能改善数据处理的性能。因为大数据处理的开销集中在硬盘和输入输出的数据传输，减少了数据传输数量能显著地减少处理时间。这一过程包括对源数据、数据处理产生的临时数据进行压缩。虽然压缩增加了 CPU 资源的开销，但绝大多数情况下，由于节省了 I/O 资源而显得更为经济。

尽管压缩能很好地改善处理性能，但不是所有压缩形式都适用于分布式系统。由于分布式系统计算框架需要分发数据进行多任务处理，对于不支持分发的压缩将不适用于分布式系统，基于这个原因，将可分发性（splitability）作为主要的指标来选择压缩格式。下面介绍几种大数据管理系统中常见的数据压缩格式。

① Snappy：Snappy 是一种高效压缩格式，虽然它不能将文件压缩到最小，但它是压缩速度和压缩比之间良好的折中。和其他压缩格式相比，使用 Snappy 压缩的处理性能更优秀。需要指出的是，Snappy 需要和容器格式一起使用，因为它本质上来说是不可切分的。

② LZO：LZO 压缩文件是可切分的，但需要额外的开销。这不妨碍 LZO 成为压缩非容器格式的纯文本数据一个好的选择。需要注意的是，需要额外安装 LZO 格式，而 Snappy 内置于分布式系统中。

③ Gzip：Gzip 的压缩效果很好（和 Snappy 相比，压缩率是其 2.5 倍），但它的速度性能却仅有 Snappy 的一半。同样的，Gzip 也不是可切分的，所以需要使用容器格式存储压缩。

④ bzip2：bzip2 压缩性能优异，但在处理数据性能上比 Snappy 等其他格式要慢得多。与 Snappy 和 Gzip 不同的是，它是可分发的。由于 bzip2 处理数据比 Gzip 要慢 10 倍，所以它不是理想的压缩格式。

在选择具体数据压缩技术时，通常基于以下几点考虑：

a. 对并行数据处理中产生的中间数据进行压缩，减少了从硬盘中读取的数据，改善处理性能。

b. 注意数据的排列顺序。通常将相似的数据排在一起以期得到更好的压缩率。

c. 使用支持切分的压缩文件格式，如 Avro。

4.2.3　数据模式设计

本节讨论在数据存储至分布式文件系统中，一个良好的数据模式设计应该注意的原则。与传统的关系数据库系统采用的写时模式（schema-on-write）即当数据写入大数据管理系统时检查数据模式不同，大数据管理系统普遍采用读时模式（schema-on-read），即数据写入时不进行验证而在数据读取时检查数据模式，这意味着数据可以通过许多方法简单地导入大数据管理系统中。

由于大数据管理系统经常存储非结构数据和半结构数据，所以普遍以数据文件为核心组织数据。为了能够让数据被许多部门及团队共享使用，需要设计良好的结构存储数据。以文件为中心的数据模式设计需要考虑如下几点。

① 标准的目录结构会使团队之间分享数据变得更容易。

② 通常，在数据处理前，数据被拆分到各个节点上。这确保数据像整体一样不会部分被意外处理。

③ 数据的标准化可以重用一些处理数据的代码。

在数据模式设计中，第一个考虑的是文件的存放位置。若文件位置标准化将有利于团队之间共享和查找数据。下面是分布式文件系统目录结构的一个例子。

① /user/〈username〉：在这种目录下的文件只能被数据拥有者读取和写入。

② /etl：ETL 是数据提取、变换、加载三个阶段。在这个目录下的文件只能被 ETL 进程和 ETL 团队成员读写。ETL 工作流程通常是一个大型任务的一部分，每个应用程序应在/etl 目录下有子目录。

③ /tmp：这个目录下存放临时文件，会被程序自动处理，能够被所有人读写。

④ /data：这个目录下存放处理后的数据和在组织中能共享的数据。其中数据只能被使用者读取，由 ETL 工作流程自动写入。不同应用组在这个目录下建立子目录，存放自己业务的数据。

⑤ /app：这个目录存放除数据以外的包含分布式系统应用程序运行所需的所有内容。

⑥ /metadata：这个目录下存放元数据。这个目录下的数据由 ETL 工作流程读取，由获取数据并导入到分布式系统中的使用者写入。

这一节讨论了使用分区处理数据来减少 I/O 开销，其方法是利用在特定分区选择性地读写数据。利用分组的方法加快了查询速度，同时也降低了 I/O 开销。

通过设计不同的目录结构，将数据分发到不同的组中，其目的是存储和处理数据时能减少 I/O 开销，以及提高运行速度。

4.2.4 元数据管理

前面讨论了如何在分布式系统中结构化和存储数据，和数据地位一样重要的还有元数据。本节讨论大数据管理系统中常见的元数据类型。通常，元数据是指和数据有关的数据。在大数据管理系统中，元数据扮演着多种角色。下面列举了一些在大数据管理系统中常见的元数据。

① 和逻辑数据集相关的元数据：这类元数据记录数据集存储的位置信息、和数据集关联的模式信息、数据集的分区和排序信息，还有数据集的格式。它通常存储在单独的数据库中。

② 和分布式文件系统有关的元数据：这类元数据记录文件和多种数据节点的权限和拥有权。它通常由分布式系统主节点存储和管理。

③ 和分布式存储系统相关的元数据：这类元数据记录列表的表名、数据属性等。它通常由分布式存储系统存储和管理。

④ 和数据获取、转换有关的元数据：这类元数据记录数据使用者产生的数据集、数据集的来源、产生数据集的时间、数据集的规模等信息。

⑤ 和数据集统计有关的元数据：这类元数据记录数据集的行数量、列的不同属性值数量、数据分布的直方图、数据最大最小值。这类元数据可以充分加快数据分析性能，优化执行程序。

4.2.5　元数据存储

在前面分布式文件系统设计中已经讨论过将元数据嵌入到文件路径上，便于组织管理和数据一致性。例如，在一个分区数据集中，目录结构如下所示：

```
<data set name>/<partition_column_name=partition_column_value>/
{files}
```

这样的目录结构已经有了数据集名称、分区名、分区列的各种值。这样通过一些工具和应用就可以充分利用元数据来处理数据集。可以将元数据存储到分布式文件系统中。在相关目录下创建隐含目录来存储元数据。如下所示：

```
/data/event_log
/data/event_log/file1.avro
/data/event_log/.metadata
```

需要注意的是，通过这种方式存储元数据意味着需要对元数据进行存储、维护和管理。可以选择使用类似 Kite[6] 的方式存储元数据。Kite 支持提供多份元数据，这意味着可以将元数据存储到其他系统中，轻松地将元数据从一个源转换到另一个源。

数据建模在任何系统中都是一项富有挑战性的任务，而在分布式系统中，由于存在着大量可选方式，其挑战性更大。数据处理可选的方式越多，分布式系统灵活性越强。选择合适的数据模型将会给数据处理带来很大改善。例如减少存储空间，改善处理时间，使得权限管理更为便利，提供更简单的元数据管理。本节讨论了大数据管理系统中常见的存储数据方式、数据文件格式、数据压缩技术，还讨论了元数据管理技术。元数据涉及许多方面，本节主要讨论了与数据模式和数据类型有关的元数据。选用合适的模型来管理数据是搭建应用程序最重要的一环。

参考文献

---

［1］ Hoffman S. Apache flume: Distributed log collection for Hadoop. 2015.

［2］ Ting K, Cecho J J. Apache Sqoop Cookbook. O'Reilly Media，2013.

［3］ Kreps J，Corp L，Narkhede N，et al. and L. Corp. Kafka: a distributed messaging system for log processing. netdb㧏 11. 2011.

［4］ Apache Thrift. http: //thrift. apache. org/.

［5］ Apache Avro. http: //avro. apache. org/.

［6］ Kite. http: //kitesdk. org/.

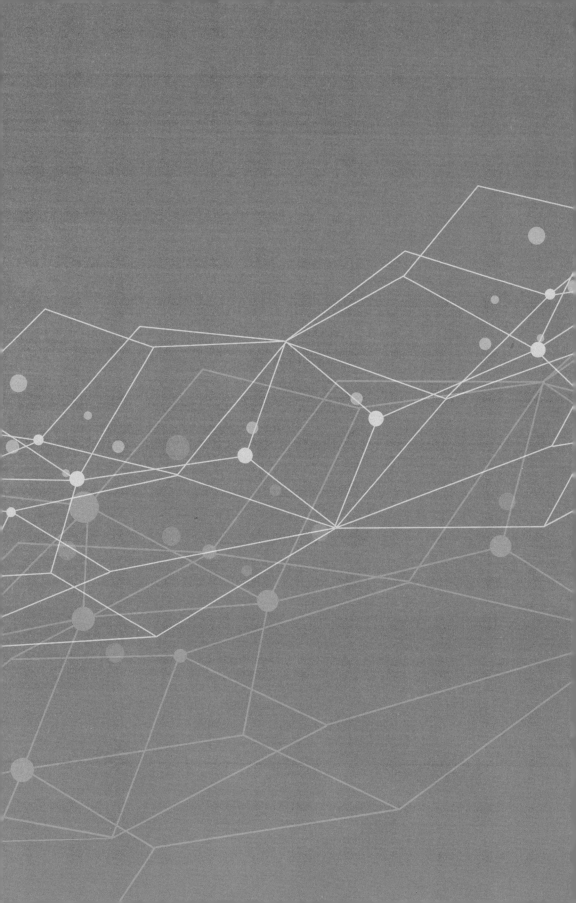

第2篇

大数据管理系统
实现技术

第5章

大数据存储和索引技术

5.1 大数据存储技术

为应对大数据体量大所带来的挑战，大数据管理系统普遍采用水平扩展技术来实现数据存储。本章介绍大数据存储实现技术。水平扩展技术的基本思想为：将一个大数据集切分成一系列单位大小的数据块，每个数据块存储在计算机集群的一个节点上，通过增加计算机集群的节点数来提高系统的整体存储容量。理论上，水平扩展可以实现线性伸缩，即假定每个集群节点可以存储 m 个单位大小的数据块，那么 N 个节点构成的集群可以存储 $m \times N$ 个数据块构成的大数据集合。

大数据存储系统的设计考量包括：数据切分、数据块存储格式、数据块管理、集群管理、容错控制。根据数据类型的不同和读写负载的不同，上述模块在大数据存储系统中有不同的实现方式。本章以三个典型的大数据存储系统：Google 文件系统[1]、C-Store[2] 和 BigTable[3] 为例，介绍大数据管理系统如何存储非结构化大数据、结构化大数据以及半结构化大数据。

5.1.1 分布式文件系统

大数据管理系统采用分布式文件系统来存储非结构化大数据。本节以 Google 文件系统[1]（GFS）为例介绍分布式文件系统的设计与实现。

（1）系统设计目标

GFS 是 Google 为了存储其日益增长的非结构化数据（如 HTML 网页、YouTube）而开发的分布式文件系统。系统设计目标覆盖了大多数互联网企业对非结构化大数据的存储需求[1]。

① 运行分布式文件系统的计算机集群由众多廉价的计算机节点组成，这些计算机在运行时宕机十分常见，因此系统必须在软件层而非硬件层提供容错支持。

② 系统存储一定量的大文件（预期达几百万个文件），每个文件的大小通常为

100MB 或是更大。在系统中保留数 GB 大小的文件将会是常态，因此大文件的存储管理必须高效。系统可支持小文件的存储管理，但这部分功能无需做过多优化。

③ 系统负载主要包括两种类型的读操作：大规模的流式读取、小规模的随机读取。在大规模流读取中一次读操作通常读取数百 KB 的数据，更常见的是读取 1MB 甚至更多的数据。来自同一客户机的连续操作通常对同一个文件中的连续区域进行读取；小规模随机读取通常是在文件中任意某个位置读取数 KB 的数据。因此对性能较为敏感的应用通常是把小规模的随机读操作合并并排序，之后按序批量地进行读取，这样就避免了在文件中前后来回地移动读取位置，从而提高系统 I/O 效率。

④ 系统需高效地支持多客户对同一文件并行数据追加操作。GFS 系统中的文件主要有两种用途：a. 生产者-消费者处理模式中的缓冲区；b. 多路归并排序算法的输入。在每台机器上，一个文件将有数以百计的"生产者"对其进行操作，因此须以最小同步开销进行原子性操作，文件可以稍后读取，或是在"消费者"追加操作时进行同步读取。

⑤ 持续且稳定的系统带宽比低延迟的系统响应更为重要。

GFS 系统中的文件以分层目录的形式组织，并以确定的路径名来标识。GFS 提供一套 POSIX 应用编程接口供上层应用存取数据。该应用编程接口支持常用文件的操作，如 create、delete、open、close、read、write 等。此外，GFS 还支持快照（snapshot）和记录追加（record append）操作。快照操作以较低的成本创建一个文件或目录树的副本。记录追加允许多个客户端同时向一个文件进行数据追加操作，并同时保证每个客户的追加操作都是原子性操作。

（2）系统架构

如图 5-1 所示，GFS 采取主-从集群架构。GFS 计算机集群由一个 Master 节点和多个 chunkserver（数据块服务器）节点组成，并可被多个客户端访问。

GFS 将文件切分成多个固定大小的数据块（chunk）。每个数据块在创建时，Master 服务器会给它分配一个全局唯一且不可变的 64 位的数据块标识。数据块服务器将数据块以 Linux 本地文件的形式保存在本地硬盘上，并根据指定的数据块标识和字节范围来读写块数据。为了保障数据存储的可靠性，每个数据块都会复制到多个块服务器节点上。系统默认将一个数据块冗余备份到 3 个不同的块服务器节点上。GFS 允许用户为不同的文件命名空间设定不同的冗余备份数量。

Master 节点管理维护分布式文件系统的所有元数据。这些元数据包括名字空间、访问控制信息、文件与数据块的映射以及每个数据块的位置信息。Master 节点还管理着系统范围内的活动，如数据块租用、孤立数据块回收以及数据块在块服务器间的迁移。Master 节点使用心跳消息对每个数据块服务器进行周期性的通信，它发送指令到各个数据块服务器并接收数据块服务器的状态信息。

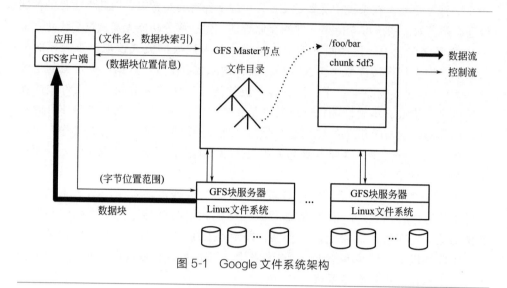

图 5-1　Google 文件系统架构

GFS 客户端代码以库的形式被连接到应用程序中。客户端代码实现了文件系统的 API 接口函数、应用程序与 Master 节点和数据块服务器通信以及对数据进行读写的操作。客户端和 Master 节点间的通信只获取元数据，而所有的数据操作都是由客户端直接与数据块服务器进行交互。

由于 Google 的大部分应用是以流的方式读取一个大文件，工作集非常大，因此无论是客户端还是数据块服务器都不需要缓存文件数据。大数据应用的这种负载特性简化了客户端和整个系统的设计和实现。

（3）Master 节点设计

GFS 采用单一主节点设计，主要的考虑是简化系统设计难度。单个 Master 节点可通过全局的信息精确定位块的位置以及进行复制决策。GFS 为避免 Master 节点成为系统的数据读写性能瓶颈，在设计中刻意减少了客户端与 Master 节点的交互。客户端并不通过 Master 节点读写文件数据，反之客户端向 Master 节点询问数据块的位置信息（即数据块存储在哪个数据块服务器上），并将这些元数据信息缓存一段时间，在后续操作中客户端将直接和数据块服务器进行数据的读写操作。

在 GFS 中读取数据的流程如下：首先，客户端把文件名和程序指定的字节偏移量根据固定的数据块大小转换成文件的数据块索引；然后客户端再把文件名和数据块索引发送给 Master 节点；Master 节点将相应的数据块标识和副本的位置信息发还给客户端；客户端用文件名和数据块索引作为键值缓存这些信息。之后客户端发送请求到其中一个副本处，一般选择最近的副本。请求信息包含数据块标识和字节范围。在对该数据块的后续读取操作中，除非缓存的元数据信息过期或者文件被重新打开，客户端可不必再与 Master 节点进行通信。在实现中，GFS 还采用一种组查询的技术进一步减少客户端与 Master 节点之间的通信。客户端通常会在一次请求中查询一组数据块信息，Master 节点的回应也可能包含了紧跟着这些被请求的数据块后面的数据块信息。组查询在没有任何代价的情况下，避免了客户端和 Master 节点未来可能发生的多次通信。

（4）数据块大小

GFS 选择 64MB 作为一个数据块的大小，这个尺寸通常远远大于一般文件系统的块大小。GFS 选择较大的数据块主要基于以下几点考虑。首先，它减少客户端和 Master 节点间的通信需求，因为仅需一次和 Master 节点的通信就可以获取数据块的位置信息，之后就可以对同一个数据块进行多次读写操作。由于大数据应用通常连续读写大文件，因此上述方式对降低 Master 节点的工作负载效果显著。即使是小规模的随机读取，采用较大的数据块尺寸也带来明显的好处，客户端可以轻松缓存数太字节的工作数据集所有的数据块位置信息。其次，采用较大的数据块尺寸，客户端能够对一个块进行多次操作，这样就可以通过与数据块服务器保持较长时间的 TCP 连接来减少网络负载。最后，选用较大的数据块尺寸减少了 Master 节点需要保存的元数据的数量，从而使得元数据都能够全部保存在 Master 节点的内存中。

（5）元数据管理

Master 节点存储 3 种主要类型的元数据：文件和数据块的命名空间、文件和数据块的对应关系、每个数据块副本的存放地点。所有的元数据都保存在 Master 节点的内存中。前两种类型的元数据（命名空间、文件和数据块的对应关系）同时也会以日志的方式记录在操作系统的系统日志文件中，日志文件存储在本地磁盘上，同时也被复制到其他的远程 Master 节点上。GFS 采用日志技术为 Master 节点提供故障恢复机制。Master 节点本身并不会持久地保存数据块位置信息。Master 节点在启动时，或者有新的数据块服务器加入时，向各个数据块服务器轮番询问它们所存储的数据块信息。因为元数据保存在内存中，所以 Master 服务器的操作速度非常快，并且 Master 服务器可以在后台简单而高效地周期性扫描自己保存的全部状态信息。GFS 通过这种周期性的状态扫描实现数据块垃圾收集、在数据块服务器失效时重新复制数据块以及在数据块服务器之间平衡数据块负载。但是，这种将元数据全部保存在 Master 节点内存的做法有一些潜在的问题：数据块的数量及整个系统的承载能力受限于 Master 节点所拥有的内存大小。因此，在 GFS 2.0 中，Google 采取了多 Master 节点设计解决了上述问题[12]。

（6）数据一致性

数据一致是分布式存储系统的重要问题。GFS采用的数据一致性模型在实现难易度、数据读写性能、数据正确性之间进行了折中。

GFS中文件命名空间的修改（例如文件创建）是原子性的，仅由Master节点控制：命名空间锁提供了原子性和正确性的保障；Master节点的操作日志定义了这些操作在全局中的顺序。数据修改后文件范围的状态取决于操作的类型、成功与否以及是否同步修改。GFS定义了以下几种数据一致性：如果所有客户端无论从哪个副本读取到的数据都一样，那么认为文件范围数据是"一致的"；如果对文件中某个范围的数据修改之后，客户端能够看到写入操作全部的内容，那么在这个范围内数据是一致的。当一个数据修改操作成功执行，并且没有受到同时执行的其他写入操作的干扰，那么在受影响的范围内数据是一致的：所有的客户端都可以看到写入的内容。并行修改操作成功完成之后，范围处于一致的、未定义的状态：所有的客户端看到同样的数据，但是无法读到任何一次写入操作写入的数据。通常情况下，文件范围内包含了来自多个修改操作的、混杂的数据片段。失败的修改操作导致一个范围处于不一致状态（同时也是未定义的）：不同的客户在不同的时间会看到不同的数据。数据修改操作分为写入和记录追加两种。写入操作把数据写在应用程序指定的文件偏移位置上。即使有多个修改操作并行执行时，记录追加操作至少可以把数据原子性的追加到文件中一次，但是偏移位置是由系统选择，系统返回给客户端一个偏移量，表示了包含了写入记录的、已定义的范围的起点。

（7）数据块管理

本节介绍GFS如何管理数据块，涉及以下三个方面：数据块创建、数据块复制和负载均衡。当Master节点创建一个数据块时，它会选择在哪里放置初始的副本。GFS主要考虑如下几个因素[1]：

① 在低于平均硬盘使用率的数据块服务器上存储新的副本。这样的做法最终能够平衡Chunk服务器之间的硬盘使用率。

② 在未饱和的数据块服务器上存储新的副本。未饱和是指该数据块服务器最近的数据块创建操作的次数小于系统设定的阈值。

③ 把数据块的副本尽可能多地分布在多个机架之间。

在数据块的初始副本创建之后，Master节点进一步将数据块的其他副本（即冗余副本）尽可能多地分布在不同机架的数据块服务器上，以达到容灾的目的。当数据块的有效副本数量少于用户指定的复制个数时，Master节点会重新复制该数据块，直到副本个数达到用户的要求。这种数据块副本再复制可能由多种原因引起：数据块服务器不可用，数据块副本损坏，或者数据块副本的复制个数提高。当多个数据块副本需要复制时，GFS 采用优先级算法选择具有最高优先级的数据块副本进行复制。具体的策略见文献［1］。

数据块管理的最后一个方面是负载平衡。Master 节点周期性地对数据块副本进行负载均衡处理，即在数据块服务器之间移动数据块副本，以达到更好地利用集群硬盘空间的目的。GFS 采用惰性负载平衡策略，在负载平衡的过程中逐渐填满一个新的数据块服务器，而不是在短时间内用新的数据块填满它，以至于过载。另外，Master 节点必须选择哪个副本要被移走。通常情况下，Master 节点移走那些剩余空间低于平均值的数据块服务器上的副本。

5.1.2 关系数据存储

本节以 C-Store[2] 系统为例，介绍关系大数据存储实现技术。传统的关系型数据库管理系统的实现都采用面向记录的存储方式，即把一条记录的所有属性连续存储在一起。这种行存储设计的优化目标是数据写入操作。而多数大数据管理系统的主要工作负载为数据读取操作，其通常的数据访问模式为短时间内写入大批新数据，然后长时间进行即席查询。在这些系统里，采用列存储体系，把同一列（或属性）中的数据连续存储在一起会更有效率。

（1）数据模型

C-Store 是一个基于列存储技术的关系大数据库系统。C-Store 采用标准的关系数据模型作为应用层的逻辑数据模型。C-Store 的主要创新点是物理数据模型。C-Store 的物理数据模型将符合关系数据模型的数据以压缩列的方式进行存储，能够支持高效的 OLAP 类型查询。本节介绍 C-Store 提出的物理存储模型。

从上层应用的角度，C-Store 支持标准的关系数据模型。数据库由命名表格（关系）构成。表由一些固定数目的属性（列）构成。和其他的关系数据库系统一样，在 C-Store 中，属性（或属性集合）构成键。每张表必须且只能有唯一的主键，但可以包含多个引用其他表的主键的外键。C-Store 的查询语言是标准的 SQL 语言。

与其他关系数据库系统不同，C-Store 的物理数据模型由列族构成。每个列族由逻辑关系表 T 锚定，包含一个或多个 T 的属性（列）。C-Store 中，一个列族可以包含任意多个逻辑表格里的任意个属性，只要从锚定表格到包含其他属性的表格之间有一系列的 $N:1$（即主外键）关系。

生成列族时，C-Store 从锚定逻辑关系表 T 里选出关注的属性，保留重复的行，然后通过外键关系从非锚定表格里得到相应的属性。因此一个列族和它的锚定表格有相同数目的行。在 C-Store 中，列族里的元组按列存储。如果列族里有 K 个属性，则有 K 个存储结构，每个存储结构存储一列，并按照同样关键字排序。关键字可以是列族里的任意列或列的组合。列族元素按照键排序，从左到右排列。最后，每个列族都水平切分成一个或多个段，每段有唯一标识符 Sid（Sid＞0）。C-Store 只支持基于键的数据切分。列族中的每个段都对应了一个键范围，键范围的集合构成整个键空间的"分区"表示。文献［2］给出了一个 C-Store 物理数据模型样例。假定数据库中包含两张表 EMP（name，age，salary，dept）和 DEPT（dname，floor）。那么一个可能的基于列族的物理数据模型表示如下：

EMP1（name，age）

EMP2（dept，age，DEPT. floor）

EMP3（name，salary）

DEPT1（dname，floor）

我们可以看到，EMP2 列族通过 dept 外键，将 EMP 中的列 dept 和 age 与 DEPT 中的列 DEPT. floor 组合到了一起。C-Store 经常使用这种跨表列族，将不同表格中的列的数据存放在一起，降低了 SQL 查询中跨表连接查询的代价。

显然，为了完成一个 SQL 查询，C-Store 需要一个列族覆盖集合包含查询中所有引用到的列。同时，C-Store 也必须能从不同的存储列族中重构原始表格中的整行元组。C-Store 引入存储键和连接索引来连接不同列族里的元组。

① 存储键：C-Store 使用存储键来连接列族中属于统一逻辑行的每一列中的数据。具体地说，列族中每个段下每个列的每个数据值都与一个存储键相关联。同一段中具有相同存储键的不同列的值属于同一逻辑行。在具体实现时，存储键实现为数据在列中的存储序号。因此，列中存储的第一数据存储键为 1，第二个数据存储键为 2，以此类推。C-Store 中，存储键并不实际储存，而是由一个元组的在列中的物理位置推得。

② 连接索引：C-Store 使用连接索引从多个列族中重建原关系表 T 的所有记录。如果 T1 和 T2 是覆盖表 T 的两个列族，从 T1 的 M 个段到 T2 中 N 个段的连接索引在逻辑上是 M 张表的集合。对 T1 的每一段，连接索引由多行内容组成，每一行包含 T2 中对应数据段的表示以及该段中的对应数据的存储键。不难看出，通过综合运用存储键和连接索引，C-Store 可以从列族中复原出原始逻辑表格中的任意元组[2,4]。图 5-2 显示了一种 EMP 表的两个存储段（雇员表 1 和雇员表 2）之间的连接索引。

C-Store 的一个独特的设计是通过组合一个读优化的存储系统 RS 和一个写优化的存储系统 WS 来平衡读写性能。在读优化系统 RS 中，列族中段按列存储并对每一列进行数据压缩，进一步降低数据读取时需要的 I/O 次数。根据列中数据是否排序以及数据分布，C-Store 考虑了四类压缩方法：

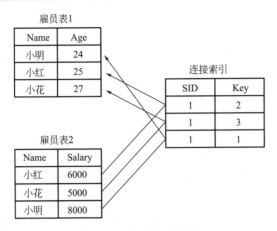

图 5-2　连接索引示例

类型 1　排序多冗余：RLE 编码。一个列被表示成一个三元组 (v, f, n)。其中 v 为一个具体的值，f 为 v 在列中第一次出现的位置，n 为 v 出现的重复次数，即 RLE 压缩。

类型 2　外键排序多冗余：位图编码。一个列被表示成一个连续的元组 (v, b)。其中 v 是一个具体的值，b 是位图（bitmap）中该值的存储位置。

类型 3　自排序低冗余：增量编码。每一个段的第一个条目是列中的值，后续条目都是与前一个值的增量。例如，列 1、4、7、7、8、12 被表示成 1、3、3、0、1、4 的序列。

类型 4　外键排序，低冗余，无压缩。如果列的势较大，C-Store 选择无压缩编码。

RS 存储系统具有高效的数据读取速度，然而数据写入速度较低。为了提高数据写入速度，C-Store 设计了一个基于内存的写优化系统 WS。WS 也为列存储，实现了与 RS 相同的物理存储结构。但由于 WS 将数据写入内存（RS 将数据存储在外存系统），因此，数据写入速度大大提高。C-Store 中，WS 也跟 RS 一样是水平切割的，和 RS 保持 1∶1 的映射关系，并且不采取任何压缩措施。

（2）存储管理

与 GFS 相同，C-Store 使用水平扩展策略，将存储段分配到计算机集群中不同的节点上。具体实现时，段中的所有列都会被分配到同一个节点上，实现数据访问的局部性。WS 和 RS 上拥有共同键值范围的段也会被共同定位。C-Store 的集群管理和容错机制与 GFS 相似，不再赘述。

5.1.3　列族大数据存储技术

C-Store 提出的基于列族的数据模型不仅能够存储关系大数据，也可以用来存储半结构化大数据。本节以 Google 开发的 BigTable[3] 系统为例，介绍列族大数据存储技术，重点介绍 BigTable 与 C-Store 的不同之处。

（1）数据模型

与 C-Store 不同，BigTable 不提供关系数据模型作为应用层的逻辑数据模型，而是直接使用列族数据模型作为应用开发的逻辑数据模型。文献［3］将 BigTable 定义为一个稀疏的、分布式的一致性多维有序表。该表是通过行关键字、列关键字以及时间戳进行索引的，表中的每个值（行关键字、列关键字以及单元值）都是一个字节数组。

```
(row:string,column:string,time:int64)  ->string
```

文献［3］给出了一个 BigTable 数据模型的示例。假定我们要创建一个存储网页的 webtable，一种可能的 BigTable 数据模型是：使用网页的 URL 作为行关键字，网页的各种信息作为列名称，将网页的内容作为对应的行键和列键下的单元值存储，如图 5-3 所示。

row key	contents	anchor
com.cnn.www	\<html\>…	cnnsi.com:CNN my.look.ca:CNN.com

图 5-3　存储网页的 BigTable 示例

在 BigTable 中，在单一行关键字下的数据读写是原子性的（无论这一行有多少个不同的列被读写）。BigTable 按照行关键字的字典序来维护数据。BigTable 动态地将行划分为行组。每个行组称为一个 Tablet。Tablet 是 BigTable 中数据存取以及负载平衡的基本单位。

BigTable 以列族的方式组织列关键字。列族是一组列关键字的集合，也是基本的访问控制单元。存储在同一个列族的数据通常是相同类型的，易于压缩。BigTable 对列族中列的数目没有限制，但假定一个表中列族的数目较少（最多数百个），而且在操作过程中很少变化。

列关键字是使用如下的字符来命名的：family：qualifier。列族名称必须是可打印的，但是 qualifier 可以是任意字符串。访问控制以及磁盘的内存分配都是在列族级别进行的。BigTable 数据模型的另一个独特设计是允许表中每个单元包含数据的多个版本，不同版本的数据通过时间戳索引。

（2）系统实现

BigTable 构建在 Google 开发的其他大数据基础设施之上。BigTable 使用分布式文件系统 GFS 来存储日志和数据文件，使用 SSTable 文件格式存储数据（SSTable 是 Google 开发的一个持久化、有序的、不可更新的键值数据库），使用分布式锁服务 Chubby 来进行集群管理。

与 GFS 相同，BigTable 采用主从架构。一个 BigTable 集群包含一个 Master 节点和多个 Tablet 服务器。

Master 节点负责将 Tablet 分配给 Tablet 服务器，检测 Tablet 服务器的加入和离去，均衡 Tablet 服务器负载，并且对 GFS 上的文件进行垃圾收集。另外，Master 节点还负责元数据管理，如数据模式变更、表格和列族的创建。

Tablet 服务器管理 Master 节点分配的 Tablet，处理 Tablet 的读、写请求，并且对增长得过大的 Tablet 执行切分操作。

BigTable 采用对等方式传输数据。客户端的数据读写请求由 Tablet 服务器处理，中间无需 Master 节点介入。

（3）Table 管理

BigTable 中，表格由 Tablet 构成。初始情况下，每个表格只有一个 Tablet。随着表格的增大，BigTable 自动将表格切分成多个 Tablet，每个 Tablet 包含行键范围内的全部数据。

如图 5-4 所示，BigTable 使用了一个类似于 B＋树[5] 的三层架构存储 Tablet 位置信息[3]。第一层记录根 Tablet 的位置信息，该信息是存储在一个 Chubby 中的文件。根 Tablet 把 Tablet 的所有位置信息保存在一个特定的元数据表中，每条记录包含了一个用户表中所有 Tablet 的位置信息。基于这种三层构架，BigTable 总共可以寻址 2^{34} 个 Tablet。

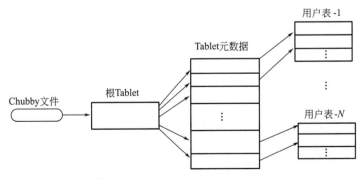

图 5-4　Tablet 位置信息存储结构

与 C-Store 类似，BigTable 也采用了内存、外存两套存储系统，如图 5-5 所示。

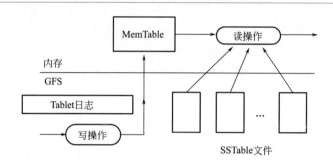

图 5-5　BigTable 数据读写

BigTable 将数据更新首先计入提交日志，然后将这些更新存放到一个排序的内存数据库 MemTable。BigTable 周期性地将 MemTable 中的数据写入 GFS 中的 SSTable 中。当一个读操作到达 Tablet 服务器时，BigTable 会同时查找 SSTable 和 MemTable，并将合并后的结果返回。

5.2　大数据索引技术

大数据通常存储于云上，而所谓的云就是由许多计算节点组成的一种灵活的计算基础设施。要充分利用云的力量，就需要高效的数据管理来处理大数据，并支持大量终端的并发访问。实现这一点，我们需要可扩展性好且具有高吞吐量的索引方案。本节即介绍一种新颖的可扩展的基于 B＋树的大数据索引方案。

5.2.1　系统概述

集群系统的系统架构如图 5-6 所示。

在图 5-6 中一组低成本工作站作为计算（或处理）节点加入群集。这是一个无共享且稳定的系统，系统中的每个节点都有自己的内存和硬盘。为了便于搜索，节点基于 BATON 协议进行连接[9]。也就是说，如果两个节点在 BA-TON 中为路由邻居，我们将保持它们之间的 TCP/IP 连接。请注意，BATON 是针对动态对等网络而提出的。它被设计用于处理动态和频繁的节点离开和加入。云计算的不同之处在于节点由服务提供商进行组织以提高性能。在本节中，覆盖协议仅用于路由目的。亚马逊的 Dynamo 采用了一致的哈希方法来实现集群路由。由于其树形拓扑结构，BATON 被用作展示我们的想法的基础。其他支持范围查询的层级划分，如 P-Ring[6] 和 P-Grid[7] 同样可以被很容易地调整到其中。

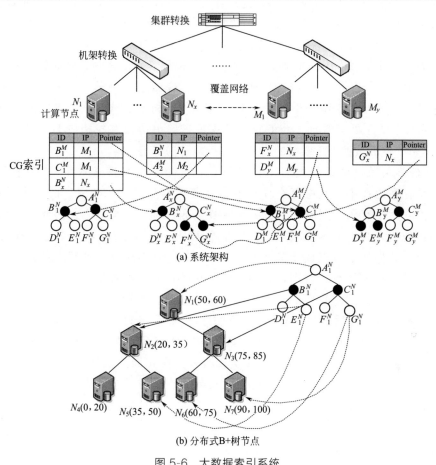

(a) 系统架构

(b) 分布式B+树节点

图 5-6 大数据索引系统

在该系统中，数据被分割成数据分片（基于主键），这些分片随机分布到计算节点。为了便于搜索辅键（secondary key），每个计算节点为该键建立一个 B+树，以索引其本地数据（分配给该节点的数据分片）。通过这种方法，给定一个键值，我们就可以有效地接受其句柄。这里的句柄是一个任意字节的字符串，可以用来获取云存储系统中相应的值。为了处理集群中的查询，传统的方案将把查询广播到并行执行本地搜索的所有节点。这个策略虽然简单，但并不是成本有效和可扩展的。另一种方法是在中央服务器中维护数据分区信息，查询处理器需要查询每个查询的分区信息，而中央服务器的风险便成了系统瓶颈。

因此，给定一个键值或范围，为了定位到相应的 B＋树，我们在本地 B＋树上建立一个全局索引（CG-index）。具体而言，一些本地 B＋树节点（图 5-6 中的黑色实心节点）基于覆盖路由协议在远程计算节点中发布和建立索引。需要注意的是，为了节省存储成本，我们只存储已发布 B＋树节点的以下元数据：（blk，range，keys，ip），其中 blk 为节点的磁盘块编号，range 为值范围 B＋树点，keys 为 B＋树节点中的搜索关键字，ip 为相应计算节点的 IP 地址。这样，我们为每个计算节点中的本地 B＋树维护一个远程索引。这些索引部分组成了我们系统中的 CG 索引。图 5-6(a) 展示了一个 CG 索引的例子，其中每个计算节点维护一部分 CG 索引。图 5-6(b) 给出了将 B＋树节点映射到覆盖中的计算节点的示例。为了处理查询，我们首先根据覆盖路由协议查找相应 B＋树节点的 CG 索引。然后按照 CG 索引的指针，并行搜索局部 B＋树。

CG 索引散播到系统的各个计算节点中。为了提高搜索效率，CG 索引被完全缓存在内存中，其中每个计算节点在其内存中维护 CG 索引的一个子集。由于内存大小有限，只有一部分 B＋树节点插入到 CG 索引中，因此，我们需要巧妙地规划我们的索引策略。在这个系统中，我们为 B＋树构建了一个虚拟扩展树。我们从根节点逐步扩展 B＋树。如果子节点对查询处理有利，我们将拓展树并发布子节点。否则，我们可能会折叠树来降低维护成本并释放内存资源。算法 5.1 描述了我们的索引方案的总体思路。最初，计算节点只发布其本地 B＋树的根。然后，根据查询模式和成本模型，我们计算扩展或折叠树的有利因素（第 4 行和第 7 行）。为了降低维护成本，我们只发布内部 B＋树节点（我们不会将树扩展到叶级）。值得注意的是，在我们的扩展/折叠策略中，如果 B＋树点已被索引，那么它的祖先及后继节点将不会被索引。覆盖路由协议允许我们直接跳转到任何索引的 B＋树节点。因此，我们不需要从 B＋树的根开始搜索。

算法 5.1：CGIndexPublish（Ni）

1：Ni 发布该节点 B＋树的根节点

2：**while** true **do**

3：　Ni 检查发布的 B＋树的节点 n_j

4：　if isBeneficial(n_j.children)**then**

5：　索引 n_j 的子节点，扩展树

6：　**else**

7：　　**if** benefit(n_j)＜maintenanceCost(n_j)**then**

8：　　　删除 n_i 和 n_j 的父节点

9：　等待新消息

5.2.2 CG 索引

与文献［8］中方法不同，我们的方法为网络中的所有计算节点建立全局B+树索引，每个计算节点都有其本地 B+树，并且将本地 B+树节点散布到各种计算节点。下面将讨论索引路由和维护协议。索引选择方案将随后介绍。为了更清晰地表述，我们使用大写和小写字符分别表示（云中的）计算节点和 B+树的节点。

（1）远程索引本地 B+ 树节点

给定一个范围，我们可以定位负责这一范围的 BATON 节点（子树范围可以完全覆盖搜索范围的节点）。另外，B+树节点维护关于范围内的数据的信息。这项观察为我们提供了一个直接的方法来发布 B+树节点到远程计算节点。我们在覆盖层中使用查找协议来将 B+树节点映射到计算节点，并将 B+树节点的元数据存储在计算节点的存储器中。

为了将 B+树节点发布到 CG 索引中，我们需要为每个 B+树节点生成一个范围。根据它们的位置，B+树节点可以分为两类：①节点既不是该层中最左边也不是最右边的节点；②节点和它的祖先总是左边或最右边的子节点。

对于第一类节点，我们可以根据父母的信息生成它们的范围。示例如图 5-7所示。

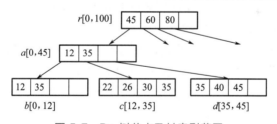

图 5-7　B+树节点及其索引范围

在图 5-7 中，节点 c 是节点 a 的第二个孩子，所以它索引的范围为 a 的第一键到第二个键，也就是（12,35）。第二种类型的节点仅提供开放范围（无下限或无上限）。我们使用当前树中的最小值和最大值作为界限值。为了降低更新成本，我们稍微增加了范围。例如，在图 5-7 中，我们使用 0 而不是 5 作为下限，即实际的最小值。在定义树的下界和上界之后，我们可以为类型 2 节点生成一个范围。例如，节点 r 和 a 的范围分别是（0,100）和（0,45）。下限和上限可以缓存在内存中，当新数据插入最左侧或最右侧的叶节点时更新。

为了发布一个 B+树节点，我们首先生成它的范围 R。然后，基于 BATON

路由协议，我们获得计算节点 N，它负责 R 的下界。逐步地，我们将请求转发给 N 的祖先，直到我们到达其子树范围可以完全包含 R 的那个节点。B+树节点随后被索引到该节点中。

在集群系统中，由于处理节点是低成本的工作站，因此随时可能出现节点故障。单点故障可以通过复制策略来处理。但是，当一部分节点（例如机架式交换机停机）时，所有副本可能会丢失。为了解决这个问题，计算节点会偶尔刷新所有已发布的B+树节点。

（2）查询处理

给定一个范围查询 Q，我们需要搜索 CG-index 来定位范围与 Q 重叠的B+树节点。我们可以模拟覆盖的搜索算法来处理查询。算法 5.2 显示了一个常规的范围搜索过程。

算法 5.2： Search（$Q=[l,u]$）

1: N_i＝lookup(1)
2: 对 N_i 进行局部搜索 N_i
3: while N_i＝N_i.right and N_i.low$<$u do
4:　　对 N_i 进行局部搜索 N_i

从 Q 的下界开始，我们沿着右边的相邻连接搜索兄弟节点，直到到达 Q 的上界。然而，包括 BATON 在内的许多覆盖范围的搜索可以进一步优化：假设 k 个节点与 Q 重叠，BATON 中典型范围搜索的平均成本估计为 $(1/2)\log_2 N + k$，其中 $2N$ 是系统中计算节点的总数。

对范围搜索算法的第一个优化是，我们不是从下限开始搜索，而是从范围内的任意点开始。假设数据在节点间是均匀分布的，R 是总范围，这种优化降低了从 $(1/2)\log_2 N + k$ 到 $(1/2)\log_2 (QN/R) + k$ 的范围 Q 内的搜索节点的平均成本。

现有的分析忽略了参数 k 的影响，而它实际上主宰着大规模覆盖网络上的搜索性能。举个简单的例子，在一个 10000 个节点的网络中，假设数据在处理节点之间是均匀分配的，如果 $\dfrac{Q}{R}=0.01$，则 $k=100$。为了减少范围搜索的延迟，第二个优化将增加并行性。我们将查询广播到并行与搜索范围重叠的处理节点。

最后，我们对新的搜索算法进行如下总结：

① 在搜索范围内找到一个随机处理节点（优化 1）。

② 在父链接之后，找到 BATON 子树的根节点，子树覆盖整个搜索范围。

③ 选择性地将查询广播到子树的后代（优化 2）。

④ 在每个处理节点中，接收到搜索请求后，对 CG-index 进行本地搜索。

并行搜索算法将平均成本从 $(1/2)\log_2 N+k$ 降低到 $(1/2)\log_2(QN/R)+\log_2 N$，其中 $\log_2 N$ 是 BATON 树的高度。

（3）索引维护

在 CG-索引中，更新与搜索同时处理。为了最大化吞吐量和提高可扩展性，将采用在分布式系统中最终的一致性模型[10]。两种类型的更新操作：惰性更新和急切更新被提出。当本地 B＋树的更新不影响搜索结果的正确性时，将采用惰性更新。否则，急切更新将在进行同步时被尽可能多地使用。

定理 5.1：在 CG-index 中，如果更新不影响本地 B＋树的键范围，则过期索引不会影响查询处理的正确性。

我们通过细致的观察发现，只有最左侧或最右侧节点的更新可能违反本地 B＋树的关键范围。给定一个 B＋树 T，假设它的根节点是 n_r，对应的范围是 $[1,u]$。T 的索引策略实际上是 $[1,u]$ 的分割策略，这是因为以下两点同时成立：①T 中的每个节点都维护了区间 $[1,u]$ 上的一个子区间的键；②对 $[1,u]$ 区间中的任一键 v，T 中存在唯一索引节点，该节点维护的键区间包含键 v。例如，在图 5-8 中，根范围 $[0,100]$ 被划分为 $[0,20]$，$[20,25]$，$[25,30]$，$[40,45]$，$[45,50]$，$[50,80]$，$[80,100]$。除了最左边和最右边的节点（那些负责根范围下限和上限的节点）之外，其他节点中的更新只能改变分区的方式。假设在图 5-8 中，节点 i 和 j 合并在一起，则子范围 $[20,25]$ 与 $[25,30]$ 替换为 $[20,30]$。不管根分区如何，即使索引陈旧，查询也可以根据索引正确地转发到节点。因此，如果更新不改变根范围的下限或上限，我们采用惰性更新方法。这也就是说，我们不会立即同步本地 B＋树的索引。相反，在预定的时间阈值之后，所有的更新都一起提交。

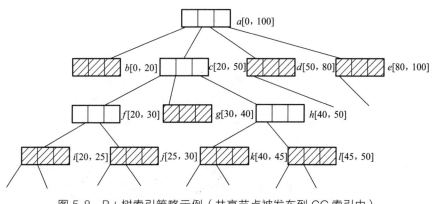

图 5-8　B＋树索引策略示例（共享节点被发布到 CG 索引中）

给定两个节点 n_i 和 n_j，惰性更新以下列方式处理：

① 如果将 n_i 与 n_j 合并，并将两者都发布到 CG 索引中，则将 n_i 和 n_j 的索引条目替换为合并节点的索引条目；

② 如果 n_i 与 n_j 合并，并且只有一个节点（假设是 n_i）被发布到 CG 索引中，我们删除 n_j 的子节点的所有索引条目，并将 n_i 的索引条目更新为新合并的索引条目；

③ 如果将 n_i 发布到 CG 索引并分裂成两个新节点，则将 n_i 的索引条目替换为新节点的索引条目。

在索引条目中，查询处理使用两个属性：IP 地址和块号。具体而言，IP 地址用于将查询转发到正确的集群服务器。块号用于在进行本地搜索时，定位对应的 B＋树节点。根据以上分析，如果更新并未改变 B＋树的下界或上界，则 IP 地址总是正确的。但是，由于节点合并和拆分，块号可能无效，在这种情况下，我们只是从根节点开始搜索。

另一方面，最左边和最右边节点中的一些更新可能会改变 B＋树的下界和上界。在这种情况下，旧的索引条目可能在查询处理中产生误报和漏报。举一个例子，假设图 5-8 中的键 "0" 从节点 b 中删除，b 的键范围将缩小到 $[5,20]$。如果应用旧索引来处理查询 $[-5,3]$，那么查询将被转发到集群服务器，而这实际上将不能提供任何结果。也就是说，索引会产生误报。相反，假设一个新的键 "-5" 插入到节点 b 中，b 和 a 的键范围分别更新为 $[-5,20]$ 和 $[-5,100]$。如果应用旧索引条目来处理查询 $[-10,-2]$，则 CG 索引无法从某些集群服务器检索数据，则会生成错误否定。假阳性并不违反结果的一致性，我们采用惰性更新策略来处理它。假阴性对于一致性至关重要。因此，我们使用急切更新策略来同步索引。

在急切更新中，我们首先更新 CG-index 中的索引节点（包括它们的副本）。如果所有索引节点都成功更新，我们更新本地 B＋树节点。否则，我们回滚操作以保留 CG-index 中的旧索引节点并触发更新失败事件。

定理 5.2：急切更新（eager update）可以提供一个完整的结果。证明略。

为了保证 CG-index 的健壮性，我们为集群服务器创建了多个副本。复制以两个粒度执行。我们复制 CG 索引和本地 B＋树索引，当集群服务器有问题时，我们仍然可以访问它的索引并从 DFS 中检索数据。副本是基于 BATON 的复制协议构建的，具体而言，由 BATON 节点（主副本）维护的索引条目将复制到其左侧相邻节点和右侧相邻节点（从副本）中。因此，每个节点通常保留 3 个副本，在 Starfish[11] 中，如果计算节点在线时间为 90%，则 3 个副本可以保证 99.9% 的可用性。主副本用于处理查询，从副本用作备份。当 BATON 节点发生故障时，我们应用路由表来定位其相邻节点来检索副本。我们首先尝试访问左边的相邻节点，如果它也失败，我们去右边的相邻节点。

在惰性更新或急切更新中，我们需要保证副本之间的一致性。假设 BATON 节点 N_i 维护索引条目 E 的主副本。为了更新 E，我们首先将新版本的 E 发送给 N_i 然后，N_i 把更新后的 E 转发给所有副本。相应的 BATON 节点在接收到更新请求时，将保留 E 的新版本并响应 N_i。在收集完所有响应后，N_i 提交更新并要求其他副本使用新的索引条目。

在 BATON 中，节点偶尔向其路由表中的相邻节点和节点发送 ping 消息。该 ping 消息可以被用来检测节点故障。如果没有收到来自特定节点的 ping 响应 k 次，我们假设节点失败并将信息广播到所有集群服务器。当一个节点失败时，其左边的相邻节点被提升为主副本。如果节点及其左侧相邻节点都失败，则将右侧相邻节点升级为主副本。

每个更新都被分配一个时间戳。当一个 BATON 节点从故障重新启动时，它会要求当前的主副本获取最新的副本。通过比较索引条目的时间戳，它将用新的条目替换旧条目。之后，它声明为相应索引数据的主副本，并开始服务于搜索。需要注意的是，查询处理对于节点的失败是有弹性的，正如下面定理所述。

定理 5.3：在 BATON 中，如果相邻连接和父子连接是最新的，即使某些节点失败或路由表不正确，也可以成功处理该查询。

参考文献

[1] Ghemawat S，Gobioff H，Leung S. The Google File System. In SOSP, 29-43. 2003.

[2] Stonebraker M，Abadi D J，Batkin A，et al. C-Store: A Column-Oriented DBMS. In VLDB, 553-564. 2005.

[3] Fay C，Jeffrey D，Sanjay G，et al. Bigtable: A Distributed Storage System for Structured Data. ACM Transactions on Computing System, vol 26, no. 2, 4: 1-4: 26. 2008.

[4] Papadomanolakis S，Ailamaki A. AutoPart: Automating Schema Design for Large Scientific Databases Using Data Partitioning. In SSDBM 2004.

[5] Comer D. Ubiquitous B-tree. Computing-Surveys 11, 2 (June1979), 121-137.

[6] A. Crainiceanu, P. Linga, A. Machana-vajjhala, et al. P-ring: an efficient and robust p2p range index structure. In SIGMOD, 2007.

[7] Aberer K, Cudr'e-Mauroux P, Datta A, et al. P-grid: a self-organizing structured p2p system. SIGMOD Record, 2003.

[8] Aguilera M K, Golab W, Shah M A. A practical scalable distributed b-tree. VLDB, 598-609, 2008.

[9] Jagadish H V, Ooi B C, Vu Q H. Ba-

ton: A balanced tree structure for peer-to-peer networks. In VLDB, 2005.

[10] Chang F, Dean J, Ghemawat S, et al. Bigtable: A distributed storage system for structured data. OSDI, 2006.

[11] Gabber E, Fellin J, Flaster M, et al. Starfish: highly-available block storage. In USENIX, 151-163, 2003.

[12] Colossus: Successor to the Google File System（GFS）. https: //www. systutorials. com/3202/colossus-successor-to-google-file-system-gfs/. 2012.

第6章

大数据查询处理技术

大数据查询处理技术，主要包括大数据批处理技术、大数据流处理技术、大图数据处理技术、混合大数据处理技术、群组查询处理技术，本章将对上述技术逐一进行介绍。

6.1 大数据批处理技术

6.1.1 MapReduce 技术简介

MapReduce[1] 是一种运行在计算机集群上并用于处理大规模数据集的编程模型。MapReduce 编程模型由两个基本的功能函数组成，分别为 map 函数与 reduce 函数。用户可以通过自定义 map 和 reduce 函数中的内容来实现自己所需的逻辑处理功能。map 函数接受输入键值对，并产生中间键值对的列表。基于 MapReduce（模型）的运行系统根据中间键将所有中间对组合在一起，并传递给 reduce 函数来生成最终结果。map 和 reduce 函数的输入输出如下所示[1]：

$$map(k1, v1) \rightarrow list(k2, v2)$$
$$reduce(k2, list(v2)) \rightarrow list(v2)$$

MapReduce 集群采用主从架构，其中一个主节点管理多个从节点。在 Hadoop 中，主节点称为 JobTracker，从节点称为 TaskTracker。Hadoop 通过将输入数据集分成几个大小相同的数据块后，启动 MapReduce 作业。每个数据块被分配到一个 TaskTracker 节点，并由 map 任务进行处理。任务分配进程采用心跳协议的方式实现。TaskTracker 节点在 JobTracker 空闲时与其通信，然后调度程序为其分配新的任务。调度程序在发送数据块时总是优先考虑数据的位置特性，它总是尝试将一个本地数据块分配给一个 TaskTracker。如果此次数据分配失败，调度器则向 TaskTracker 分配一个位于本地机架上的或是随机的数据块。当 map 函数完成时，运行系统将对所有中间（结果）对进行分组，并启动一组 reducer 任务来产生最终结果。MapReduce 包含三个设计组件：编程模型、存储独立设计和运行时调度。这三个设计将产生影响 MapReduce 性能的 5 个方面的影响因素：分组方案、I/O 模式、数据解析、索引和块级调度。

MapReduce 的编程模型主要侧重于让用户指定数据转换的逻辑（通过 map 函数和 reduce 函数）。编程模型本身并没有指定 map 函数生成的分组后的中间对将如何被 reduce() 函数所处理。在有关 MapReduce 的论文[1] 中，设计者认为指定数据分组算法是一个复杂的任务。这种复杂性应该被框架隐藏。因此，MapReduce 的设计者采用归并排序算法作为默认分组算法，并提供了几个接口来改变系统的默认行为。

然而，对于某些数据分析任务（例如聚合查询和表格连接），归并排序算法并不总是实现这些分析任务的最有效的算法。因此，当用 MapReduce 执行这些分析任务时，我们需要用其他的分组算法来替代归并排序算法。

MapReduce 编程模型设计为独立于存储系统。也就是说，MapReduce 是一个纯数据处理系统，无需内置存储引擎。MapReduce 通过一个读取器从底层存储系统读取键/值对。MapReduce 从存储系统中检索每条记录，并将记录包装成一个键/值对以供进一步处理。用户可以通过实现相应的读取器，以支持新的存储系统。

这种存储独立设计被认为对于异构系统是有益的，因为它使 MapReduce 能够分析存储在不同存储系统中的数据。然而，这种设计是与并行数据库相当不同的系统。所有的商业并行数据库系统都附带查询处理引擎和存储引擎。要处理查询，查询引擎直接读取存储引擎的记录。因此交叉引擎调用是不需要的。由此看来存储的独立设计可能会无益于 MapReduce 的性能，因为处理引擎需要调用读取器来加载数据。通过比较 MapReduce 和并行数据库系统，有三个因素可能影响 MapReduce 性能：①I/O 模式，读取器从存储系统检索数据的方式；②数据解析，读取器解析记录格式的方案；③索引。

一个读取器可以选择使用两种模式从底层存储系统读取数据：直接 I/O 和流式 I/O。使用直接 I/O，读取器从本地磁盘读取数据。在这种情况下，数据直接从磁盘缓存中装载，通过 DMA 控制器获取读取器的内存，不需要进程间的通信成本。读取器也可以采用流式 I/O 方案，在这种情况下，读取器从另一个正在运行的进程读取数据（通常是存储系统进程），例如 TCP/IP 等进程间通信方案和 JDBC。

从性能角度来看，当读取器从本地节点检索数据时，直接 I/O 比流式 I/O 更有效率，由于大多数并行数据库的设计系统中都带有查询和存储引擎，直接 I/O 可能是更好的选择。在并行数据库系统中，查询引擎和存储引擎内部运行相同数据库实例，从而可以共享内存。当一个存储引擎将接收到的数据存储到内存缓冲中时，它直接将内存缓冲传递给查询引擎用于处理。

另外，流式 I/O 启用 MapReduce 执行引擎来从任何进程读取数据，如分布式系统进程（例如 Hadoop 中的 DataNode）和数据库实例（例如 PostgreSQL）。如果读取器需要从远程节点读取数据，流式 I/O 是唯一的选择。功能的集中使得 MapReduce 具有存储独立的特点。

当读取器从存储系统检索数据时，它需要将原始数据转换为键/值对用于处理。此转换过程称为数据解析。数据解析的本质是从原始数据格式中解码，然后将原始数据转换成可由某种编程语言处理的数据对象，例如 Java。由于 Java 是默认的 Hadoop 的语言，因此本章的讨论是专门针对 Java 的。但是，这些观点也应该适用于其他语言。

有两种解码方案：不可变解码和可变解码。不可变解码方案将原始数据转换为不可变的 Java 对象。不可变 Java 对象是只读对象，不能被改写。一个例子是Java 的字符串对象，根据 SUN 的文档，将一个新值设置为字符串对象会导致原始字符串对象被丢弃并由一个新的字符串对象替换。在不可变解码方案中，为每个记录创建一个唯一的 Java 对象。因此，解析四百万条记录会产生四百万个不可变对象。由于 Java 字符串对象是不可变的，大多数文本记录解码器采用不变的解码方案。默认情况下，Google 的协议缓存也将记录解码为不可变对象。

另一种方法是可变解码方案。使用这种方法，可重复使用 Java 对象来解码所有记录。为了解析原始数据，可变解码方案解码记录的本地存储格式根据模式和文件的可变对象新值。因此，无论多少条记录被解码，只创建一个数据对象。

不可变解码方案比可变解码方案慢得多。在解码过程中产生大量不可变对象，造成 CPU 上的高开销。

存储独立设计意味着 MapReduce 不认为输入数据集有可用索引。乍一看，MapReduce 可能无法使用索引。但是，有三个 MapReduce 利用索引进行加速数据处理的方法。

首先，MapReduce 提供了一个用户界面，用于指定数据分割算法。因此，可以实现适用的定制数据分割算法，该算法使用索引来修剪数据块。在 Hadoop中，这可以通过提供特定的 InputFormat 来实现。这种定制的数据分割技术可以在以下两种情况下使用：①如果 MapReduce 作业的输入是一组排序的文件（存储在 HDFS 或 GFS 中），可以采用修剪冗余数据块的范围索引；②如果每个输入文件的名称符合某些命名规则，这些命名信息也可用于数据拆分。假设一个日志记录系统定期地滚动到一个新的日志文件，并将滚动时间嵌入到每个日志文件的名称中，然后在一定时间内对日志进行分析，可以根据文件名称信息来获取不必要的日志文件。

其次，如果 MapReduce 的输入是一组索引的文件（B＋树或哈希），那么可以通过实现一个新的读取器来有效地处理这些输入文件。读取器将搜索条件作为输入（例如日期范围）并应用到索引以从每个文件检索感兴趣的记录。

最后，如果 MapReduce 的输入由存储在 n 个关系数据库服务器中的索引表组成，可以启动 n 个 map 任务来处理这些表。在每个 map 任务中，map() 函数提交相应的 SQL 查询一个数据库服务器，从而透明地利用数据库索引检索数据。

MapReduce 采用运行时的调度方案。该调度器将数据块分配给可用节点，以便一次处理一个。该调度策略带来运行时开销，并可能会减慢 MapReduce 作业的执行速度。相反，并行数据库系统受益于编译时的调度策略。当提交查询时，查询优化器为所有可用节点生成分布式查询计划。当执行查询时，每个节点根据分布式查询计划知道其处理逻辑。因此，在生成分布式查询计划后，不会引入调度成本。虽然 MapReduce 的运行时调度策略比 DBMS 的编译时间调度更昂贵，但运行时的调度策略使 MapReduce 更具弹性和可扩展性（即当工作执行时动态调整资源的能力）。

运行时调度有两种方式来实现 MapReduce 的性能：①需要调度 map 任务的数量；②调度算法。对于第一个因素，可以调整数据块的大小以减轻成本。对于第二个因素，需要更多的研究工作来设计新的算法。

6.1.2　基于 MapReduce 的多表连接技术

云计算是服务提供商向多个用户提供弹性计算资源（虚拟计算节点）的服务。这种计算范式吸引了人们越来越多的兴趣，因为它使用户能够以现收现付的方式无缝地扩展应用程序。为了发掘云计算的全部性能，云数据处理系统应该提供高度的弹性、可扩展性和容错能力。

MapReduce 可以在云中执行弹性数据处理，有三个主要原因。一是编程模式，MapReduce 简单而富有表现力。大批数据分析任务可以表示为一组 MapReduce 工作，包括 SQL 查询、数据挖掘、机器学习和图形处理。二是 MapReduce 实现了通过块级调度获得弹性和可伸缩性，具有高度可扩展性。三是 MapReduce 提供了细粒度的容错功能，只有宕机节点上的任务才需要被重启。

有了以上功能，MapReduce 已经成了用于处理大规模数据分析任务的主流工具。但是，在用 MapReduce 处理复杂的数据分析任务加入多个数据集进行聚合时有以下两个问题。

首先，MapReduce 主要在单个均匀数据集的分析任务中用于执行过滤聚合数据。它不能方便地在 map() 和 reduce() 函数中表达连接操作。

其次，在某些情况下，使用多路连接 MapReduce 效率不高。这个性能问题主要是由于 MapReduce 使用了一个顺序数据处理策略。这个策略在数据处理过程中频繁地设置检查点和洗牌。假设我们连接三个数据集，即 $R \bowtie S \bowtie T$，并对连接结果进行聚合。大多数基于 MapReduce 的系统（例如 Hive 和 Pig）会将此查询翻译成四个 MapReduce 作业。首先作业连接 R 和 S，并将结果 U 写入文件系统（例如 Hadoop 分布式文件系统、HDFS）。第二个工作连接 U 和 T 并产生 V，V 将会再次写入 HDFS。第三个作业聚合 V 上的元组。如果在第三步中使用了多个 reducer，最后的作业将合并来自第三作业的 reducer 的结果，并将最终查询结果写入到一个 HDFS 文件。在这里，检查点 U 和 V 到 HDFS，并在下一个洗牌时，如果 U 和 V 很大，MapReduce 工作就会招致巨大的代价。虽然可以通过从云端分配更多节点来提升性能，但这种"预先租用大量节点"的解决方案会增加成本。理想的云数据处理系统应该能够以弹性伸缩的方式，在满足性能要求的前提下，降低数据处理所需的计算资源成本。

Map-Join-Reduce 扩展并增强了 MapReduce 系统，用以简化和有效处理复杂的数据分析任务。为了解决上述第一个问题，它使用了过滤连接聚合编程模型。这是一个 MapReduce 的过滤聚合编程模型的扩展。除了 mapper 和 reducer 之外，还引入第三个操作连接（称为 joiner）到框架。要加入多个数据集进行聚合，用户指定一组 join() 函数和连接顺序。运行系统自动加入多个数据集，根据连接顺序并调用 join() 函数处理加入的记录。像 MapReduce 一样，Map-Join-Reduce 作业可以连接任意数量 MapReduce 或 Map-Join-Reduce 作业来形成一个复杂的工作数据处理流程。因此，Map-Join-Reduce 将使其最终用户和建立在 MapReduce 上的高级查询引擎受益。对于最终用户，Map-Join-Reduce 将减轻实现复杂连接算法所带来的负担；对于基于 MapReduce 的高级查询引擎，如 Hive 和 Pig，Map-Join-Reduce 提供了一个新的用于生成查询计划的构建块。

为了解决第二个问题，Map-Join-Reduce 中引入了一个单一的洗牌策略。MapReduce 采用一个一对一的洗牌方式洗牌，把每一个由 map() 函数生成的中间键/值对洗牌到一个独特的 reducer 中。除了这个洗牌方案，Map-Join-Reduce 提供了一对多的洗牌方案，在一次洗牌中将每个中间键/值对洗牌到许多连接者中。采用正确的分区策略，可以利用一对多洗牌方案，在一个阶段中加入多个数据集，而不是一组 MapReduce 工作。这种单相联合方法，在某些情况下，比多相加入效率更高，MapReduce 采用的方法是避免它的检查点和洗牌中间连接产生下一个 MapReduce 作业。

目前有两种能够执行无共享群集上的大规模数据分析任务的系统：①并行数据库；②基于 MapReduce 的系统。

并行数据库的研究较晚，始于 20 世纪 80 年代。并行数据库和 MapReduce 之间的主要差异是系统性能和可扩展性。

高效的连接处理方法也在并行数据库系统得到了广泛的研究。主要工作可以分为两类：①双向连接算法；②基于双向连接来评估多路连接的方案。第一类工作包括并行嵌套循环连接、并行排序合并连接、并行哈希连接和并行分区连接。

所有这些连接算法都以某种形式在基于 MapReduce 的系统中得到实现。虽然 Map-Join-Reduce 目标是多路连接，这些双向连接技术也可以集成到 Map-Join-Reduce 框架中。

并行数据库系统通过流水线处理策略来执行多连接查询。假设要执行三路连接 $R_1 \bowtie R_2 \bowtie R_3$。典型的流水线处理工作如下：首先，两个节点 N_1 和 N_2 并行扫描 R_2 和 R_3，如果表可以放入内存的话，将它们加载到内存哈希表中。然后，第三个节点 N_3 从 R_1 读取元组，读取管道元组到 N_2 和 N_3，依次探测 R_2 和 R_3 并产生最终查询结果。流水线处理是优于顺序处理的。但是，由于引入处理节点之间的依赖关系，流水线处理可能存在节点失败。当一个节点（例如 N_2）失败时，数据流被破坏，整个查询需要重新提交。因此，需要以 MapReduce 为基础系统采用顺序处理策略。

MapReduce 由 Dean 等人提出，它用来简化反向索引的构建。但是很快人们发现了该框架也能够执行过滤聚合数据[2] 分析任务。更复杂的数据分析任务也可以通过一组 MapReduce 作业来执行。虽然连接处理可以在一个 MapReduce 框架中实现，但处理异构数据集并且手动编写连接算法并不容易。文献［3］提出了 Map-Reduce-Merge 来简化连接通过引入合并操作进行处理。相比这个工作，Map-Join-Reduce 的目标不仅仅是缓解开发工作的压力，同时也提高了多路连接过程的性能。还有一些查询是构建在 MapReduce 之上的处理系统，包括 Pig、Hive 和 Cascading。这些系统提供高级查询语言和相关优化器，以便有效地评估可能涉及多个连接的复杂查询。与这项工作相比，Map-Join-Reduce 为多路连接处理提供了内置支持，并且在系统级而不是应用级加入。因此，Map-Join-Reduce 可以用作新的构建块（除了 MapReduce 之外），为这些系统生成有效的查询计划。

接下来介绍过滤连接聚合，一个 MapReduce 的过滤聚合编程模型的自然扩展，并描述在 Map-Join-Reduce 中的整体数据处理流程。

如前所述，MapReduce 呈现了一个两阶段的过滤聚合数据分析框架，该框架具有执行过滤逻辑和 reducer 的 mappers 聚合逻辑[2] 的功能。在文献［1］中，map() 函数和 reduce() 函数定义如下：

$$map(k1, v1) \rightarrow list(k2, v2)$$
$$reduce(k2, list(v2)) \rightarrow list(v2)$$

该编程模型主要用于同构的数据集，即由 map() 函数表示的相同过滤逻辑适用于每个元组数据集。为了将此模型扩展到过滤连接聚合以处理多个异质数据集，除了 map() 和 reduce() 函数之外，还需要第三个 join() 函数，即 joiner。过滤连接聚合数据分析任务涉及 n 个数据集合 D_i，$i \in \{1, \cdots, n\}$，以及这几个数据集合之间的 $n-1$ 个连接操作。三个函数的签名如下：

$$map_i(k1_i,v1_i)\rightarrow(k2_i,list(v2_i))$$
$$join_i((k2_{j-1},list(v2_{j-1})),(k2_j,list(v2_j)))\rightarrow(k2_{j+1},list(v2_{j+1}))$$
$$reduce(k2,list(v2))\rightarrow list(v2)$$

除了表示的下标 i 之外，Map-Join-Reduce 中的 map 签名类似 MapReduce，该下标表示由 map_i 定义的过滤逻辑将应用于数据集 D_i。join 函数 $join_j$，$j \in \{1,\cdots,$ $n-1\}$ 定义了处理第 j 个加入的元组的逻辑。如果 $j=1$，第一个 $join_j$ 的输入列表来自 mappers 输出。如果 $j>1$，第一个输入列表来自第 $j-1$ 次结果。该 $join_j$ 的第二个输入列表必须来自 mappers 输出。从数据库视角来看，Map-Join-Reduce 的连接链相当于一棵左深的树。目前，它只支持等值连接。对于每个函数 $join_j$，运行时系统保证第一个输入列表的密钥等于键入的第二输入列表，即 $k2_{j-1}=k2_j$。reduce( ) 函数功能的签名与 MapReduce 相同。Map-Join-Reduce 工作可以连接任意数量的 MapReduce 或 Map-Join-Reduce 工作来形成复杂的数据处理流程并输出到下一个 MapReduce 或 Map-Join-Reduce 作业。这种连接策略是基于 MapReduce 的数据处理系统的标准技术。

这里给出一个过滤连接聚合作业的具体例子。示例中的数据分析任务是一个简化 TPC-H Q3 查询，用来说明 Map-Join-Reduce 的功能。在 SQL 中表示的 TPC-H Q3 作业如下：

```
select
O. orderdate,sum(L. extendedprice)
from
customer C,orders O,lineitem L
where
C. mksegment='BUILDING' and
C. custkey=O. custkey and
L. orderkey=O. orderkey and
O. orderdate<date'1995-03-15' and
L. shipdate>date'1995-03-15'
group by
O. orderdate
```

此数据分析任务要求系统应用于所有三个数据集，即客户、订单和 lineitem，连接它们并计算相应的聚合。执行此操作的 Map-Join-Reduce 程序分析任务类似于以下伪代码：

```
map_c(long tid,Tuple t):
//tid:tuple ID
//t:tuple in customer
if t. mksegment='BUILDING'
```

```
emit(t.custkey,null)

map_O(long tid,Tuple t):
if t.orderdate<date'1995-03-15'
emit(t.custkey,(t.orderkey,t.orderdate))

map_L(long tid,Tuple t):
if t.shipdate>date'1995-03-15'
emit(t.orderkey,(t.extendedprice))

join_1(long lKey,Iterator lValues,long rKey,Iterator rValues):
for each V in rValues
emit(V.orderkey,(V.orderdate))

join_2(long lKey,Iterator lValues,long rKey,Iterator rValues):
for each V1 in lValues
for each V2 in rValues
emit(V1.orderdate,(V2.extendedprice))

reduce(Date d,Iterator values):
double price=0.0
for each V in values
price+=V
emit(d,price)
```

要启动一个 Map-Join-Reduce 作业，除了上述伪代码之外，还需要向运行时系统指定 Joiner 的连接顺序。这是通过提供 Map-Join-Reduce 作业规范来实现的。它是一个原始 MapReduce 的作业规范扩展名。这里只关注 map()、join() 和 reduce() 函数的逻辑。

为了执行 TPC-H Q3 查询，三个 mappers（map_C、map_O 和 map_L）被指定为处理客户的记录、订单和 lineitem。第一个 joiner $join_1$ 处理 $C \bowtie O$ 的结果，即顾客和订单。对于每个连接的记录对，它产生一个键/值对并将订单键作为键，订单日期作为值。然后结果对传递到第二个连接器。第二个连接器用 lineitem 连接结果元组的 $join_1$ 并将订单日期作为键，扩展价格作为值。最后，reducer 在每个可能的日期上聚合扩展价格。

为了执行 Map-Join-Reduce 作业，运行系统启动两种进程，称为 MapTask 和 ReduceTask。Mappers 在 MapTask 进程内运行 ReduceTask 中调用 joiners 和 reducer 进程。MapTask 进程和 ReduceTask 进程与文献 [1] 中提出的 map worker 进程和 reduce worker 进程语义上等价。Map-Join-Reduce 的进程模型允许流水线之间的中间结果，因为连接器和减速器在同一个 ReduceTask 进程内运行。Map-Join-Reduce 的故障恢复策略与 MapReduce 相同。在节点故障存在的时候，只需要重新启动 MapTask 和未完成的 ReduceTask。已完成的 ReduceTask 不需要重新执行。Map-Join-Reduce 中重新启动的过程与 MapReduce 也是类似的，除了 ReduceTask。除了返回 reduce() 函数，当 ReduceTask 重新启动时，全部连接者也被重新执行。

Map-Join-Reduce 与 MapReduce 兼容。因此，可以通过过滤连接聚合任务进行评估标准的顺序数据处理策略。在这种情况下，对于每个 MapReduce 作业，ReduceTask 进程只调用一个唯一的 join() 处理一个中间的双向连接结果。该数据处理方案的其他细节在此省略。或者，Map-Join-Reduce 还可以通过两个连续的 MapReduce 作业执行过滤连接聚合任务。第一个作业执行过滤、连接和部分聚合。第二个作业组合部分聚合结果并将最终聚合结果写入到 HDFS。

在第一个 MapReduce 作业中，运行时系统将输入数据集切分为多个块，然后启动一组 MapTask 处理切分后的块，每个 MapTask 处理一个块。每个 MapTask 都执行一个对应的 map 函数来过滤元组，并发出中间键值对。如果 map-side 部分聚合是必要的话，就转发输出，并依次分配给分隔器。分隔器在每个 map 输出上应用一个用户指定的分区函数并为一个 reducer 集合创建相应的分区。我们将看到 Map-Join-Reduce 是如何将相同的中间对划分到许多 reducer 的。可以简单地说分区是确保每个 reducer 可以独立地执行中间件上它收到的所有连接。分区的细节将稍后呈现。最后，中间对被排序并通过密钥写入本地磁盘。

当 MapTask 完成时，运行系统启动一套 ReduceTask。每个 reducer 建立一个以用户指定的顺序连接所有连接者的数据结构的连接列表。然后，每个 ReduceTask 远程读取（洗牌）与所有 mappers 相关联的分区。当一个分区成功读取时，ReduceTask 检查是否是第一个 joiner 准备好执行。在内存或本地磁盘中，当且仅当其第一和第二输入数据集已准备就绪时，一个连接器才准备就绪。当一个连接器准备就绪之后，ReduceTask 在其输入数据集上执行合并连接算法并在连接结果上触发其连接功能。ReduceTask 在内存中缓冲连接器的输出。如果内存缓冲区已满，它对结果进行排序并将结果分类写入到磁盘。ReduceTask 重复整个循环直到所有的连接完成。在这里，洗牌和连接操作相互重叠。然后，最终的连接器的输出被送入 reducer 进行部分聚集。图 6-1 描绘了第一个 MapReduce 作业的执行流程。如图 6-1 所示，数据组 D_1 和 D_2 被切成两个块。对于每个块，启动 mappers 过滤合格的元组。然后，所有 mappers 的输出被洗牌并加入连接。最后，最终的连接器的输出传递给 reducer 进行部分聚合。

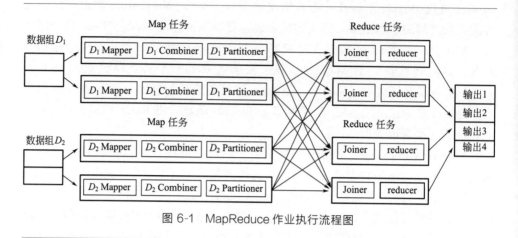

图 6-1　MapReduce 作业执行流程图

第一个工作完成后，第二个 MapReduce 将启动，用来将部分结果（通常通过对结果应用相同的减少函数）和最终聚合结果组合到 HDFS。第二个工作是一个标准的 MapReduce 工作，因此，我们省略了它的执行细节。

显然，为了使上述框架起作用，重要的一步是对 mappers 的输出进行正确分区，以便每个 reducer 可以在本地连接所有数据集。

如果分析任务只涉及两个数据集，这个问题就很容易解决。考虑加入两个数据集：

$$R \overset{R.a=S.b}{\bowtie} S$$

为了将 R 和 S 分配到 n_r 个 reducer，采用分区函数 $H(x)=h(x) \bmod n_r$，其中 $h(x)$ 是连接列中的 R 和 S 中的每个元组的通用散列函数，并且作为与唯一的 reducer 相关联的分区签名的 $H(x)$ 的输出进行处理。因此，可以相互联系的元组最终将转到同一个 reducer。这种技术相当于标准的并行散列连接算法，被广泛应用于当前基于 MapReduce 的系统中。如果每个数据集具有唯一的连接列，该方案对于多个数据集（多于两个）连接也是可行的。举个例子，如果要执行下面的连接操作：

$$R \overset{R.a=S.b}{\bowtie} S \overset{S.b=T.c}{\bowtie} T$$

可以在连接列 $R.a$、$S.b$ 和 $T.c$ 上使用相同的分区函数 $H(x)$，并将分区 R、S 和 T 应用于相同的 n_r 个 reducer，以完成一个 MapReduce 作业中的所有连接。然而，如果数据分析任务涉及具有多个连接列的数据集，则上述技术将不起作用。例如，如果执行下面的连接操作：

$$R \overset{R.a=S.b}{\bowtie} S \overset{S.b=T.c}{\bowtie} T$$

不可能使用单个分区函数在一次传递中将所有三个数据集分配给 reducer。Map-Join-Reduce 通过利用 k 个分区函数分割输入数据集来解决这个问题，其中 k 是查询的派生连接图中连接的组件的数量。

下面先给出一个具体的例子，稍后将提供数据分区的一般规则。回顾以前简化的 TPC-H Q3 查询。查询执行 $C \bowtie O \bowtie L$ 用于聚合，其中 C、O 和 L 分别代表客户、订单和 lineitem。连接条件是 C. custkey＝O. custkey 和 O. orderkey＝L. orderkey。

我们使用两个分区函数 $\langle H_1(x)$，$H_2(x) \rangle$ 将三个输入数据集划分到 $n_r＝4$ 个 reducers 上，其中分区函数 $H_1(x)$ 作用于 C. custkey 与 O. custkey 列，分区函数 $H_2(x)$ 作用于 O. orderkey 与 L. orderkey 列。函数 $H_1(x)$ 定义为 $H_1(x)＝h(x) \bmod n_1$。函数 $H_2(x)$ 定义为 $H_2(x)＝h(x) \bmod n_2$。为了便于讨论，假设通用散列函数 $h(x)$ 是 $h(x)＝x$。要点是分区号 n_1 和 n_2 必须满足约束 $n_1 n_2＝n_r$。假设设置 $n_1＝2$ 和 $n_2＝2$，然后，每个 reducer 与所有可能结果中的唯一分区签名对相关联。在该示例中，减速器 R_0 与 $\langle 0,0 \rangle$ 相关联，R_1 与 $\langle 0,1 \rangle$ 相关联，R_2 与 $\langle 1,0 \rangle$ 相关联，并且 R_3 与 $\langle 1,1 \rangle$ 相关联。

现在使用 $\langle H_1(x), H_2(x) \rangle$ 来分割数据集。从客户关系开始，假设输入键值对 t 为 $\langle 1,$ null $\rangle$，其中 1 为 custkey。此 custkey 的分区签名计算为 $H_1(1)＝1$。因为客户没有列属性属于分区函数 $H_2(x)$，所有可能的 $H_2(x)$ 结果都被考虑到了。因此，t 被分配到减速器 R_2：$\langle 1,0 \rangle$ 和 R_3：$\langle 1,1 \rangle$。

相同的逻辑适用于关系订单和 lineitem。假设输入的订单对 o 为 $\langle 1,$ '1995-03-01' $\rangle$，那么 o 被分配到 R_2：$\langle H_1(1)＝1, H_2(0)＝0 \rangle$。输入对的行数 1：$\langle 0, 120.34 \rangle$ 被分割为 R_0：$\langle 0, H_2(0)＝0 \rangle$，$R_2$：$\langle 1, H_2(0)＝0 \rangle$。现在，所有三个元组都可以加入到 R_2 中。图 6-2 显示了整个分区过程。

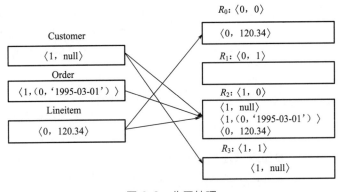

图 6-2　分区处理

显然，对于可以连接的三个数据集的任何元组，即 $C(x,\text{null})$，$O(x,(y,\text{date}))$ 和 $L(y,\text{price})$，这些元组最终将被分割为相同减速器 $R_i:\langle H_1(x),H_2(y)\rangle$。

一般来说，为了将 n 个数据集分配给 n_r 个 reducer 进行处理，首先需要构建 k 个分区函数

$$H(x)=\langle H_1(x),\cdots,H_k(x)\rangle$$

每个分区函数 $H_i(x)=h(x)\bmod n_i$，$i\in\{1,\cdots,k\}$ 负责分割一组连接列，称为 $H_i(x)$ 操作的连接列，由 Dom $[H_i]$ 表示 $H_i(x)$ 的域。约束是所有分区函数中的参数，即 n_i 必须满足 $\prod_{i=1}^{k}n_i=n_r$。

当 k 分区功能构建时，分区过程是直接的，如前面的 TPC-H Q3 示例所示。首先，将每个 reducer 与所有可能的分区结果中的唯一签名 k 维向量相关联。然后，reducer 将处理属于分配的分区的中间 mappers 输出。

对于每个中间输出对，通过依次在 H 上应用所有 k 个分区函数来计算 k 维划分签名。对于 $H_i(x)$，如果中间结果包含属于 Dom $[H_i]$ 的连接列 c，则 k 维签名的值为 $H(c)$，否则可以考虑 $H_i(x)$ 的所有可能的结果。

剩下的划分问题是：①如何为查询建立 k 个分区函数；②如何确定每个分区函数的域 $H_i(x)$；③给定 n_r，分区参数 $\{n_1,\cdots,n_k\}$ 的最优值是多少。

根据以下定义构建数据分析任务的派生连接图：

定义 6.1：如果 G 中的每个顶点是 Q 中涉及的唯一连接列，并且每个边是连接 Q 中的两个数据集的连接条件，则图 G 称为任务 Q 的导出连接图。

定义 6.2：派生的连接图的连接分量 Gc 是其中任何顶点可以通过路径到达的子图。

图 6-3 显示了 TPC-H Q3 的派生连接图。虽然该模型只支持派生连接图没有循环的查询，但也涵盖了很多复杂的查询，包括 TPC-H。

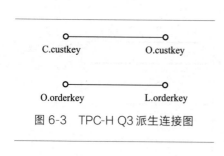

图 6-3　TPC-H Q3 派生连接图

$H(x)$ 构建如下：首先，列举派生连接图中的所有连接的组件。假设找到 k 个连接的组件，那就为每个连接的组件构建分区函数。分区函数的域是相应连接组件中的顶点（连接列）。例如，TPC-H Q3 的导出连接图具有两个连接的部件，如图 6-3 所示。因此，需要构建两个分区函数 $H(x)=\langle H_1(x),H_2(x)\rangle$。分区函数的域是每个连接的组件中的顶点（连接列），即

$$\text{Dom}[H_1]=\{C.\text{custkey},O.\text{custkeyg}\}$$

$$\text{Dom}[H_2]=\{O.\text{orderkey},L.\text{orderkeyg}\}$$

Map-Join-Reduce 只将输入数据集拖放到 reducer，并且不检查点和随机播放中间连接结果。中间连接结果通过内存缓冲区或本地磁盘在连接器和 reducer 之间流水线化。一般来说，如果连接选择性低（是实际工作负载中常见的情况），混合输入数据集比中间连接结果成本更低。此外，在 reducer 上的混洗和连接操作可以重叠，以加快查询处理速度。如果它们的输入数据集已准备好，就立即启动连接器。

虽然 Map-Join-Reduce 是为多路连接设计的，但它也可以与现有的双向连接技术一起使用。假设要执行 $S \bowtie R \bowtie T \bowtie U$。如果 S 足够小并且可以装入任何单台机器的存储器中，我们可以将 S 加载到处理 R 表的每个 mapper 中，然后在处理 R 表的每个 mapper 中执行 map-side 连接算法，连接 R 和 S 表。在这种情况下，R 的 mappers 会将元组连接到 reducer 并执行正常的 Map-Join-Reduce 过程以与 T 和 U 进行聚合。此外，如果 R 和 S 已经在可用节点之间的连接列上进行分区，还可以使用 map-side 连接，并将结果洗牌到 reducer 进行进一步处理。

Map-Join-Reduce 的潜在问题是它可能会消耗更多的内存和本地磁盘空间来处理查询。与之前描述的顺序处理策略相比，Map-Join-Reduce 中的 reducer 在 MapReduce 中的 reducer 中收到更多的输入数据集。在 MapReduce 中，数据集被分解为全部的 reducer，即每个数据集将被分割成 n_r 个部分，但是在 Map-Join-Reduce 中，数据集可以被划分成少量的分区。在 TPC-H Q3 示例中，客户和 lineitem 都被划分为两个分区，可用 reducer 的总数为 4。因此，与顺序查询处理相比，Map-Join-Reduce 的 reducer 可能需要更大的内存缓冲区和更多的磁盘来保留输入数据集的空间。解决这个问题的一个可能的解决方案是从云中分配更多的节点，并利用这些节点来处理数据分析任务。

即使在计算节点数量有限的环境中，仍有一些方法可以解决问题。第一，给定固定数量的 reducer，可以使用之前提出的技术来调整每个分区函数的分区号 n_i，以最小化每个 reducer 接收的输入数据集部分。第二，可以压缩 mappers 的输出并以压缩格式操作数据，这种技术广泛应用于列式数据库系统，以减少磁盘和内存成本。第三，可以采用混合查询处理策略。例如，假设需要加入六个数据集，但可用的计算资源只允许连接四个数据集一次，那么可以首先启动一个 MapReduce 作业来连接四个数据集，将结果写入 HDFS，然后启动另一个 MapReduce 作业，加入其余的数据集进行聚合。这种混合处理策略相当于并行数据库中的 ZigZag 处理。

将 Map-Join-Reduce 在 Hadoop-0.19.2 版本上进行了实现从而设计出新的系统。虽然大规模数据分析是 MapReduce 的一个新兴应用，但并不是所有的 MapReduce 程序都是这样的。因此，保留 MapReduce 的接口和语义十分重要。必须确保新的系统能与 Hadoop 二进制兼容，并且现有的 MapReduce 作业可以在新系统上顺利运行。

新系统为 Hadoop 引入了新的 API，用于 Map-Join-Reduce 的新功能。由于 MapReduce 主要用于处理单个均匀数据集，因此 Hadoop 提供的 API 仅支持为每个 MapReduce 作业指定一个映射器（mapper）、组合器（combiner）和分区器（partitioner）。

在 Map-Join-Reduce 中，mapper、combiner 和 partitioner 以数据集的方式定义。用户使用以下 API 为每个数据集指定 mapper，combiner 和 partitioner：

```
TableInputs.addTableInput(path,mapper,combiner,partitioner)
```

在上述代码中，路径指向存储数据集的 HDFS 中的位置，而 mapper、combiner 和 partitioner 定义用户创建的用于处理数据集的 Java 类。addTableInput() 的返回值是一个整数，用于指定数据集 ID（Map-Join-Reduce 中称为表 id）。表格 id 用于指定连接输入数据集，并用于系统执行各种各样的数据集操作，例如启动相应的 mapper 和 combiner。

遵循 Hadoop 的原则，在 Map-Join-Reduce 中，连接器（joiner）也被实现为 Java 接口。用户通过创建一个 joiner 类并实现 join() 函数来指定连接处理逻辑。Joiners 在系统中注册如下：

```
TableInputs.addJoiner(leftId,rightId,joiner)
```

joiner 的输入数据集由 leftId 和 rightId 指定。两个 ID 都是由 addTableInput() 或 addJoiner() 返回的整数。addJoiner() 的返回值表示生成的表 id。因此，joiner 可以连接。如前所述，为了简化实现，joiner 的正确输入必须是源输入，即由 addTableInput() 添加的数据集，只有左输入可以是 joiner 的结果。例如，TPC-H Q3 查询的规格描述如下：

```
C＝TableInputs.addTableInput(CPath,CMap,CPartitioner)
O＝TableInputs.addTableInput(OPath,OMap,CPartitioner)
L＝TableInputs.addTableInput(LPath,LMap,CPartitioner)
tmp＝TableInputs.addJoiner(C,O,Join1)
TableInputs.addJoiner(tmp,L,Join2)
```

在启动 MapReduce 作业之前，需要将数据集分成多个块。每个块在 Hadoop 中称为 FileSplit。新系统中实现了一个 TableInputFormat 类来拆分启动 Map-Join-Reduce 作业的多个数据集。TableInputFormat 遍历由 addTableInput() 生成的数据集列表。对于每个数据集，它采用常规的 Hadoop 代码将数据集的文件分解成 FileSplits。当收集处理数据集的所有 FileSplits 时，TableInputFormat 通过附加信息（包括表 id、mapper 类、combiner 类和 partitioner 类）将每个 FileSplit 重写为 TableSplit。当生成所有数据集的 TableSplits 时，TableInputFormat 首先按访问顺序对这些拆分进行排序，然后按拆分大小排序。这是为了确保首先加入的数据集将有更大的机会扫描。

当 MapTask 启动时，它首先读取分配给它的 TableSplit，然后从 TableSplit 中解析信息，并启动 mapper、combiner 和 partitioner 来处理数据集。总的来说，除了分区之外，MapTask 的工作流程与原始的 MapReduce 相同。这里有两个问题。第一，在 Map-Join-Reduce 中，中间对的分区签名是 k 维向量。但是，Hadoop 只能基于单个值分区签名来洗牌中间对。第二，Map-Join-Reduce 需要将相同的中间对重新混合到许多 reducer。但是，Hadoop 只能将相同的中间对拖动到一个 reducer。

为了解决第一个问题，它将 k 维签名转换为单个值。给定 k 维分割签名 $S = \langle x_1, \cdots, x_k \rangle$ 和 k 分区函数参数 $\{n_1, \cdots, n_k\}$，单个签名值 s 计算如下：

$$s = x_1 + \sum_{i=2}^{k} x_i n_{i-1}$$

对于第二个问题，初始化方法涉及将相同的中间对写入磁盘几次。假设需要洗牌一个中间的键值对 I 到 m 个 reducer，可以在 map 函数中发出 m 次个 I。每个 I_i 与不同的分区向量相关联。然后 Hadoop 能够将每个 I_i 洗牌到一个独特的 reducer。但是，这种方法会将 I 转储到磁盘 m 次，并在 map-side 引入了巨大的 I/O 开销。

系统采用了替代方案来纠正这个问题。首先，将 Hadoop 的分区界面扩展到 TablePartitioner 界面，并添加一个新的函数，可以将一组 reducer id 作为洗牌目标返回。新功能如下：

```
int[]getTablePartitions(K key,V value)
```

然后 MapTask 收集和排序所有的中间对。根据 getTablePartition() 函数的返回信息，将排序组对同一组 reducer 进行混洗到分区中，并根据键对每个分区中的订单对进行排序。使用这种方法，相同的中间对仅写入磁盘一次，因此不会引入额外的 I/O。

ReduceTask 的结构也类似于原来的 Hadoop 版本。唯一的区别是它拥有多个数据集作业的计数器数组，每个数据集一个。对于每个数据集，计数器最初设置为 reducer 需要连接以进行混洗数据的 mappers 总数。当从某个 mapper 成功读取分区时，ReduceTask 会减少相应的计数器。当读取数据集所需的所有分区时，ReduceTask 将检查连接器列表正面的 joiner。如果 joiner 准备就绪，ReduceTask 将执行合并连接算法，并调用 joiner 的 join 函数来处理结果。

（1）优化方案

除了前面所述的相关改进外，系统还额外采用了三种优化策略。以下分别对它们进行介绍。

① 加速解析　参照 MapReduce 的思想，Map-Join-Reduce 被设计为与存储方式无关。因此，用户必须对存储在 map 函数和 reduce 函数中的输入键/值对的

值记录进行解码,这种运行时的数据解码过程将导致极大的开销。

解码策略通常有两种方法:不可变解码与可变解码。不可变解码方法将原始数据转换为不可变的只读对象,使用这种方法,解码 400 万条记录会产生 400 万个不可变对象,从而将导致极大的 CPU 开销。以前的研究中,数据解析性能不佳,正是因为采用了这种不可变解码方法。

为了减少记录解析中的问题,系统在 Map-Join-Reduce 中采用可变解码方案。这个想法比较简单:为了从数据集 D 解码记录,根据 D 的模式创建一个可变对象,并使用该对象来解码属于 D 的所有记录。这样一来,无论多少条记录被解码,最终只有一个可变对象被创建。基准下的测试结果表明,可变解码相较不可变解码存在四倍的性能优势。

② 调整分区功能 在 Map-Join-Reduce 中,连接操作中一个中间对可以被多个 reducer 洗牌。为了节省网络带宽和计算开销,关键要确保每个 reducer 只接收了最少数量的中间对进行处理。

假设过滤连接聚合任务 Q 涉及 n 个数据集 $D=\{D_1,\cdots,D_n\}$。导出的连接图包括 k 个连接的组件,相应的分区函数为 $\mathcal{H}=\{H_1(x),\cdots,H_k(x)\}$,各自的分区数为 $\{n_1,\cdots,n_k\}$。对于各数据集合 D_i,m_i 分区函数 $\mathcal{H}_i=\{H_{m_1}(x),\cdots,H_{m_i}(x)\}$ 用于分割连接列。优化的关键在于设法使每个 reducer 收到最小化数量的中间对,形式化表示如下:

$$\text{最小化 } F(x)=\sum_{i=1}^{n}\frac{|D_i|}{\prod\limits_{j=1}^{m_i}n_j}$$

$$\text{满足条件}\prod_{i=1}^{k}n_i=n_r\,(n_i\geqslant 1 \text{ 为整数})$$

在上述问题的公式定义中,n_r 为用户指定的 ReduceTask 的数量。与 MapReduce 一样,数字 n_r 通常设置为从节点数量的若干倍。该优化问题可以等同于一个非线性的整数规划程序。一般来说,非线性整数规划是一个 NP-hard 问题,并且不存在高效的算法来解决它。然而,在这种情况下,如果 reducer 的个数 n_r 很小,那么可以枚举所有可行方案以求得对象函数 F 的最小值。然而,如果 n_r 较大,例如 10000,那么找到四个分区函数的最优分区个数就需要 $O(10^{16})$ 规模级的计算个数,那么该方法就不可行了。

如果 n_r 较大,可以使用启发式方法来解决最优问题并且求得一个效果相对不错的近似最优解。对于一个非常大的 n_r 值,首先将其向下转化为一个值 $n'_r\leqslant n_r$,其中 $n'_r=2^d$。此后,用 n_r 代替 n'_r 并重新设定如下约束。

$$\prod_{i=1}^{k}n_i=n'_r$$

在约束重写后很容易发现，各 n_i 必须为 2 的幂次（$n_i = 2^{j_i}$，j_i 为整数），因此，约束还可以进一步被写为：

$$\sum_{i=1}^{k} j_i = d$$

如此一来，可以用枚举的方法来求得 j_i，$i \in \{1, \cdots, k\}$ 的最优值，使得对象函数取得最小值。此处的计算复杂被简化为 $O(d^k)$。

现在构建了一个代价模型，并通过以下方式分析了评估过滤连接聚合任务的 I/O 代价：原始 MapReduce 采用的标准顺序数据处理策略，Map-Join-Reduce 引入的替代数据处理策略。将整个集群视为一台计算机，并估计这两种方法的总体 I/O 代价。两种方法之间的区别在于连接多个数据集的方法。最终聚合的步骤是相同的，所以仅考虑连接阶段。

对于串行式的数据处理过程，多路连接操作通过一组 MapReduce 作业来进行评估。I/O 代价 C_s 是所有 map 函数和 reduce 函数的 I/O 代价的总和，这相当于扫描和洗牌输入数据集合并求解中间连接结果。

$$C_m = 2\left(\sum_{i=1}^{n} |D_i| + \sum_{j=1}^{n-1} |J_j| \right)$$

上式中 $|J_j|$ 为第 j 个连接结果的个数（大小）。上式的系数为 2，由于输入数据集和中间结果首先都需通过 mapper 从 HDFS 中被读取，然后由 reducer 进行洗牌与处理，因此需要引入两段 I/O 开销。

对于单相连接处理，输入数据集首先由 mapper 读取，然后复制到多个 reducer 中进行连接。因此总的 I/O 开销 C_p 为

$$C_p = \sum_{i=1}^{n} |D_i| + \sum_{i=1}^{n} \prod_{}^{H_j \notin \mathcal{H}_i} (n_j \, |D_i|)$$

比较 C_s 与 C_p，显然如果中间连接结果很大，则检查点操作和对中间结果的洗牌操作的 I/O 开销将高于在多个 reducer 上对输入数据集进行复制的开销，故单相连接处理相比顺序数据处理更为高效。

③ 加速最终合并 在 Map-Join-Reduce 中，为了进行最终聚合计算，第二个 MapReduce 作业通常需要处理大量的小文件。这是因为第一个 MapReduce 作业启动了大量的 reducer 来处理连接和部分聚合操作，并为每个 reducer 生成了一个部分聚合结果文件。

目前，Hadoop 按每个文件的方式调度各个 mapper，一个 mapper 对应各个文件。如果要处理的文件有 400 个，则至少有 400 个 mapper 才能启动。这种分配方案对于第二次合并作业来说效率相当低。在连接操作和部分聚合操作之后，第一个作业生成的部分结果文件通常很小（一般几千字节）。然而，可以观察到

100 个节点集群中 mapper 的启动成本约为 7~10s，是实际数据处理时间的几千倍。

为了加快最终合并的处理过程，系统采用了另一种调度策略来实现第二个 MapReduce 作业。不是按照每个文件的方式调度 mapper，而是安排一个 mapper 来处理多个文件来放大有效载荷。使用这种方法，在第二个作业中需要的 mapper 数量将大大减少。在 TPC-H 查询的实验中，合并操作的通常的时间花销大约为 15s，这大致接近了启动 MapReduce 作业时的最低（时间）花销。

（2）实验

下面通过基准测试来研究 Map-Join-Reduce 系统的性能。该测试包含了五个任务。在第一个任务中，实验评估系统的元组解析技术的性能，并研究该方法是否可以降低运行时解析中的 CPU 成本。然后，使用 TPC-H 测试基准中的四项分析任务，以 Hive 系统作为评估参照，对 Map-Join-Reduce 进行基准测试。

① 基准环境　所有基准测试都是在 Amazon EC2 Cloud 上完成的。每台具有 7.5GB 内存，4 个 EC2 计算单元（2 个虚拟内核），420GB 实例存储，并运行 64 位平台的 Linux Fedora 8 操作系统。大型实例的原始磁盘速度大约为 120MB/s，网络带宽约为 100MB/s。对于分析任务，实验分别在 10 个、50 个和 100 个节点的群集大小进行性能评估。Map-Join-Reduce 系统的实现基于 Hadoop v0.19.2，并使用增强型 Hadoop 来运行所有基准测试。Java 系统版本号为 1.6.0_16。

a. Hive 系统设定。实验选择 Hive 作为参照系统出于两方面的原因：第一，Hive 代表最先进的基于 MapReduce 的系统，处理复杂分析工作负载；第二，Hive 已经使用 TPC-H 进行了基准测试，并发布了 HiveQL，SQL 查询声明语言、脚本和 Hadoop 配置。这简化了设置 Hive 以运行和调整参数，从而获得更好的性能。

实验严格遵照 TPC-H 基准下 Hive 所采用的 Hadoop 配置，只做了一些极小的修改。第一，设置每个从节点同时运行两个 MapTask 和两个 ReduceTask，而不是四个，因为每个节点中只有两个核心。第二，排序缓冲区设置为 500MB，以确保 MapTask 可以在内存中保存所有中间对。此设置使两个系统（Map-Join-Reduce 和 Hive）都运行得更快一些。第三，HDFSblock 大小设置为 512MB，而不是 TPC-H 基准测试中使用的 Hive 的 128MB。这是因为，虽然 Hive 将块大小设置为 128MB，但是在每个查询中手动将最小块分割大小设置为 512MB。MapTask 应该处理合理大小的数据块来分摊启动成本。所以直接使用 512MB 的块大小。Hive 在其基准测试中启用地图输出压缩。目前 Map-Join-Reduce 系统不支持压缩，因此禁用了压缩。禁用压缩将不会显著影响性能，根据 Hive 发布的另一个基准测试结果，压缩只能将性能提高不到 4%。最后一项修改是启用

JVM 任务重用。

b. Map-Join-Reduce 的系统设定。Map-Join-Reduce 与 Hive 共享相同的 Hadoop 设置。此外，joiner 输出缓冲区设置为 150MB。

② 元组解析性能研究　该基准研究是否可以减少 MapReduce 的运行时解析成本。由于 Hive 是一个完整系统，无法只测试其解析组件。因此，实验将解析库（称为 MJR 方法）与文献［4］中使用的代码（称为 Java 方法）进行比较。这两种方法之间的区别在于，MJR 方法不会在拆分和解析时创建临时对象，而 Java 方法可以。

实验中，创建一个单节点集群并用 725MB 的订单项数据集填充 HDFS。运行两个 MapReduce 作业来测试性能。第一个作业通过从输入中读取一行作为元组，然后根据分隔符"｜."将其拆分为字段来提取元组结构。第二个工作将元组分割成字段并解析两个日期列，即 l＿commitdate 和 l＿receiptdate，来比较哪个日期早。这里的计算仅用于测试目的。重点在于研究解析成本是否可以接受。

这两个作业只具有 map 功能，不会将输出产生到 HDFS。最小文件分割大小设置为 1GB，以使映射器将整个数据集作为输入。实验只报告映射器的执行时间，忽略作业的启动成本。图 6-4 为运行结果，左侧的两列代表用于拆分和解析元组的时间 MJR 代码。右边两列记录 Java 代码的执行时间。可以看到采用的划分函数运行比 Java 代码快四倍。另外，解析两个列实际上只引入很少的开销（少于 1s）。运行时解析中的成本主要是由于创建了临时的 Java 对象。通过适当的编码，大部分开销可以被抵消。

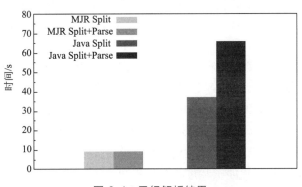

图 6-4　元组解析结果

③ 分析任务　以 Hive 为参照进行 Map-Join-Reduce 的基准测试。原始的 Hive 的 TPC-H 基准测试运行在具有 11 个节点的集群上，其中 10 个节点用于处理 TPC-H 下的 100GB 数据集，即每个节点负责 10GB 的数据处理量。每个从节

点有 4 个内核、8GB 内存、4 个硬盘、1.6TB 空间。但是，实验中的 EC2 实例只有 2 个内核、7.5GB 内存和 1 个硬盘。因此，为了在合理的时间框架内完成基准测试，令每个节点处理 5GB 数据。由于分别使用了 10 个、50 个和 100 个节点的集群，按序有三个数据集，大小分别为 50GB、250GB 和 500GB。不巧的是，Hive 无法使用 500GB 数据集执行所有四个分析查询。JVM 在查询处理过程中，将遇到的各种运行时异常抛出（例如"超出 GC 开销限制"这类异常）。由于在标准的 Hadoop v0.19.2 版本上运行 Hive 时发生同样的问题，因此该问题产生的原因并不是实验对 Hadoop 配置做出的修改。因此，对于 500GB 数据集，实验只给出 Map-Join-Reduce 的结果。对于 100 节点集群，实验将数据集大小减小到 350GB，以便 Hive 可以完成所有四个查询。

实验选择四个 TPC-H 查询进行基准测试，即 Q3、Q4、Q7 和 Q9。每个查询执行三次，报告运行三次并取平均值。对于 Hive，使用的是 0.4.0 版本。HiveQL 脚本也可用于查询提交。Map-Join-Reduce 的所有程序都是手工编码的。对于每个查询，使用 Hive 指定相同的连接顺序。当数据集和结果重复两次时，设置 HDFS 中的冗余参数 r 为 3（也就是说存储三份数据，一份原件两份复件）。在不使用复制的情况下，在前文研究了复制对性能的影响。数据由 TPC-H DB-GEN 工具生成，作为文本文件加载到 HDFS。实验不会报告加载时间，因为两个系统都直接对文件执行查询。

列出每个查询的 SQL 和 HiveQL 脚本是很有用的。但是，完整列表将占用太多页面。因此，只在 Hive 中呈现每个查询的执行流程。Hive 能够基于输入大小动态确定所需要的 reducer 个数。然而，Map-Join-Reduce 可以让用户更自由地指定要使用的 reducer 数量。为了进行公平的比较，实验将 reducer 的数量设置为不超过 Hive 在处理同一查询中使用的 reducer 的总数。例如，如果 Hive 使用 50 个 reducer 来处理一个查询，那么在 Map-Join-Reduce 中的 reducer 数量就设置为不超过 50 个。实验无法将 reducer 的数量设置为与 Hive 相同，这是因为某些 reducer 编号（例如素数）将使得无法构建分区功能。

a. TPC-H Q4。此查询将 lineitem 与 order 进行连接操作，并根据 order 的优先级对 order 进行计数。Hive 使用四个 MapReduce 作业来评估此查询。第一个作业将 l_orderkeys 中唯一的 l_orderkeys 的写入 HDFS。第二个作业将唯一的 l_orderkeys 与 orders 相加，并将连接结果写入 HDFS。第三个作业对连接后的元组进行聚合操作，并将聚合结果写入 HDFS。第四个作业将结果合并成一个 HDFS 文件。

Map-Join-Reduce 启动两个 MapReduce 作业评估查询。第一项作业对 lineitem 和 orders 执行一般过滤、连接和部分聚合操作。第二项工作对所有部分聚合的结果进行汇总，为 HDFS 产生最终响应。此查询的分区函数很简单。由于查询中只涉及两个数据集，所以一个分区函数就足够了。它将元数据从 lineitem 和命令分配到所有可用的 reducer。实验将 reducer 的数量设置为 Hive 启动的第一个和第二个作业中的 reducer 的总和。

图 6-5 对各个系统的运行性能进行了展示。普遍来说，Map-Join-Reduce 比 Hive 的效率快两倍。造成 Hive 比 Map-Join-Reduce 效率低的主要原因是：Hive 使用两个 MapReduce 作业来加入 lineitem 和 order，这个计划导致 J_1 生产的中间结果在连接 J_2 时被再次洗牌。事实上，为了加快向 HDFS 中编写独特的 l_ orderkeys 的效率，Hive 已经在 J_1 中对这些键进行了分区和洗牌。如果这个洗牌也可以应用到 J_1 中，进而洗牌所有合格的 order 元组并使其在 reducer 中进行连接，那么我们认为 Hive 能够与 Map-Join-Reduce 拥有相同的性能。

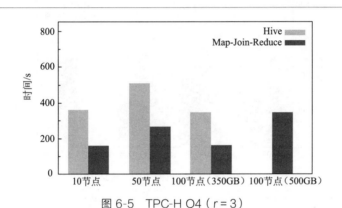

图 6-5 TPC-H Q4（$r = 3$）

b. TPC-H Q3。Hive 使用五个 MapReduce 作业运行 Q3。第一项作业 J_1 将 customer 和 order 中的合格元组进行连接并将连接结果 I_1 加到 HDFS。第二项作业 J_2 连接 I_1 和 lineitem，并将结果 I_2 写入 HDFS。第三项作业 J_3 在组键上聚合 I_2。第四项作业 J_4 按照收入的降序排列汇总结果。最后的作业 J_5 将结果限制在最大收入的 10 大订单中，并将这 10 个结果元组写入 HDFS。

Map-Join-Reduce 系统可以处理具有两个作业的查询。第一个工作扫描所有三个数据集，并将合格的元组洗牌到 reducer。在减速器侧，连接两个连接器以连接所有元组。连接顺序与 Hive 的相同，即首先加入订单和客户，然后用 lineitem 加入结果。在部分聚合中，第一个作业中的 reducer 保持一个堆，以保持最大收入的前 10 个元组。第二个工作组合了部分聚合，并产生最终的查询答案。为第一个作业构建了两个分区函数来分配中间对。分区功能的域名为 Dom $[H_1] = \{c\_custkey, o\_custkey\}$ 和 Dom$[H_2] = \{l\_orderkey, o\_orderkey\}$。实验中将第一个工作使用的 reducer 的数量设置为接近于 J_1、J_2 和 J_3 中使用的 reducer 的总和。每个分区功能中的分区编号通过前文提到的蛮力搜索算法进行调整。

图 6-6 说明了此基准测试任务的结果。虽然 Map-Join-Reduce 可以在一个作业中执行所有连接，但它运行只比 Hive 快两倍。这是因为中间连接结果很小（相对于输入）。因此，检查中间连接结果并将这些结果在整个作业中进行洗牌并不会引起太多的开销。在 350GB 的数据集中，Hive 的第一项工作只能将 1.7GB 的中间结果写入 HDFS，这远远小于输入数据集。由于 Map-Join-Reduce 在每个处理节点中可能需要更多的内存和磁盘空间，所以这个结果表明，如果计算资源不足并且中间结果很小，则应该使用顺序处理，而不会有太多的性能下降。

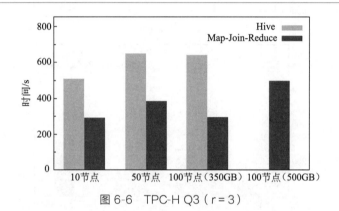

图 6-6 TPC-H Q3（$r = 3$）

c. TPC-H Q7。Hive 将此查询编译为 10 个 MapReduce 作业。前 4 个作业基于 nation 表执行自连接，以便在给出的 nation 名字系列上找出所需的 nation 组键。已经找到的组键作为临时结果 I_1 被写入 HDFS。此后，另外 4 个表用来连接 lineitem、orders、customer、supplier 和中间结果 I_1。最后，另外 2 个附加的作业被启动来计算聚合值、order 结果元组，并将它们存储在 HDFS 中。

不同于 Hive 中的复杂性，Map-Join-Reduce 只需要两个 MapReduce 作业来评估查询。Map-Join-Reduce 的简单性即是它的优势，同时就像预期的那样，Map-Join-Reduce 相比 MapReduce 在表达复杂的分析逻辑时更具易用性。如果用户更喜欢编写程序来分析数据，则此功能就变得非常重要了。在第一个 MapReduce 作业中，mapper 并行扫描数据集。将 nation 加载到 mapper 的存储器中，此类 mapper 扫描 supplier 和 customer 表，并将其进行 map 连接。减速机侧的逻辑趋于正常。与 Hive 的连接顺序相关联的三个连接器，将元组进行连接，并将结果推送到 reducer 进行聚合。此为还建立了三个分区功能。它们的域名是

```
Dom[H₁]={s_custkey,l_custkey}
Dom[H₂]={c_custkey,o_custkey}
```

$$\text{Dom}[H_3] = \{\text{o\_orderkey,l\_orderkey}\}$$

在组密钥排序的部分，聚合组合在第二个作业中以生成最终的查询结果。实验还使用强力搜索方法进行参数调整。

图 6-7 介绍了两种系统的性能。平均情况下，Map-Join-Reduce 比 Hive 快三倍。这种显著的性能提升是因为避免了检查点和洗牌机制。在使用 350GB 数据集的测试中，Hive 需要向 HDFS 写入超过 88GB 的数据。所有这些数据需要在下一次 MapReduce 作业中再次进行混洗。频繁地洗牌这样大量的数据会带来巨大的性能开销。因此，Hive 比 Map-Join-Reduce 慢得多。

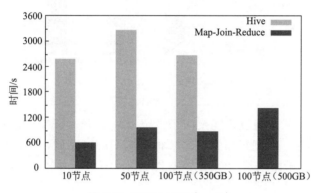

图 6-7　TPC-H Q7（$r=3$）

d. TPC-H Q9。Hive 将此查询编译为 7 个 MapReduce 作业。其中 5 个工作是加入连接 lineitem、supplier、partsupp、part 以及 orders。然后，另外还有 2 个工作可以进行聚合和排序。Map-Join-Reduce 通过 2 个 MapReduce 作业始终执行查询。该过程与以前的查询类似。因此，这里只列出分区函数，而省略掉其他细节部分。分区函数的域是

$$\text{Dom}[H_1] = \{\text{s\_suppkey,l\_suppkey,ps\_suppkey}\}$$
$$\text{Dom}[H_2] = \{\text{l\_partkey,ps\_partkey,p\_partkey}\}$$
$$\text{Dom}[H_3] = \{\text{o\_orderkey,l\_orderkey}\}$$

同样在 map 端也进行 supplier 与 nation 的连接操作。

图 6-8 中展示了这项基准下的结果。此类查询体现出了两类系统之间最大的性能差距。Map-Join-Reduce 的运行效率相比 Hive 快了近四倍。这是因为 Hive 需要检查点并重新排列大量的中间结果。在具有 100 个节点的 350GB 数据集的测试中，Hive 需要对超过 300GB 的中间连接结果进行 checkpoint 与 shuffle 操作。虽然 Map-Join-Reduce 依然会在第一个作业的 reducer 中为了保存输入数据集和连接结果而引入超过 400GB 的磁盘 I/O 访问，但是在本地磁盘上的数据读

取与写入显然相比通过网络进行数据结果的洗牌有更小的开销。因此，这里能有显著的性能提升主要就是归功于 Map-Join-Reduce 具有进行本地化数据连接操作的功能，这是它的另一项优势。

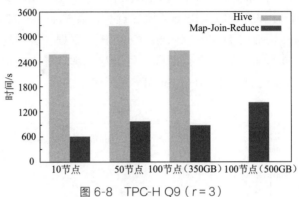

图 6-8　TPC-H Q9（$r = 3$）

e. 冗余影响。实验通过将冗余因子设定为 $r = 1$，来研究冗余对系统性能的影响。在此设定下，数据集和中间结果将不被 HDFS 复制，因此它们仅有一个副本。由于 Hive 未能处理 500GB 数据集，因此只对 350GB 数据集在 100 个节点的集群中进行此测试。

图 6-9～图 6-12 展示了该基准下的测试结果。其中，实验并未在任何系统中观察到显著的性能提升。Map-Join-Reduce 性能对冗余度不敏感，这是合理的，原因在于冗余备份仅会对写入 HDFS 中的数据量产生影响，而 Map-Join-Reduce 仅将小部分聚合写入 HDFS。还可以观察到，在某些设置中，Map-Reduce-Join 运行速度比使用三级冗余的运行版本稍慢一点，这是因为较少的冗余增加了 JobTracker 调度非本地 map 任务的概率。

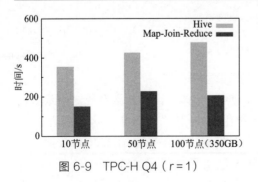

图 6-9　TPC-H Q4（$r = 1$）

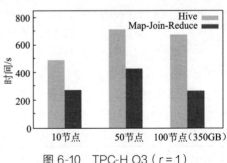

图 6-10　TPC-H Q3（$r = 1$）

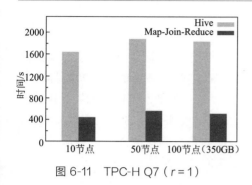

图 6-11　TPC-H Q7（$r=1$）

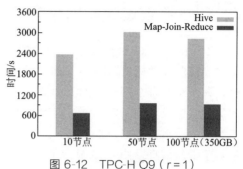

图 6-12　TPC-H Q9（$r=1$）

对于产生较少的中间结果的任务（如 Q3 和 Q4），Hive 同样没有性能上的提高。然而，对于产生较多中间结果的查询（如 Q9），将冗余数设置为 1 后，可以将 Hive 的性能提高 10%。

6.2　大数据流处理技术

流式大数据是一个无限的单向数据序列，序列中每条记录由产生该记录的时间戳唯一标识。流式大数据是一类广泛存在的大数据。如，搜索引擎的搜索词数据流、Twitter 数据流、传感器数据流等。与其他类型的大数据相比，流式大数据有两个重要的排他属性：无限性、时序性。由于流式大数据是无限的数据序列，因此流式处理采取处理之后即丢弃的策略，即每条记录至多处理一次，且处理之后即丢弃原始记录。由于流式大数据具有单向时序性，因此流式处理需要按照特定的时间顺序处理接收到的记录。具体实现时，流式系统多采取时间窗的方式处理流式数据，即按照记录产生的顺序将记录编排进不同的时间窗口，当一个时间窗口满时，依次处理窗口中的每条记录。

流式处理有相当多的应用，如异常检测、实时统计等。大数据管理系统采用流式计算框架支持流式大数据应用的开发。流式计算框架可以令应用开发人员以透明的方式开发流式应用。使用流式计算框架，应用开发人员只需要开发处理每一条流式记录的逻辑，流式计算框架自动地将该计算分布在计算集群中，应对数据产生速度快带来的挑战，并提供透明的容错支持，保证数据处理的正确性。本节以 Google 开发的 MillWheel[17] 系统为例，介绍流式大数据处理技术。本节首先讨论一个典型的流式大数据应用 Zeitgeist[17]，引出流式计算框架需要支持的特性，然后介绍 MillWheel 系统的编程模型和具体实现。

6.2.1 系统设计动机与需求

Zeitgeist 是 Google 用于监控异常搜索词的系统[17]。该系统可以实时输出满足"尖峰"或"倾斜"条件（称为异常条件）的搜索词。为动态地调整异常条件，该系统对每个网页查询（即搜索词）建立了统计模型。该模型能够尽快识别出"尖峰"或"倾斜"条件，但对预期流量变化（例如傍晚的"电视节目表"）不会产生误报。例如，Zeitgeist 助力于 Google 的热点趋势服务，这些服务往往依赖于最新信息。图 6-13 显示了 Zeitgeist 系统的处理流程。

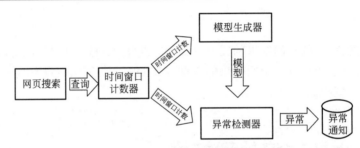

图 6-13　Zeitgeist 异常搜索词检测流程

为了实现 Zeitgeist 系统，开发人员采用 1s 大小的时间窗口聚合输入的搜索词，即每次计算最近 1s 内的搜索词流量，并将每个时间窗口的实际流量与模型预测的预期流量进行比较。如果该查询的流量在多个时间窗口上都不同，那么 Zeitgeist 就认为该查询是一个异常查询。与此同时，Zeitgeist 利用新接收的数据更新模型以供将来使用。Zeitgeist 是一个典型的流式大数据应用，它具有如下几个特点。

① 持久存储：Zeitgeist 实现对短期和长期存储都有需求。尖峰查询可能只持续几秒钟，因此只依赖于一个小窗口的状态，而模型数据可能对应于几个月的连续更新。

② 低水位：一些 Zeitgeist 用户关注检测流量"倾斜"，在这种情况下查询量通常表现为异乎寻常的低。在一个接收来自世界各地的数据输入的分布式系统中，数据到达时间并不严格对应于其生成时间（这里为搜索时间），所以重要的是如何区分查询是受到线路延迟阻塞，还是根本就不存在。流式处理系统需要为每个处理阶段（例如窗口计数器、模型计算器）的输入数据设置一个低水位来解决这个问题，低水位会一直跟踪分布式系统中的所有未决事件，直到给定时间戳的所有数据都已被接收。使用低水位能够区分上述两种情况——如果低水位前进超过了时间 t 而没有查询到达，那么我们有较大的把握认为，查询没有产生而非

没有到达。低水位机制消除了流式系统对输入严格单调性的要求。

③ 消冗：对于 Zeitgeist，计算重复的查询会导致虚假的峰值。流式计算框架需要提供记录消冗特性，而非依靠应用开发人员创建自己的数据消冗机制。并且，流式数据处理框架应该提供数据处理的正确性，而非依赖用户手动编写代码实现状态更新、回滚或处理各种故障情况。

MillWheel 就是 Google 中用以解决上述问题的流处理框架，它具有以下特点。

① 数据一旦发布后，即可被消费者获得。

② 持久状态抽象应该用于用户代码，并且应该被集成到系统的整体一致性模型中。

③ 无序数据应该由系统适当地处理。

④ 数据时间戳的单调递增的低水位应由系统计算。

⑤ 当系统扩展到更多的机器时，延迟应该保持不变。

⑥ 系统应该提供准确的一次交付记录。

6.2.2 MillWheel 编程模型

抽象地说，MillWheel 任务是一个用户定义的用于产生输出数据的输入数据转换图。图中的转换称为"计算"。每一种转换都可以自动地在任意数量的机器上并行化执行，用户不必关心负载平衡、任务分派等并行执行细节。在图 6-13 所示的 Zeitgeist 系统中，输入是一个连续到达的搜索查询集合，而输出是一组"尖峰"或"浸入"的查询（即异常查询）。

MillWheel 中的输入和输出由〈键，值，时间戳〉的三元组表示。键是系统中具有语义含义的元数据字段，值可以是任意的字节串，对应整个记录。用户代码运行的上下文范围是一个特定的键，每个计算可以根据其逻辑需要为每个输入源定义键。三元组中的时间戳由用户指定，通常为事件发生时的挂钟时间。MillWheel 将根据这些值计算出低水位。

综上概述，一个 MillWheel 任务是一个数据流图，一个计算的输出成为另一个计算的输入，依此类推。用户可以动态地在拓扑中添加和移除计算，而无需重新启动整个系统。在处理数据和输出记录时，计算可以任意组合、修改、创建和删除记录。

MillWheel 的流式处理模型具有幂等性。只要应用程序使用系统提供的状态和通信编程接口，用户就只需专注于应用程序逻辑，无需关心故障恢复，系统会自动重算失效记录，并利用幂等性保证处理结果的正确性。对每个实例化的计算环境，MillWheel 提供一个逻辑上的持久性存储系统，允许用户进行以键为粒度的聚合计算。最后，MillWheel 提供系统内建的消冗机制，保证输入记录至多只会被成功地处理一次（在故障情况下，输入记录可能被重复处理多次，但这种重复处理不会改变数据处理地正确性，因为只有成功处理的结果才会被传递到后续计算中）。

6.2.3　MillWheel 编程接口

MillWheel 实现了流式系统的基本元素。如图 6-14 所示是用户使用有向图定义计算的拓扑结构，该拓扑结构中的每一个计算都可以独立地处理和发送数据。

```
computation SpikeDetector{
    input streams{
      stream nodel_updates{
          key_extractor='SearchQuery'
       }
      stream window_counts{
          key_extractor='SearchQuery'
      }
    }
    output_streams{
      stream anomalies{
        record_format='Anomaly Message'
       }
    }
  }
```

图 6-14　MillWheel 拓扑

6.2.4　计算

应用程序逻辑存在于计算中，它封装了任意的用户代码。计算代码在接收到输入数据时被调用，此时触发用户定义的动作，包括处理外部系统，操作其他 MillWheel 原语或输出数据。如果处理外部系统，则由用户来确保代码在这些系统上的效果是幂等的。如图 6-15 所示，计算代码以单个键为处理单元，处理是序列化的，但计算可以同时运行在不同的键上，实现并行化。

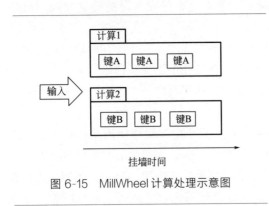

图 6-15　MillWheel 计算处理示意图

6.2.5　键

键是 MillWheel 中不同记录之间聚合和比较的编程抽象。对于系统中的每个记录，用户指定一个键提取函数，该函数为记录分配一个键。计算代码运行在特定键的上下文中，并且只被授予访问该特定键的状态。

6.2.6　流

流是 MillWheel 中不同计算之间的数据传递通道。计算订阅零个或多个输入流并发布一个或多个输出流。系统保证沿着这些流在计算之间传递数据。键提取函数由每个消费者在每个流的基础上指定。多个消费者可以订阅相同的流并以不同的方式聚合其数据。流由其名字唯一标识，任何计算可以订阅任何流，并可以输出流。

6.2.7　持久态

MillWheel 的持久态是一个不透明的字节字符串，在每个键的基础上进行管理。用户利用了序列化框架如 Protocol Buffers[5]，将一个丰富的数据结构翻译成字节串。持久态存储在高伸缩的大数据存储系统（例如 BigTable[6] 或 Spanner[7]）中，以最终用户完全透明的方式确保数据完整性。持久态的常见用法包括在记录的窗口上聚合的计数器和用于连接的缓冲数据。

6.2.8　低水位

在 MillWheel 中，低水位定义了一个计算未来要处理的记录的时间戳的边界，其形式化定义如下[17]。

定义 6.3：给定计算 A，记 A 的时间戳为 A 中最早的、未完成的（正在进行中的、存储的或者等待交付的）记录的时间戳，则 A 的低水位定义为：

$$\text{MIN（A 的时间戳，C 的时间戳：C 为 A 的输入流）}$$

如果 A 没有输入流，则 A 的低水位即为 A 的时间戳。MillWheel 使用一些技术应对数据传输中的延迟情况，保证即使面对延迟数据，计算的低水位也是单调的。具体细节见文献 [17]。

6.2.9　定时器

定时器是用户指定的一个函数，在特定的挂墙时间或低水位值时触发。定时器在计算环境中创建和运行，因此可以运行任意代码。使用挂壁时间或低水位值的决定取决于应用程序。一旦被设置，定时器可以保证以时间戳递增的顺序触发。它们处于持续状态，可以在流程重启和机器故障后继续运行。当一个定时器触发时，它会运行指定的用户函数，并具有与输入记录完全一样的保证。

如图 6-16 所示，计算、键、流、持久态、低水位和定时器共同组成了 Mill-Wheel 的编程接口。

```
class Computation{
    //系统挂钩函数
  void ProcessRecord(Record data);
  void ProcessTimer(Timer timer);
    //用户访问函数
  void SetTimer(string tag,int64 time);
  void ProduceRecord(Record data,string stream);
  StateType MutablePersistentState();
};
```

图 6-16　MillWheel 编程接口

对于符合编程接口的流式应用程序，MillWheel 运行时系统提供如下正确性保证：①如何记录只会被成功处理一次。成功处理是指处理过程中不发生任何硬件故障和软件异常。②幂等性。失败处理的记录会自动被系统回放，重新处理。只要用户制定的计算满足幂等性，那么系统只会将最后成功处理的结果传入下一级运算。

6.3　大图数据处理技术

图数据是另一类广泛存在的大数据。Web、社交网络、交通网络、地图等都可以建模为图数据。图计算（如最短路径、最小生成树、Page Rank）在路径规划、搜索引擎等领域拥有广泛的应用。然而，随着数据规模的不断扩大，处理包含数十亿节点和万亿条边的大图是一个巨大的挑战。本节介绍大图数据处理技术。与处理其他类型的大数据类似，大数据管理系统采用图计算框架的方法处理大图数据。图计算框架是一个基于并行广度优先搜索的图数据处理框架。它包括两个部分：①一套 API 由用户编写处理图中顶点和边的应用逻辑；②一个运行时系统实现并行广度优先搜索，并在搜索过程中调用用户编写的应用逻辑处理定点和边。使用图计算框架，用户只需关心处理顶点或者边的逻辑，不需要关心并行搜索的实现细节。当前主流的大图数据处理系统可分为两类，一类由程序员定义图计算（即并行广度优先遍历）的迭代终止条件，另一类系统则可以根据特定的计算语义，自动决定图遍历的迭代终止条件。本节将以 Pregel 系统[12] 为例介绍用户定义迭代终止条件的图计算框架，以 GRAPE 系统为例介绍系统自动决定迭代终止条件的图计算框架。

6.3.1　Pregel 大图处理系统

Pregel 是 Google 的大规模分布式图计算平台[12]，专门用来解决网页连接分析、社交数据挖掘等实际应用中涉及的大规模分布式图计算问题。本节介绍 Pregel 系统的编程模型和实现细节。

（1）编程模型

Pregel 实现了一个以顶点为中心的批量同步并行（bulk synchronous parallel）计算模型。一个 Pregel 作业由用户自定义的顶点函数组成。在 Pregel 编程模型中，输入是一个有向图，该有向图的每一个顶点由唯一字符串标识。每一个顶点都有一个与之对应的可修改的用户自定义值。每一条有向边都和其源顶点关联，并且也拥有一个可修改的用户自定义值，并同时还记录了其目标顶点的标识符。

一个典型的 Pregel 计算过程如下：读取输入并初始化图，然后运行一系列的超级步，直到整个计算结束，输出结果。超级步之间通过一些全局的同步点分隔。

在每个超级步中，顶点的计算都是并行的，每个顶点执行相同的用户自定义函数。每个顶点可以修改其自身及其出边的状态，接收前一个超级步发送给它的消息，并发送消息给其他顶点（这些消息将会在下一个超级步中被接收），甚至是修改整个图的拓扑结构。边在这种计算模式中并不是核心对象，没有相应的计算运行在其之上。

算法是否能够结束取决于是否所有的顶点都已经投票停止计算。在第 0 个超级步，所有顶点都处于活跃状态，所有的活跃顶点都会参与所有对应超级步中的计算。顶点通过将其自身的状态设置成终止，来表示它已经不再活跃。终止表示该顶点没有进一步的计算需要执行。对于处于终止状态的顶点，除非该顶点收到其他顶点传送的消息，Pregel 框架将不会在接下来的超级步中执行该顶点。如果顶点接收到消息被唤醒进入活跃状态，那么在随后的计算中该顶点必须再次显示将自身状态设置成终止，以表示该节点不再活跃。整个计算在所有顶点都达到非活跃状态，并且没有消息再传送的时候宣告结束。图 6-17 显示了相应的状态机。

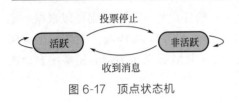

图 6-17　顶点状态机

Pregel 程序的输出是所有顶点输出值（即达到非活跃状态时的值）的集合。通常来说，都是一个跟输入同构的有向图，但是这并不是系统的一个必要属性，因为顶点和边可以在计算的过程中进行添加和删除。比如一个聚类算法，就有可能是从一个大图中生成的非连通顶点组成的小集合；一个对图的挖掘算法就可能仅仅是输出了从图中挖掘出来的聚合数据。

图 6-18 通过一个简单的例子来说明这些基本概念：给定一个强连通图，图中每个顶点都包含一个值，它会将最大值传播到每个顶点。在每个超级步中，顶点会从接收到的消息中选出一个最大值，并将这个值传送给其所有的相邻顶点。如果某个超级步中已经没有顶点更新其值，那么算法就宣告结束。

Pregel 选择了一种纯消息传递模型，忽略远程数据读取和其他共享内存的方式，有两个原因。第一，消息传递有足够的表达能力，没必要使用远程读取。目前还没有发现哪种算法是消息传递所不能表达的。第二是出

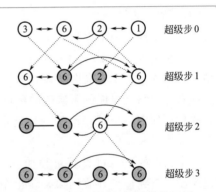

图 6-18　Pregel 最大值计算示例
（虚线为消息传递，暗色顶点处于终止态）

于性能的考虑。在一个集群环境中，从远程机器上读取一个值会有很高的延迟，这种情况很难避免。而我们的消息传递模式通过异步和批量的方式传递消息，可以减少这种远程读取的延迟。

（2）Pregel 应用编程接口

本节简介 Pregel C++ 编程接口。编写一个 Pregel 程序，用户需要继承 Pregel 中已预定义好的一个基类——Vertex 类。文献［12］给出 Vertex 类的 C++ 代码示例，如图 6-19 所示。该类的模板参数中定义了三个值类型参数，分别表示顶点、边和消息。每一个顶点都有一个对应的给定类型的值。通常情况下，用户大部分的工作是重写 Vertex 类的 Compute() 函数，该函数会在每一个超级步中对每一个顶点进行调用。预定义的 Vertex 类方法允许 Compute() 方法查询当前顶点及其边的信息，以及发送消息到其他的顶点。Compute() 方法可以通过调用 GetValue() 方法来得到当前顶点的值，或者通过调用 MutableValue()

方法来修改当前顶点的值。同时还可以通过由出边的迭代器提供的方法来修改出边对应的值。这种状态的修改是立时可见的。由于这种可见性仅限于被修改的那个顶点，因此不同顶点并发进行的数据访问是不存在竞争关系的。

```
template<typename VertexValue,
        typename EdgeValue,
        typename  MessageValue>
class Vertex {
 public:
  virtual void Compute(MessageIterator*msgs)=0;

  const string& vertex_id() const;
  int64 superstep() const;

  const VertexValue& GetValue();
  VertexValue* MutableValue();
  OutEdgeIterator GetOutEdgeIterator();

  void SendMessageTo(const string& dest_vertex,
                     const MessageValue& message);
  void VoteToHalt();
};
```

图 6-19　文献 [12] 中 Vertex 接口代码

顶点和其对应的边所关联的值是唯一需要在超级步之间持久化的顶点状态。Pregel 通过将计算过程中的需要维护的图状态限制在一个单一的顶点值或边值做法，简化了图计算框架设计中的许多复杂性分布以及故障恢复。

（3）消息传递

Pregel 中，顶点之间通过发送消息进行通信，每条消息都包含了消息值和目标顶点的名称。消息值的数据类型是由用户通过 Vertex 类的模板参数来指定的。

在一个超级步中，一个顶点可以发送任意多的消息。当顶点 V 的 Compute（）方法在 $S+1$ 超级步中被调用时，所有在 S 超级步中发送给顶点 V 的消息都可以通过一个迭代器来访问到。该迭代器中并不保证消息的顺序，但是可以保证消息一定会被传送并且不会重复。

一种通用的使用方式为：对一个顶点 V，遍历其自身的出边，向每条出边发送消息到该边的目标顶点。文献 [12] 给出了使用该方法实现 PageRank 算法的示例，如图 6-20 所示。但是，dest _ vertex 并不一定是顶点 V 的相邻顶点。一个顶点可以从之前收到的消息中获取到其非相邻顶点的标识符，或者顶点标识符可以隐式地得到。比如，图可能是一个团（一个图中两两相邻的一个点集，或是一个完全子图），顶点的命名规则都是已知的（从 $V_1 \sim V_n$），在这种情况下甚至都不需要显式地保存边的信息。

```
class PageRankVertex
    : public Vertex<double,void,double>{
public:
  virtual void Compute(MessageIterator*msgs){
    if(superstep()>=1) {
      double sum=0;
      for(;!msgs->Done();msgs->Next())
        sum+=msgs->Value();
      *MutableValue()=
          0.15/NumVertices()+0.85*sum;
    }
    if(superstep()<30){
      const int64 n=GetOutEdgeIterator().size();
      SendMessageToAllNeighbors(GetValue()/n);
    } else {
      VoteToHalt();
    }
  }
};
```

图 6-20　文献 [12] 中基于 Pregel 的 PageRank 实现

（4）组合器

发送消息，尤其是当目标顶点在另外一台机器时，会产生一些开销。某些情况下，用户可以指定组合器将发往同一个顶点的多个消息组合成一个消息，以此减少传输和缓存的开销。要使用组合器，用户需要继承 Combiner 类，覆写函数 Combine()。Pregel 并不会确保哪些消息会被组合而哪些不会，也不会确保传送给 Combine() 的值和组合操作的执行顺序。所以组合器只适用于那些满足交换律和结合律的操作。然而，对于某些算法来说，比如单源最短路径，与不使用 Combiner 产生的消息数量相比，Combiner 可以将消息数量减少到 1/4 以内[12]。

（5）聚合器

Pregel 的聚合器是一种提供全局通信、监控和数据查看的机制。在一个超级步 S 中，每一个顶点都可以向一个聚合器提供一个数据，系统会执行一个 reduce 操作来负责聚合这些值，而产生的值将会对所有的顶点在超级步 $S+1$ 中可见。Pregel 包含了一些预定义的聚合器，如可以在各种整数和字符串类型上执行的 min、max、sum 操作。聚合器通常用来实现统计、全局协同、分布式优先队列等功能。

要定义一个新的聚合器，用户需要继承预定义的 Aggregator 类，并定义在第一次接收到输入值后如何初始化，以及如何将接收到的多个值最后 reduce 成一个值。聚合器操作也应该满足交换律和结合律。

默认情况下，一个聚合器仅仅会对来自同一个超级步的输入进行聚合，但是有时也可能需要定义一个固定聚合器，它可以从所有的超级步中接收数据。这是非常有用的，比如要维护全局的边条数，那么就仅仅在增加和删除边的时候才调整这个值。

（6）拓扑结构改变

有一些图算法可能需要改变图的整个拓扑结构。比如一个聚类算法，可能会将每个聚类替换成一个单一顶点，又比如一个最小生成树算法会删除所有除了组成树的边之外的其他边。正如用户可以在自定义的 Compute() 函数发送消息，同样可以产生在图中增添和删除边或顶点的请求。

多个顶点有可能会在同一个超级步中产生冲突的请求（比如两个请求都要增加一个顶点 V，但初始值不一样）。Pregel 使用两种机制来决定如何调用：局部有序和 handlers。

由于是通过消息发送的，拓扑改变在请求发出以后，在超级步中可以高效地执行。在该超级步中，删除会首先被执行，先删除边后删除顶点，因为顶点的删除通常也意味着删除其所有的出边。然后执行添加操作，先增加顶点后增加边，并且所有的拓扑改变都会在 Compute() 函数调用前完成。这种局部有序保证了大多数冲突的结果的确定性。

剩余的冲突就需要通过用户自定义的 handlers 来解决。如果在一个超级步中有多个请求需要创建一个相同的顶点，在默认情况下系统会随便挑选一个请求，但有特殊需求的用户可以定义一个更好的冲突解决策略，用户可以在 Vertex 类中通过定义一个适当的 handler 函数来解决冲突。同一种 handler 机制将被用于解决由于多个顶点删除请求或多个边增加请求或删除请求而造成的冲突。Pregel 委托 handler 来解决这种类型的冲突，从而使得 Compute() 函数变得简单，而这样同时也会限制 handler 和 Compute() 的交互，但这在应用中还没有遇到什么问题[12]。

协同机制是惰性的，全局的拓扑改变在被应用之前不需要进行协调。这种设计的选择是为了优化流式处理。直观来讲就是对顶点 V 的修改引发的冲突由 V 自己来处理。

Pregel 同样也支持完全局部的拓扑改变，例如一个顶点添加或删除自身的出边或删除自己。局部的拓扑改变不会引发冲突，并且顶点或边的本地增减能够立即生效，很大程度上简化了分布式的编程。

（7）输入输出

Pregel 可以采用多种文件格式来保存图数据，如文本文件、关系数据库或者 BigTable[6] 中的行。Pregel 将输入输出模块设计为即插即用模式。Pregel 系统内有常用文件格式的 readers 和 writers，但是用户可以通过继承 Reader 和 Writer 类来定义其他文件格式的读写方式。

6.3.2　系统实现

Pregel 是为 Google 的集群架构而设计的。每一个集群都包含了上千台机器，这些机器都分列在许多机架上，机架之间有非常高的内部通信带宽。集群之间是内部互联的，但地理上是分布在不同地方的。

应用程序通常通过一个集群管理系统执行，该管理系统会通过调度作业来优化集群资源的使用率，有时候会"杀掉"一些任务或将任务迁移到其他机器上去。该系统中提供了一个命名服务系统，所以各任务间可以通过与物理地址无关的逻辑名称来各自标识自己。持久化的数据被存储在 GFS 或 BigTable 中，而临时文件比如缓存的消息则存储在本地磁盘中。

（1）系统架构

Pregel 系统库将一张图分割成许多小的部分，每一个分割包含了一些顶点和以这些顶点为起点的边。将一个顶点分配到某个分割上取决于该顶点的 ID，这意味着即使在别的机器上，也是可以通过顶点的 ID 来知道该顶点是属于哪个分割，即使该顶点已经不存在了。默认的分割函数为 hash(ID) mod N，N 为所有分割总数，用户可以替换掉它。

将一个顶点分配给哪个 worker 机器是整个 Pregel 中对分布式不透明的主要地方。有些应用程序使用默认的分配策略就可以工作得很好，但是有些应用可以通过定义分配函数，更好地利用了图本身的局域性从而获益。比如，一种典型的可以用于 Web 图的启发式方法是，将来自同一个站点的网页数据分配到同一台机器上进行计算。

在不考虑出错的情况下，一个 Pregel 程序的执行过程分为如下几个步骤。

① 用户程序的多个副本开始在集群中的机器上执行。其中有一个副本将会作为 master，其他的作为 worker，master 不会被分配图的任何一部分，而只是负责协调 worker 间的工作。worker 利用集群管理系统中提供的名字服务来定位 master 位置，并发送注册信息给 master。

② master 决定对这个图需要多少个分割，并分配一个或多个分割到 worker 所在的机器上。这个数字也可能由用户进行控制。一个 worker 上有多个分割的情况下，可以提高分割间的并行度，更好地负载平衡，通常都可以提高性能。每

一个 worker 负责维护在其上的图的那一部分的状态（顶点及边的增删），对该部分中的顶点执行 Compute() 函数，并管理发送和接收到的消息。每一个 worker 都知道该图的计算在所有 worker 中的分配情况。

③ master 进程为每个 worker 分配用户输入中的一部分，这些输入被看作是一系列记录的集合，每一条记录都包含任意数目的顶点和边。对输入的划分和对整个图的划分是正交的，通常都是基于文件边界进行划分。如果一个 worker 加载的顶点刚好是这个 worker 所分配到的那一部分，那么相应的数据结构就会被立即更新。否则，该 worker 就需要将它发送到它所应属于的那个 worker 上。当所有的输入都被 load 完成后，所有的顶点将被标记为 active 状态。

④ master 给每个 worker 发指令，让其运行一个超级步，worker 轮询在其之上的顶点，会为每个分割启动一个线程。调用每个 active 顶点的 Compute() 函数，传递给它从上一次超级步发送来的消息。消息是被异步发送的，这是为了使得计算和通信可以并行，以及进行 batching，但是消息的发送会在本超级步结束前完成。当一个 worker 完成了其所有的工作后，会通知 master，并告知当前该 worker 上在下一个超级步中将还有多少 active 节点。

只要有顶点还处在 active 状态，或者还有消息在传输，该步骤就不断重复。

⑤ 计算结束后，master 会给所有的 worker 发指令，让它保存它那一部分的计算结果。

（2）容错

容错是通过检查点机制来实现的。在每个超级步的开始阶段，master 命令 worker 让它保存它上面的分割的状态到持久存储设备，包括顶点值、边值以及接收到的消息。Master 自己也会保存聚合器的值。

worker 的失效是通过 master 发给它的周期性的 ping 消息来检测的。如果一个 worker 在特定的时间间隔内没有收到 ping 消息，该 worker 进程会终止。如果 master 在一定时间内没有收到 worker 的反馈，就会将该 worker 进程标记为失败。

当一个或多个 worker 发生故障时，被分配到这些 worker 的分割的当前状态信息就丢失了。master 重新分配图的分割到当前可用的 worker 集合上，所有的分割会从最近的某超级步 S 开始时写出的检查点中重新加载状态信息。该超级步可能比在失败的 worker 上最后运行的超级步 S' 早好几个阶段，此时丢失的几个超级步将需要被重新执行。对检查点的选择基于某个故障模型的平均时间，以平衡检查点的开销和恢复执行的开销。

除了基本的检查点机制，worker 同时还会将其在加载图的过程中和超级步中发送出去的消息写入日志。这样恢复就会被限制在丢失的那些分割上。它们会首先通过检查点进行恢复，然后系统通过回放两类消息：正常分割已经记入日志的消息以及恢复故障分割过程中重新生成的消息，来将计算机状态更新到 S' 阶段。这种方式通过只对丢失的分割进行重新计算的方式节省了在恢复时消耗的计算资源，同时由于每个 worker 只需要恢复很少的分割，减少了恢复时的延迟。对发送出去的消息进行保存会产生一定的开销，但是通常机器上的磁盘带宽不会让这种 I/O 操作成为瓶颈。

局部恢复要求用户算法是确定性的，以避免原始执行过程中所保存下的消息与恢复时产生的新消息并存情况下带来的不一致。随机化算法可以通过基于超级步和分割产生一个伪随机数生成器来使之确定化。非确定性算法需要关闭局部恢复而使用老的恢复机制。

（3）worker 实现

一个 worker 机器会在内存中维护分配到其之上的图分割的状态。概念上讲，可以简单地看作是一个从顶点 ID 到顶点状态的映射，其中顶点状态包括如下信息：该顶点的当前值，一个以该顶点为起点的出边（包括目标顶点 ID，边本身的值）列表，一个保存了接收到的消息的队列，以及一个记录当前是否 active 的标志位。该 worker 在每个超级步中，会循环遍历所有顶点，并调用每个顶点的Compute() 函数，传给该函数顶点的当前值，一个接收到的消息的迭代器和一个出边的迭代器。这里没有对入边的访问，原因是每一条入边其实都是其源顶点的所有出边的一部分，通常在另外的机器上。

出于性能的考虑，标志顶点是否为 active 的标志位是和输入消息队列分开保存的。另外，只保存了一份顶点值和边值，但有两份顶点 active 标志位和输入消息队列存在，一份用于当前超级步，另一份用于下一个超级步。当一个 worker 在进行超级步 S 的顶点处理时，还会有另外一个线程负责接收处于同一个超级步的其他worker 的消息。由于顶点当前需要的是 $S-1$ 超级步的消息，那么对超级步 S 和超级步 $S+1$ 的消息就必须分开保存。类似地，顶点 V 接收到了消息，表示 V 将会在下一个超级步中处于 active 状态，而不是当前这一次。

当 Compute() 请求发送一个消息到其他顶点时，worker 首先确认目标顶点是属于远程的 worker 机器，还是当前 worker。如果是在远程的 worker 机器上，那么消息就会被缓存，当缓存大小达到一个阈值时，最大的那些缓存数据将会被异步地换出，作为单独的一个网络消息传输到目标 worker。如果是在当前worker，那么就可以做相应的优化：消息就会直接被放到目标顶点的输入消息队列中。

如果用户提供了组合器，那么在消息被加入到输出队列或者到达输入队列时，会执行组合器函数。后一种情况并不会节省网络开销，但是会节省用于消息存储的空间。

（4）master 实现

master 主要负责 worker 之间的工作协调，每一个 worker 在其注册到 master 的时候会被分配一个唯一的 ID。master 内部维护着一个当前活动的 worker 列表，该列表中就包括每个 worker 的 ID 和地址信息，以及哪些 worker 被分配到了整个图的哪一部分。master 中保存这些信息的数据结构大小与分割的个数相关，与图中的顶点和边的数目无关。因此，虽然只有一台 master，也足够用来协调对一个非常大的图的计算工作。

绝大部分的 master 的工作，包括输入输出、计算、保存以及从检查点恢复，都将会在栅栏处终止：master 在每一次操作时都会发送相同的指令到所有活跃的 worker，然后等待每个 worker 的响应。如果任何一个 worker 失败了，master 便进入恢复模式。如果栅栏同步成功，master 便会进入下一个处理阶段，例如 master 增加超级步的索引号，并进入下一个超级步的执行。

master 同时还保存着整个计算过程以及整个图的状态的统计数据，如图的总大小、关于出度分布的柱状图、处于 active 状态的顶点个数、在当前超级步的时间信息和消息流量，以及所有用户自定义聚合器的值等。为方便用户监控，master 在内部运行了一个 HTTP 服务器来显示这些信息。

（5）聚合器

每个聚合器会通过对一组值的集合应用聚合函数计算出一个全局值。每一个 worker 都保存了一个聚合器的实例集，由类型名称和实例名称来标识。当一个 worker 对图的某一个分割执行一个超级步时，worker 会组合所有的提供给本地的那个聚合器实例的值，得到一个局部值：即利用一个聚合器对当前分割中包含的所有顶点值进行局部规约。在超级步结束时，所有 workers 会将所有包含局部规约值的聚合器的值进行最后的汇总，并汇报给 master。这个过程是由所有 worker 构造出一棵规约树而不是顺序地通过流水线的方式来规约，这样做的原因是为了并行化规约时 CPU 的使用。在下一个超级步开始时，master 就会将聚合器的全局值发送给每一个 worker。

6.3.3 GRAPE 大图处理系统

Pregel 系统的一个问题是用户需要定义图计算的终止条件，即在 Compute() 函数中实现正确的 VoteToHalt() 调用。对于复杂的图计算，决定正确的 VoteToHalt() 逻辑往往是一件困难的事情。GRAPE 通过定义图计算语义的方法，能够自动决定图计算的终止条件，从而无需用户编写终止逻辑[18]。本节介绍 GRAPE 系统的设计和实现。GRAPE 是一个基于部分评估和增量计算的编程模型，能够将现有的顺序图算法作为一个整体进行并行化。

（1）GRAPE 基础

GRAPE 使用如下定义。

① 图　图形式化表示为 $G=(V,E,L)$，可以为有向图也可以是无向图，其中 V 为一组有限个数顶点的集合；$E\subseteq V\times V$ 为边的集合；$V(E)$ 中的每个（条）顶点 v（边 e）上带有一个权值 $L(v)[L(e)]$，这些权值可以是一些从源自社交网络、知识图或是属性图中发现的数据内容。

图 $G'=(V,E,L)$ 被认为是 G 的子图，它的顶点集合与边集合都包含于 G 的顶点集与边集（$V'\subseteq V$，$E'\subseteq E$），同样 G' 上的各个顶点与边都带有各自权值，且这些权值等于 G 中的权值。G' 被认为由 V' 推得，如果 E' 由 G 中所有的边组成，则这些边的顶点都在 V' 中。

② 分割策略　给定一个参数 m，在分割策略 $\mathcal{P}$ 下，图 G 形成一个划分 $F=(F_1,\cdots,F_m)$，其中每个块 F_i 为原图的一个子图。对于一个子图 F_i，若其他子图的顶点有指向它中某些顶点的入边，则 F_i 中所有这样的顶点用符号表示为 $F_i.I$；若它之中的顶点有指向其他子图中顶点的出边，则 F_i 中所有这样的顶点用符号表示为 $F_i.O$；对于划分 $F=(F_1,\cdots,F_m)$，其中的两个顶点集合 $F.I$，$F.O$，分别为 $F.I=\bigcup_{i\in[1,m]}F_i.I$，$F.O=\bigcup_{i\in[1,m]}F_i.O$，显然有 $F.I=F.O$。

在 vertex-cut 分割方法中，$F.I$，$F.O$ 各自对应了入边顶点、出边顶点。我们将 $F_i.I\bigcup F_i.O$ 称为 $F_i.I$ 的边界顶点。G 在分割策略 $\mathcal{P}$ 处理后的图 G_P 是给定 $F.O$（或 $F.I$）中的每个节点 v 的索引，如果 $v\in F_i.O$，$v\in F_j.I$ 且 $i\neq j$，则 $G_P(v)$ 可返回一组（$i\rightarrow j$）。图 G_P 可帮助推断消息的方向。表 6-1 总结了本节相关的符号及含义。

表 6-1　符号及含义表

符号	含义
$\mathcal{Q},Q$	一类图查询，其中 $Q\in\mathcal{Q}$
G	有向或无向图
P_0,P_i	P_0：协调者（coordinator）；P_i：工作节点（workers）（$i\in[l,n]$）
$\mathcal{P}$	图的分割策略
G_P	图 G 经分割策略 $\mathcal{P}$ 处理后的图
F	图的划分（$F_1,\cdots,F_m$）
M_i	指派给工作节点 P_i 的消息

（2）GRAPE 编程模型

本节介绍 GRAPE 的并行模型和编程示例。

① GRAPE 并行模型　给定一个分割策略 $\mathcal{F}$ 和连续的 PEval、IncEval 和一

类图查询的 Assemble 集合，GRAPE 按如下方式对计算进行并行化。它首先用分割策略 $\mathcal{F}$ 将 G 分成 $(F_1,\cdots,F_m)$，并将 F_i 分配给 m 个无共享的虚拟工作者 $(P_1,\cdots,P_m)$。它将 m 个虚拟工作者映射到 n 个实际的物理工作者。当 $n<m$ 时，多个虚拟工作者映射到同一个 worker 共享内存。它也构造划分图 G_P。注意，对于 G 上所有的查询 $Q\in\mathcal{Q}$，G 被分割一次。

并行模型：给定 $Q\in\mathcal{Q}$，GRAPE 在分割后的 G 中计算 $Q(G)$。在协调者 P_0 处接收到 Q 后，GRAPE 将相同的 Q 传递给所有的工作者。GRAPE 采用基于 BSP 的消息传递，图 6-21 显示了 GRAPE 作业的执行流程，其并行计算由三个阶段组成：

a. 部分评估（PEval） 在第一个超级阶段，每个工作者 P_i 在接收 Q 之后，在 F_i 本地使用 PEval 并行地 $(i\in[1,m])$ 计算局部结果 $Q(F_i)$。它还为每个 F_i 标识和初始化一组更新参数，记录其边界顶点的状态。在处理结束时，它会根据每个 P_i 上更

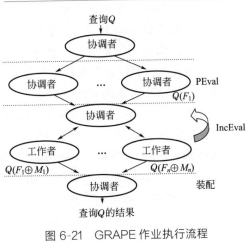

图 6-21　GRAPE 作业执行流程

新的参数来生成一条消息，并将其发送给协调者 P_0。

b. 增量计算（IncEval） GRAPE 迭代以下几个超步直至终止。每个超步包含两个步骤，一个运行在协调者 P_0，另一个运行在工作者。

ⓐ 协调者：协调者 P_0 检查是否对于所有的 $i\in[1,m]$，P_i 是不活动的，即 P_i 是由本地计算完成的，并且没有为 P_i 指派挂起的消息。如果是这样，GRAPE 调用 Assemble 并且终止。否则，P_0 将从最后一个超步产生的消息发送给工作者，并触发下一个超步。

ⓑ 工作者：在接收到消息 M_i 后，工作者 P_i 通过将 M_i 作为更新，并行地对所有 $i\in[1,m]$ 递增地计算具有 IncEval 的 $Q(F_i\oplus M_i)$。它会自动找到每个 F_i 中更新参数的更改，并将更改作为消息发送到 P_0。

GRAPE 通过在所有工作者上进行本地片段的部分评估（PEval），从而支持数据分区形式下的并行性。其增量步骤（上述步骤ⓑ）通过重复使用来自上一步的部分结果来加速迭代图计算。

c. 装配 当任何更新参数都没有变化时，协调者 P_0 确定终止（见上述步骤ⓐ）。如果是的话，P_0 从所有工作者那里取得部分结果，并且通过装配（Assemble）来计算 $Q(G)$。它同时也返回 $Q(G)$。

这里要介绍 GRAPE 的编程模型。对于$\mathcal{Q}$中的图查询，只需提供三个核心函数：PEval、IncEval 和 Assemble，称为 PIE 程序。这些是传统的串行算法，能从 GRAPE 的系统库接口中挑选。接下来将详细介绍一个 PIE 程序。

② 部分评估函数 PEval PEval 以查询 $Q \in \mathcal{Q}$ 和 G 的一个分割 F_i 为输入，并且在工作者 P_i 上对所有 $i \in [1, m]$ 并行计算 $Q(F_i)$。它可以是$\mathcal{Q}$中的任何现有串行算法 T，并按以下规则扩展：

- 部分结果保存在指定变量中。
- 消息规范作为与 IncEval 的接口。

工作者之间的通信是通过消息进行的，这些消息按照更新参数定义如下：

- 消息序文。PEval 声明状态变量 $\vec{x}$，指定关于 $F_i.I$ 或 $F_i.O$ 的节点和边的集合 C_i。与 C_i 有关的状态变量由 $C_i.\overline{x}$ 表示，称为 F_i 的更新参数。

直观上，$C_i.\overline{x}$ 中的变量是通过增量步骤更新的候选项。换而言之，对工作者 P_i 的消息 M_i 是对 $C_i.\overline{x}$ 中变量值的更新。

具体而言，C_i 由整数 d 和 S 指定，其中 S 为 $F_i.I$ 或 $F_i.O$，即 C_i 是 S 中在 d-hops 以内的顶点和边的集合。如果 $d = 0$，则 C_i 为 $F_i.I$ 或 $F_i.O$。否则，C_i 可能包含来自 G 的其他分割块 F_j 的顶点和边。

变量在 PEval 中声明并初始化。在 PEval 结束时，它将 $C_i.x$ 的值发送给协调者 P_0。

- 消息段（message segment）。PEval 可以指定函数 aggregateMsg，以解决来自不同工作者的多个试图将不同的值分配给相同的更新参数（变量）的消息冲突。当没有提供这样的策略时，GRAPE 选择一个默认的异常处理程序。

- 消息分组（message grouping）。GRAPE 推导出对 $i \in [1, m]$ 的 $C_i.\vec{x}$ 的更新，并将它们视为工作者之间交换的消息。更具体地说，在协调者 P_0 上，GRAPE 为每个工作者 P_i 识别和维护 $C_i.\overline{x}$。在收到 P_i 的消息后，GRAPE 的工作如下。

a. 识别 C_i。它通过引用分块图 G_P 为 $i \in [1, m]$ 推导 C_i，C_i 在整个过程中保持不变。它维护 F_i 的更新参数 $C_i.\overline{x}$。

b. 组成 M_i。对于来自每个 P_i 的消息，GRAPE 首先用变化的值标识 $C_i.\overline{x}$ 中的变量，然后通过参考 G_P 推断它们的指派 P_j；如果 $\mathcal{P}$ 为边分割，则在 $F_i.O$ 中用节点 v 标记的变量将被发送给工作者 P_j〔即：如果 $i - j$ 在 $G_P(v)$ 中〕。$F_i.I$ 中的 v 也是如此；如果 $\mathcal{P}$ 是顶点分割，则识别由 F_i 和 $F_j(i \neq j)$ 共享的节点；它将指定给 P_j 的所有改变的变量值合并成单个消息 M_j，并且在所有 $j \in [1, m]$ 的下一个超步中将 M_j 发送给工作者 P_j。

如果变量 x 被分配了来自不同工作者的值 S 的集合，函数 aggregateMsg 被应用于 S 来解决冲突，并且其结果被作为 x 的值。

这些工作都由 GRAPE 自动执行，通过只传递更新的变量值来最大限度地降低通信成本。为了减少协调者的工作量，同样可为每个工作者保留一份 G_P 的副本并且推导出它在并行中的消息指定。

③ 增量计算函数 IncEval 给定查询 Q、片段 F_i、部分结果 $Q(F_i)$ 和消息 M_i（更新到 $C_i.\overline{x}$），IncEval 递增地计算 $Q(F_i \oplus M_i)$，使 $Q(F_i)$ 的计算在最后一轮中最大化地重用。IncEval 执行后，GRAPE 每次分别将 $F_i \oplus M_i$ 和 $Q(F_i \oplus M_i)$ 作为 F_i 和 $Q(F_i)$ 进行下一轮增量计算。

IncEval 可以对于 Q 采取任何现有的顺序增量算法 T_Δ。它共享 PEval 的消息序文。在过程结束时，它在每个 F_i 处识别 $C_i.\overline{x}$ 的变化值，并将变化作为消息发送给 P_0。

有界性。图计算通常是迭代的，GRAPE 通过促进 IncEval 的有界增量算法来降低迭代计算的成本。对应 $\mathcal{Q}$ 考虑一个增量算法 T_Δ。给定 G，$Q \in \mathcal{Q}$，$Q(G)$ 并且将对 G 的 M 更新，则计算 ΔO 使得 $Q(G \oplus M) = Q(G) \oplus O$，其中 ΔO 表示改变为旧的输出 $O(G)$。如果它的成本可以表示为 $|\,\mathrm{CHANGED}\,| = |\,\Delta M\,| + |\,\Delta O\,|$ 大小的函数，那么它就是有界的，即输入和输出变化的大小。直观地说，$|\,\mathrm{CHANGED}\,|$ 代表 $\mathcal{Q}$ 本身增量问题固有的更新成本。对于有限 IncEval，其成本由 $|\,\mathrm{CHANGED}\,|$ 而不是按 $|\,F_i\,|$ 的大小确定整个 F_i，无论 $|\,F_i\,|$ 有多大。

④ 结果装配 Assemble 函数将部分结果 $Q(F_i \oplus M_i)$ 和分割图 G_P 作为输入，并结合 $Q(F_i \oplus M_i)$ 得到 $Q(G)$。当对任何 $i \in [1, m]$ 没有更多变化来更新参数 $C_i.\overline{x}$ 时，函数被触发。

GRAPE 过程终止于求得正确的 $Q(G)$。$C_i.\overline{x}$ 的更新是"单调的"：每个节点 v 的 $\mathrm{dist}(s, v)$ 的值减小或保持不变。我们可以有很多这样的变量，再者，$\mathrm{dist}(s, v)$ 是从 $s \sim v$ 的最短距离，它的正确性可被串行算法（PEval 和 IncEval）的正确性所保证。

把上述综合起来，可以看出 PIE 程序借助一个串行算法 T（PEval）和一个串行化增量算法 T_Δ 并行化处理了一个图查询类 $\mathcal{Q}$（IncEval）。Assemble 函数通常是一个简单的串行算法。对于各种 $\mathcal{Q}$，大量的连续（增量）算法已经就位。此外，还有一些增加图算法的方法，从批量算法中获得增量算法。因此，GRAPE 使并行图计算可面向大量终端用户的访问。

与其他的图形系统不同，GRAPE 将 T 和 ΔT 内嵌并作为一个整体，将通信规范限制在 PEval 的消息段中。用户在编程时不必类似"顶点"那样思考。与以顶点为中心和以块为中心的系统相反，GRAPE 在整个片段上运行串行算法。此外，IncEval 采用增量评估来降低成本，这是 GRAPE 的独特功能。要注意的是，无论它是否有界，IncEval 都通过最小化 $Q(F_i)$ 得无关重计算量来加速迭代计算。

⑤ GRAPE 编程接口 GRAPE 为用户提供了一个声明的编程接口，以便像

UDF（用户定义函数）那样插入串行算法。在接收（串行）算法时，GRAPE 将它们作为存储过程在其 API 库中注册，并将它们映射到查询类 $\mathcal{Q}$。

另外，GRAPE 可以模拟 MapReduce。更具体地说，GRAPE 支持两种类型的消息：

a. 从一个工作者节点到另一个工作者节点的指派消息；

b. 模拟 MapReduce 的键值对（key,val）。

由 PEval 和 IncEval 生成的消息标记为键值对型或指派型。我们目前看到的消息是指派的，GRAPE 自动在协调者 P_0 处标识它们的目的地。

如果消息被标记为键值对型，则 GRAPE 通过解析 PEval 和 IncEval 中的消息声明来自动识别键段落和值段落。在 MapReduce 之后，它通过协调器 P_0 处的密钥对消息进行分组，并将这些消息分配给 m 个工作者节点，以平衡工作负载。

（3）GRAPE 应用示例：图模式匹配

本部分介绍如何使用 GRAPE 来求解图模式匹配问题。一个图模式是一个图 $Q=(V_Q,E_Q,L_Q)$，其中 V_Q 是一组查询节点，E_Q 是一组查询边，V_Q 中的每个顶点 u 有一个标签 $L_Q(u)$。我们研究图模式匹配的两种语义：图模拟和子图同构。

① 图模拟　当存在一个二元关系 $R\subseteq V_Q\times V$ 且满足下列关系时，认为图 G 通过模拟与模式 Q 相匹配：

• 对于每个查询节点 $u\in V_Q$，存在节点 $v\in V$，使得 $(u,v)\in R$，称为 u 的匹配；

• 对于每个查询边 (u,u') 中的每一对 $(u,v)\in R$，$L_Q(u)=L(v)$，以及对于 E_q 中的每条边存在一个边 (u,u')，在图 G 中存在一条边 (u',v') 且 $(u',v')\in R$。

通过图模拟的图模式匹配遵照如下规则：

输入：有向图 G 和模式 Q；

输出：唯一最大关系 $Q(G)$。

已知如果 G 匹配 Q，则存在唯一的最大关系[8]，我们称它为 $Q(G)$。如果 G 不匹配 Q，则 $Q(G)$ 为空集。此外，$Q(G)$ 可以在 $O[(|V_Q|+|E_Q|)(|V|+|E|)]$ 时间复杂度上被计算出来。

GRAPE 对图模拟的并行化计算如下[18]：

• PEval。GRAPE 采用文献［8］中的串行仿真算法作为 PEval 并行计算 $Q(F_i)$。其消息前导为 V_Q 中的每个查询节点 u 和 F_i 中的每个节点 v 声明布尔状态变量 $x(u,v)$，指示 v 是否匹配 u，初始化为真。$F_i.I$ 作为候选集 C_i。对于每个节点 $u\in V_Q$，PEval 计算 F_i 中候选匹配 v 的集合 $\mathrm{sim}(u)$，并从 $\mathrm{sim}(u)$ 中选

代删除违反模拟条件的节点（详见文献［8］）。在这个过程结束时，PEval 发送 $C_i.\overline{x}=\{x_{(u,v)}\,|\,u\in V_Q,v\in F.I\}$ 到协调者 P_0。

在协调者 P_0 处，GRAPE 维护所有 $v\in F.I$ 的 $x(u,v)$。在从所有工作者接收到消息时，如果其中一个消息中的 $x(u,v)$ 为假，则将 $x(u,v)$ 更改为假。这是由 min 为 aggregateMsg 指定的，同时执行命令 false＜true。GRAPE 标识那些已经是错误的变量，通过引用 G_P 和 $F.I=F.O$ 推断它们的目的地，将它们分组成消息 M_j，并且将 M_j 发送到 P_j。

• IncEval 是文献［9］的串行增量图仿真算法，用于处理边删除。如果通过消息 M_i 将 $x(u,v)$ 改变为假，则将其视为对 $v\in F_i.O$ 的"交叉边"的删除。它以 M_i 中更改的状态变量开始，将更改传播到受影响的区域，并从无效的 sim 匹配中移除（详情参见文献［9］）。部分结果现在是修改后的 sim 关系。在这个过程结束时，IncEval 发送 $C_i.\overline{x}$ 中的状态变量的更新值给协调者 P_0，如 PEval。

IncEval 是半有界的[9]，其成本是由"更新" $|M_i|$ 的大小决定的，并且必须通过所有增量算法对 sim 进行更改，而不是通过 $|F_i|$ 对受影响区域进行更改。

• Assemble 函数为 $Q(G)=\bigcup_{i\in[1,n]}Q(F_i)$，即所有部分匹配的并集（在每个 F_i 的 sim）。

② 子图同构　这里介绍如何使用基于 GRAPE 的子图同构并行化算法。图 G 中的模式 Q 的匹配是与 Q 同构的 G 的子图。给定输入图 G 和模式图 Q，基于子图同构的图模式匹配算法输出在 G 中所有与 Q 匹配的子图集合 $Q(G)$。基于子图同构的图模式匹配算法是 NP 完全问题。

GRAPE 可以并行化文献［10］给出的串行子图同构算法 VF2[18]。GRAPE 实现采用了一个默认的边切分割策略 $\mathcal{P}$。它有两个超级步，一个用于 PEval，另一个用于 IncEval，概述如下。

a. PEval 标识更新参数 $C_i.\overline{x}$。它声明一个状态变量 x_{id} 与每个节点和边，来存储它的 id。它指定了每个节点 $v\in F_i.I$ 的 d_Q 邻居 $N_{dQ}(v)$，其中 d_Q 是 Q 的直径，即 Q 中任意两个节点之间最短路径的长度，$N_d(v)$ 是由 v 的 d 跳内的节点引起的 G 的子图。

在 P_0 中，对于每个片断 F_i，$C_i.\overline{x}$ 被标识出来。消息 M_i 被组成并发送到 P_i，包括 $C_i.\overline{x}$ 中所有来自分段 F_j 且 $j=i$ 的节点和边。$C_i.\overline{x}$ 中变量的值（id）不会改变，因此它们的值没有定义偏序。

b. IncEval 是 VF2。它在每个工作者 P_i 上并行地计算 $Q(F_i\oplus M_i)$，在 $F_i.I$ 中的每个节点的 d_Q 邻居扩展的分段 F_i 上。由于 $C_i.\overline{x}$ 中的变量值保持不变，因此 IncEval 不发送消息。结果，IncEval 被执行一次，因此两个超级步就足够了。

c. IncEval 只需从所有工作者节点的 IncEval 计算所有部分匹配的并集。

d. 该过程的正确性由 VF2 和子图同构的局部性确定：只有当 v 在 v' 的 d_Q 邻居中时，G 中的节点对 (v,v') 才与 Q 匹配。

6.4　混合大数据处理技术

6.4.1　背景介绍

大数据的 3V 特性对传统数据处理系统提出了严峻的挑战，其原因在于这些系统不能在合理代价下有效扩展到海量数据集，同时它们无法对多样化的数据进行处理。

尽管 MapReduce 编程模型能够对一些非结构化数据（例如纯文本数据）进行有效管理，但它不能较好地处理数据多样化所带来的问题，对于处理那些结构化的数据或是那些需要进行类似有向无环图计算与迭代计算的图数据而言，此类编程模型的处理效果不佳。因此，当前出现了一些类似 Dryad[11] 及 Pregel[12] 的系统，以应对上述问题的大数据分析任务。

为处理数据多样性带来的挑战，当前最新研究方法侧重于使用混合架构下的数据处理模式：采用混合系统来处理具有多结构特征的数据集（即包含各种数据类型，如结构化数据、文本以及图形的数据集）。首先，多结构数据集被存储在多个不同类别的系统中（例如结构化数据被存储在数据库中，而非结构化数据则被存储在 Hadoop 中）。之后，一项基于拆分的执行方案将会被运用到此数据的处理中：该方案将原数据分析任务整体划分为多个子任务，并根据不同子任务所需的数据类型，分别选择对应合适的系统对其进行处理，例如：可能使用 MapReduce 来处理文本数据，使用数据库系统来处理关系型数据，使用 Pregel 来处理图数据。最终，所有这些子任务的作业结果将以合适的数据格式被输出载入到一个单一系统（Hadoop 或数据库系统）中，并进行合并，从而产生最终结果。尽管此类混合处理方法能够针对不同数据类型采用正确的系统对其进行处理，但是该方法将在同时维持几类集群（如 Hadoop 集群、Pregel 集群、数据库集群）中引入不可避免的高复杂性，同时在数据处理的过程中，频繁的数据格式转化以及各子任务作业数据的加载、结果的输出、结果数据的合并等复杂且烦琐的操作，也将导致严重的系统性能瓶颈。

为解决大数据下的数据多样性问题，本节介绍一种新型数据处理系统 epiC。epiC 的主要创新点在于，提出了一类新的系统架构设计，从而使得用户能够在单一系统下对多结构化数据进行处理。虽然不同的系统（Hadoop、Dryad、数据库、Pregel）是专为处理不同类型的数据而设计的，但它们彼此间依然有着相同的无共享体系架构，并且都尝试将整个计算过程分解成几个独立的、可并行化的子步骤。而它们的本质区别则在于，不同的系统对总的计算任务有着不同步骤的划分，同时系统协调各个独立步骤的计算模式（中间数据传输模式）也各不相同。例如，MapReduce 只允许两个独立的子步骤（分别为 map 和 reduce），且仅存在从 mapper 到 reducer 的单向数据转换。有向无环图下的系统（如 Dryad）则允许将总体计算任务划分为任意个独立的子操作，并且此类系统有着类似有向无环图的数据传输模式。图处理系统（如 Pregel）则采用了迭代式的数据传输模式。因此，如果能够搭建一个即时运行系统来运行各个独立的子计算任务，并同时开发相关插件以实现特定的通信模式，从而将各模式下的计算与通信任务进行解耦分离，那么就能够在单一系统中运行所有类型下的计算任务。为了实现这一目标，epic 采用了可扩展式的设计方案。epiC 的核心抽象是一种能够执行任意个独立子计算任务（我们称之为单元）的类并发编程模型。在此基础上，epiC 提供了一组扩展，使得用户能够使用不同的数据处理模型（MapReduce、DAG或图）来处理不同类型的数据。在当前版本中，epiC 支持两种数据处理模型，分别为 MapReduce 模型以及关系型数据库模型。

epiC 的具体设计概述如下：首先该系统采用了无共享的设计模式，每个系统单元独立地执行 I/O 操作以及用户自定义的计算任务，单元间的协调工作通过消息传递实现，各个单元发送的消息对各控制信息以及中间结果的元数据信息进行编码，因此系统的处理流程可被抽象为一组消息流。epiC 编程模型并不强制此消息流必须为一个有向无环图（directed acyclic graph，DAG）。这种灵活的设计使得用户本身能够自由地表征各种类型的计算任务（例如 MapReduce、DAG、Pregel），并且为用户提供了更多优化计算任务的可能，在后续内容中我们将以连接操作为例说明此点。

6.4.2　EPIC 框架概述

epiC 采用了类似 Actor 的编程模型，其中的计算任务由一组单元组成，各单元彼此独立，且各自使用用户定义的逻辑来独立地进行数据处理，各单元间同时通过消息传递实现通信。不同于 Dryad 以及 Pregel 系统，各单元间不能进行直接地通信，它们中产生的所有信息都将先被发送到一个主网络中，然后传播给相应的接收者。该类网络传播机制类似于邮件系统中的邮件服务器。图 6-22 展示了 epiC 的大体框架。

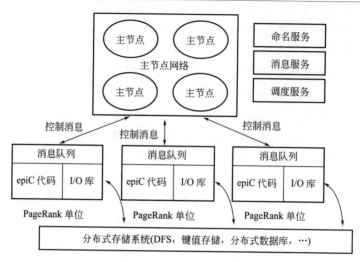

图 6-22　epiC 系统架构图

（1）编程模型

epiC 编程模型的基本抽象是单元，它的工作机理如下：一个单元在接收到一个来自主网络的消息时被激活。根据消息内容，它自适应地从存储系统加载数据并应用用户指定的功能来处理数据。在处理完成后，单元将结果写回存储系统并将所有中间结果信息总结成一条消息并将其转发到主网络。在这之后，单元的状态切换为不活跃状态并等待着下一条消息。类似 MapReduce，单元通过 reader 与 writer 接口访问存储设备，因此系统对以任何存储形式下的数据（例如文件系统、数据库或是键值对存储形式下的数据）进行处理。

主网络由几个同步的主节点组成，它们主要负责三个方面的服务：命名服务、消息服务、调度服务。命名服务为各单元分配一个唯一的命名空间。特别要强调的是，epiC 维持了两级的命名空间：第一级命名空间指示一组单位运行相同的用户代码，例如在图 6-22 中，所有单位在第一级命名空间下共享相同的 PageRank[13]。第二级命名空间则用于区分不同的单元。epiC 允许用户自定义第二级命名空间，假设要计算具有 10000 个顶点的图的 PageRank 值，可以使用顶点 ID 范围作为第二级命名空间。也就是将顶点 ID 均匀分割成小范围，将每个范围都分配给一个单元：一个完整命名空间可以是 "[0,999] @PageRank"，其中 @用于连接两个命名空间。最后，主网络则维护了命名空间和相应单元进程的 IP 地址之间的映射关系。

基于命名服务，主网络将收集消息并将其发送到不同的单元。各主节点间被负载均衡化，我们保留消息的副本以进行容错机制。需要注意的是，在 epiC

中，消息仅包含数据的元信息，而单元则不会像 MapReduce 的 shuffle 阶段那样通过消息通道传输中间结果。因此，epiC 中的消息服务是轻量级、低开销的服务。

主网络的调度服务负责监控各单元的运行状态。如果检测到故障单元，一个新的单元将被启动以接管故障单元的工作。另外，调度服务在接收到新消息或者完成处理时也可以激活或者挂起各处理单元。当所有处理单元都变为非活跃状态，并且主网络中没有更多消息被维护时，调度程序终止作业进行。

在形式化表述下，epiC 的编程模型可被定义为一个三元组 $\langle M, U, S \rangle$，其中 M 表示消息集，U 表示单元集，S 表示数据集。我们分别用符号 N 表示命名空间域，用符号 U 表示数据的统一资源标示符集（uniform resource identifier, URI）。对于集合 M 中的任意一个消息 m，m 的形式化描述如下：

$$m := \{(ns, uri) \mid ns \in N \wedge uri \in U\}$$

我们为消息 m 定义一个投影函数 π，其中 π 的定义描述如下：

$$\pi(m, u) = \{(ns, uri) \mid (ns, uri) \in m \wedge ns = u.ns\}$$

也就是说，函数 π 可返回与单元 u 拥有相同命名空间的消息内容。π 可以运用在集合 M 中，并递归地执行投影操作。此后，epiC 中的某单元 u 的处理逻辑可表述为如下函数 g：

$$g := \pi(M, u) \times u \times S \rightarrow m_{\text{out}} \times S'$$

在函数 g 中，S' 代表了输出数据，m_{out} 表示主网络中的某一条消息，该消息满足如下关系：

$$\forall s \in S' \Rightarrow \exists (ns, uri) \in m_{\text{out}} \wedge \rho(uri) = s$$

其中 $\rho(uri)$ 将 URI 映射到数据文件。在处理后，S 被更新为 $S \cup S'$。由于运行相同代码单位的动作仅受收到消息的影响，(U, g) 用来表示运行相同代码段 g 的一组单元集合。最后，epiC 中的作业 J 可表示为：

$$J := (U, g)^+ \times S_{\text{in}} \Rightarrow S_{\text{out}}$$

其中，S_{in} 为初始的输入数据，S_{out} 为结果数据。作业 J 并不指定不同单元的执行顺序，这部分内容可由用户在不同应用中进行控制。

（2）与其他系统的比较

为阐释 epiC 的工作原理，我们比较了 PageRank 算法在 MapReduce（图 6-23），Pregel（图 6-24）和 epiC（图 6-25）下的实现方式。为简单起见，我们假设图数据和分数向量保存在 DFS 中，图文件的每一行代表一个顶点及其邻接点。分数向量的每一行记录代表了顶点的最新 PageRank 值。由于分数向量的空间较小，因此它方便在内存中进行缓存。

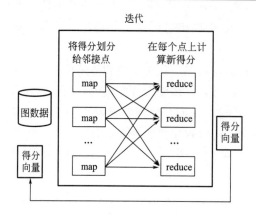

图 6-23　MapReduce 下的 PageRank 处理

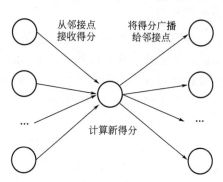

图 6-24　Pregel 中的 PageRank 处理

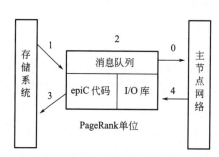

0.发送消息给单位以将其激活
1.根据接收的消息载入图数据和得分向量
2.计算节点的新得分向量
3.生成新的得分向量文件
4.发送消息给主节点网络

图 6-25　epiC 中的 PageRank 处理

为了计算 PageRank 值，MapReduce 需要一组作业的支持。在每组作业中，各映射器将分数矢量加载到内存并从图文件中读取一个数据块。对于每个顶点，映射器从得分向量中查找它对应的得分，然后将该分数分配给它的邻接点。所有中间结果为一组键值对形式下的数据，其中键（key）是邻接点的 ID，值（value）为分配给该邻接点的得分。在 reduce 阶段，我们聚合相同顶点的分数，并应用 PageRank 算法生成新的分数，将其作为新的分数向量写入 DFS。在当前作业完成后，新的作业将重新启动上述处理过程，直到 PageRank 值收敛。

与 MapReduce 相比，Pregel 在进行迭代处理方面更为有效。图文件在初始化过程中被预加载，并且各顶点也将根据它们间对应的邻边信息建立相应的连接关系。在每个超级步中，顶点从其进入的邻居获得分数，并应用 PageRank 算法来生成新的分数，该分数被广播发送到某条出边所指向的邻接点处。如果顶点的分数收敛，则系统停止广播。最终当所有顶点都停止发送消息时，可终止处理过程。

epiC 的处理流程与 Pregel 类似。主网络将消息发送到处理单元处，并将其激活。该消息中包含图文件的分区信息以及由其他单元生成的分数向量。该单元根据其名称空间读取图文件中的相应分区，并计算 PageRank 值。此外，它需要加载分数向量，并根据顶点 ID 对其进行合并。如其命名空间所表示的那样，在计算过程中只需保留一部分得分向量。顶点的新分数作为新的分数向量写回到 DFS，并且该单元将该新生成的向量以消息的方式发送到主网络。（消息的）接收者被指定为" * @ PageRank"，即该单元告知主网络将消息广播到所有位于 PageRank 命名空间下的单元处。然后主网络即可安排其他单元这些处理消息。虽然 epiC 允许单元异步运行，但为了保证 PageRank 值的正确性，用户可以刻意地要求主网络阻止消息，直到所有单元完成处理。以这种方式，可以将 BSP（bulk synchronous parallel model）模拟为 Pregel。

我们用上面的例子来展示 epiC 的设计理念，并解释为何它能够表现得比其他两类系统更好。

① 灵活性　MapReduce 模型最初并不是针对这样的迭代作业而设计的。用户必须将其代码分成 map() 与 reduce() 两个函数。但是另一方面，Pregel 和 epiC 可以以更自然的方式表达上述操作的逻辑。epiC 中的单元类似于 Pregel 中的 worker 节点，每个单元处理一组顶点的计算。Pregel 需要明确地构建和维护图，而 epiC 则通过命名空间和消息传递来隐藏图的结构。我们注意到，维护图的结构实际上消耗了许多系统资源，而在 epiC 中，这部分消耗则完全可以避免。

② 优化性　MapReduce 和 epiC 都允许自定义下的优化操作。例如，Ha-Loop 系统[14] 缓冲中间文件以降低 I/O 开销，而 epiC 中的单元可以维护其图的分区，以避免对数据的重复扫描读取。这种自定义下优化手段难以在 Pregel 中实现。

③ 可拓展性　在 MapReduce 和 Pregel 中，用户必须遵循预定义的编程模型（例如 map-reduce 模型和以顶点为中心的模型），而在 epiC 中，用户可以设计其定制的编程模型。我们将展示如何在 epiC 中实现 MapReduce 模型和关系模型。因此，epiC 为处理并行作业提供了更为通用的平台。

6.4.3　模型抽象

epiC 抽象了两种特征下的模型，分别为并发编程模型与数据处理模型。并发编程模型定义了一组抽象（即接口），用于用户指定由独立计算单元和这些计算单元间的依赖关系所组成的并行计算任务。数据处理模型定义了一组用于指定数据处理操作的抽象。图 6-26 显示了 epiC 的程序栈。用户使用扩展名编写数据处理程序。epiC 的每个扩展提供了一个具体的数据处理模型（例如，MapReduce 扩展提供了 MapReduce 编程接口）和辅助代码（在图 6-26 中显示为桥），用于在 epiC 的公共并行即时运行系统中写入的程序。

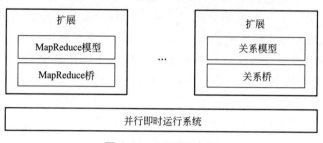

图 6-26　epiC 程序栈

数据处理模型的选择是某个特定领域中的问题。例如，MapReduce 模型最适合处理非结构化数据，关系模型最适合于结构化数据，图模型最适合图数据。常见的需求是基于这些模型编写的程序需要被并行化。由于大数据本质上是多结构的，需要为常见的运行框架构建一个类似 Actor 的并发编程模型，并为用户提供 epiC 扩展，以便为每种数据类型指定特定于该模型域的数据操作。在上一小节中，我们介绍了 epiC 的基本编程模型，而在本小节中，我们将重点介绍两种自定义的数据处理模型——MapReduce 模型和关系模型，以及如何在 epiC 上实现它们。

（1）MapReduce 模型扩展

首先考虑 MapReduce 框架，并将其扩展到使用 epiC 的运行时框架。MapReduce 数据处理模型由两个接口组成：

$$map(k1,v1) \rightarrow list(k2,v2)$$
$$reduce(k2,list(v2)) \rightarrow list(v2)$$

MapReduce 扩展重用了 Hadoop 中的类似接口和其他重要的功能函数（如分区）的实现。本小节仅介绍在 epiC 上运行的 MapReduce 程序以及优化手段下的辅助功能支持，显然这些功能在 Hadoop 中是不被支持的。

① 一般抽象类型　在 epiC 上运行 MapReduce 非常简单。首先将 map() 函数置于 map 单元中，在 reduce 单元中放置 reduce() 函数。然后，实例化 M 个 map 单位和 R 个 reduce 单位。主网络为每个 map 和 reduce 单元分配一个唯一的命名空间。在最简单的情况下，单元的命名的地址内容类似"x@MapUnit"和"y@ReduceUnit"，其中 $0 < x < M$、$0 < y < R$。

基于命名空间，MapUnit 加载一个输入数据的分区，并采用自定义的 map

函数来处理它。处理结果是一组键值对。在这里，需要一个分区函数来将键值对分割成多个 HDFS 文件。根据应用程序的要求，分区函数可以选择按键对数据进行排序。默认情况下，分区只是应用哈希函数生成 R 文件，并为每个文件分配命名空间。HDFS 文件的元数据构成一个发送到主网络的消息，而消息的收件者则被指定为所有的 ReduceUnit。

之后，主网络从所有 MapUnit 处收集消息，并将其广播到 ReduceUnit。当 ReduceUnit 启动时，它加载与它共享相同命名空间的 HDFS 文件。如果结果需要排序，则需要进行合并排序。此后调用自定义的 reduce() 函数来生成最终结果。

```
class Map implements Mapper {
void map(){
}
}
class Reduce implements Reducer {
void reduce(){
}
}
class MapUnit implements Unit {
void run(LocalRuntime r,Input i,Output o){
Message m=i.getMessage();
InputSplit s=m[r.getNameAddress()];
Reader reader=new HdfsReader(s);
MapRunner map=new MapRunner(reader,Map());
map.run();
o.sendMessage("*@ReduceUnit",map.getOutputMessage());
}
}
class ReduceUnit implements Unit {
void run(LocalRuntime r,Input i,Output o){
Message m=i.getMessage();
InputSplit s=m[r.getNameAddress()];
Reader in=new MapOutputReader(s);
ReduceRunner red=new ReduceRunner(in,Reduce());
red.run();
}
}
```

需要强调的是，epiC 的设计决策在解耦数据处理模型和并发编程模型时具有优势。假设想要将 MapReduce 编程模型扩展到 Map-Reduce-Merge 编程模型[3]，需要做的仅仅是添加一个新的单元 mergeUnit，并修改 ReduceUnit 中的代码，将消息发送到主网络以声明其输出文件。与这种非侵入型方案相比，Hadoop 需要对其运行时系统进行巨大改变，以支持相同的功能[3]，因为 Hadoop 将数据处理模型与并发编程模型做了绑定。

② MapReduce 的优化　除了类似于 Hadoop 的基本 MapReduce 实现之外，还可以为 map 单元添加一个用于数据处理的优化。map 单元上的计算是 CPU 密集型而非 I/O 密集型的，较高的 CPU 开销来自于最终的排序阶段。

由于 MapReduce 需要 reduce() 函数来按照递增的顺序处理键值对，所以 map 单元需要对中间键值对进行排序。MapReduce 中的排序的代价是较大的，原因在于：排序算法（即快速排序）本身是 CPU 密集型的；数据反序列化成本是不可忽略的。采用两种技术能够改进 map 单元的排序性能：顺序保留序列化；高性能的字符串排序（如突发排序）。

定义 6.4：对于数据类型 T，顺序保留序列化是将变量 $x \in T$ 串行化为字符串 s_x 的编码方案，其中，对于任何两个变量 $x \in T$ 和 $y \in T$，如果 $x < y$，则 $s_x < s_y$ 在字符串字典顺序中成立。

换言之，顺序保留序列化方案序列化键，以便可以通过直接排序其序列化字符串（字符串字典顺序）来排序键，而无需反序列化。需要注意的是，顺序保留序列策略在所有 Java 内置数据类型都存在。

可以采用 burst 排序算法对序列化字符串进行排序，它专门用于排序大型字符串集合，并且比其他方法有更快的运行速度。burst 排序技术通过两次遍历进行字符串集合的排序。在第一次遍历中，算法处理每个输入字符串，并将每个字符串的指针存储在 burst 字典树中的叶节点（桶）中。Burst 字典树有一个非常好的属性特点，即所有的叶节点（桶）都是有序的。因此，在第二次遍历中，算法按顺序处理每个桶，此时可应用标准排序技术，例如对字符串进行快速排序，进而产生最终结果。原始的 burst 排序需要大量额外的内存来保存字典树结构，因此不能很好地扩展到非常大的字符串集合。可以采用一种内存高效的 burst 排序实现，对每个键的输入只需要两位的额外空间。还可使用多键快速排序算法对驻留在同一个桶中的字符串进行排序。

结合了两种技术（即顺序保留序列化和 burst 排序技术）的排序方案相比 Hadoop 系统中的快速排序方案，实现了 3～4 倍的性能提升。

（2）关系模型拓展

如前所述，对于结构化数据，关系数据处理模型是最为适合的。像 MapReduce 扩展一样，我们可以在 epiC 之上实现关系模型。

① 一般抽象　目前，关系模型中定义了三个核心单元（分别为 SingleTable-

Unit、JoinUnit 和 AggregateUnit）。它们能够处理非嵌套的 SQL 查询。SingleTableUnit 处理仅涉及单个表分区下的查询。JoinUnit 从两个表中读取分区，并将它们合并到连接表的一个分区中。最后，AggregateUnit 收集不同组的分区，并计算每个组的聚合结果。这些单位的抽象如下所示。

```
class SingleTableQuery implements DBQuery {
    void getQuery(){
    }
}
class JoinQuery implements DBQuery{
    void getQuery(){
    }
}
class AggregateQuery implements DBQuery{
    void getQuery(){
    }
}
class SingleTableUnit implements Unit{
    void run(LocalRuntime r,Input i,Output o){
        Message m＝i.getMessage();
        InputSplit s＝m[r.getNameAddress()];
        Reader reader＝new TableReader(s);
        EmbededDBEngine e＝
            new EmbededDBEngine(reader,getQuery());
        e.process();
        o.sendMessage(r.getRecipient(),
                e.getOutputMessage());
    }
}
class JoinUnit implements Unit {
    void run(LocalRuntime r,Input i,Output o){
        Message m＝i.getMessage();
        InputSplit s1＝m[r.getNameAddress(LEFT\_TABLE)];
        InputSplit s2＝m[r.getNameAddress(RIGHT\_TABLE)];
        Reader in1＝new MapOutputReader(s1);
        Reader in2＝new MapOutputReader(s2);
        EmbededDBEngine e＝
            new EmbededDBEngine(in1,in2,getQuery());
        e.process();
```

```
        o.sendMessage(r.getRecipient(),
                e.getOutputMessage());
    }
}
class AggregateUnit implements Unit{
    void run(LocalRuntime r,Input i,Output o) {
        Message m=i.getMessage();
        InputSplit s=m[r.getNameAddress()];
        Reader in=new MapOutputReader(s);
        EmbededDBEngine e=
            new EmbededDBEngine(in,getQuery());
        e.process();
    }
}
```

在每个单元中，都嵌入了一个自定义查询引擎，它可以处理单表查询、连接查询和聚合查询。在单元抽象中并没有指定每个消息的接收者，必须由用户根据不同的查询而实现，但是提供一个能够自动填充（消息）接收者的查询优化器。为了说明用户如何采用上述关系模型来处理查询，考虑以下查询（TPC-H Q3 的变体）：

```
SELECT l_orderkey,sum(l_extendedprice * (1-l_discount))
    as revenue,o_orderdate,o_shippriority
FROM customer,orders,lineitem
WHERE c_mktsegment=':1'and c_custkey=o_custkey
    and l_orderkey=o_orderkey and o_orderdate
    <date':2'and l_shipdate>date':2'
Group By o_orderdate,o_shippriority
```

图 6-27～图 6-31 展示了 epiC 中 Q3 的处理过程。在步骤 1（图 6-27）中，三种 SingleTableUnits 分别开始处理 Lineitem、Orders 和 Customer 的 select/project 操作。需要注意的是，这些 SingleTableUnits 运行相同的代码，唯一的区别是它们的名字地址和所处理的查询。运行的结果将被写回存储系统（HDFS或分布式数据库）。相应文件的元数据被转发给 JoinUnits。

步骤 2 和步骤 3（图 6-28 和图 6-29）应用散列连接方法处理数据。在以前的 SingleTableUnits 中，输出数据由连接键分隔，所以 JoinUnit 可以有选择地加载配对的分区来执行连接。

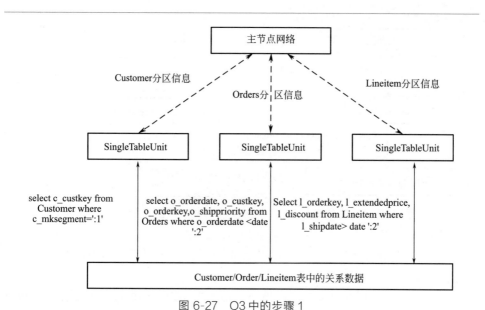

图 6-27 Q3 中的步骤 1

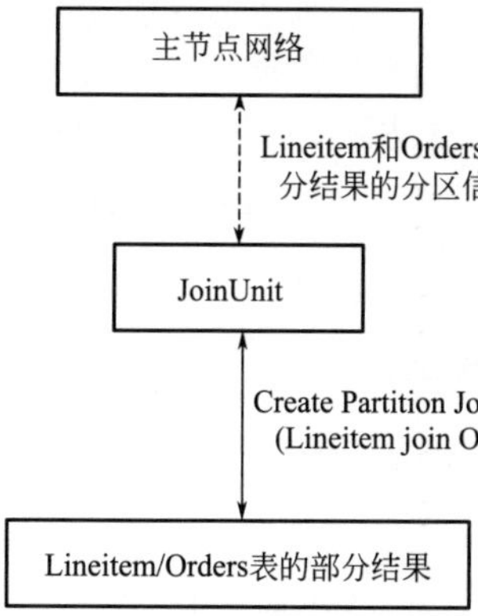

图 6-28 Q3 的步骤 2 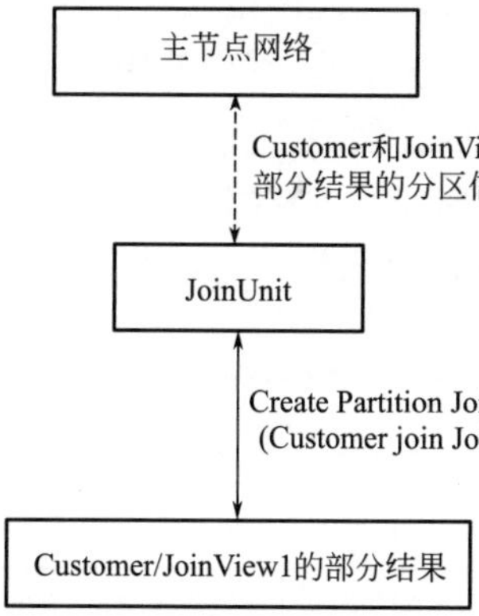　　　　　　图 6-29 Q3 的步骤 3

最后，步骤 4（图 6-30）对两个属性执行组操作。由于连接结果被划分为多个块，一个 SingleTableUnit 只能为自己的块生成分组结果。为了产生完整的分组结果，需要合并不同的 SingleTableUnits 生成的组。因此，在步骤 5（图 6-31）中，一个 AggregateUnit 需要加载由同一组的所有 SingleTableUnits 生成的分区，以计算最终的聚合结果。

上述关系模型简化了查询处理，因为用户只需考虑如何通过三个单元对表进行分区。此外，它还提供了灵活的自定义优化手段。

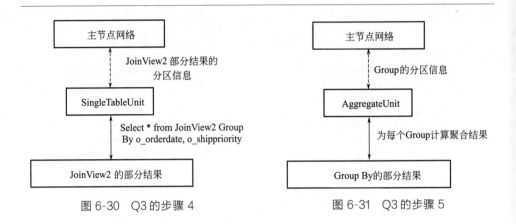

图 6-30　Q3 的步骤 4　　　　　　　图 6-31　Q3 的步骤 5

② 关系模型的优化　epiC 上的关系模型可以在单元层和作业层两层上进行优化。

在单元层中，用户可以自适应地组合单元来实现不同的数据库操作，甚至可以编写自己的单元（如 ThetaJoinUnit）来扩展模型功能。在本节中，我们以 euqi-join 为例来说明此模型的灵活性。图 6-32 展示了 epiC 中如何实现基本的平等连接操作（$S \bowtie T$）。首先使用 SingleTableUnit 来扫描相应的表，并通过连接键对表进行分区，然后 JoinUnit 加载相应的分区以生成结果。事实上，同样的方法也用于处理 Q3。通过使用步骤 1 中的键对表进行分区（图 6-27）。故以下 JoinUnits 可以正确地执行连接操作。

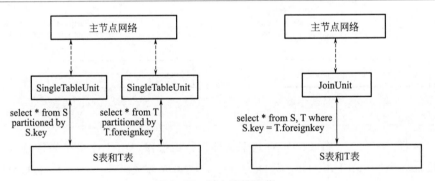

图 6-32　基本连接操作

然而，如果 S 中的大多数元组与 T 的元组不匹配，则半连接是一种更好的能够减少开销的方法。图 6-33 说明了这个观点，第一个 SingleTableUnit 扫描表 S，并且只输出键作为结果，键在下一个 SingleTableUnit 中用于过滤 T 中不能与 S 连接的元组。中间结果与最后一个 JoinUnit 中的 S 连接以产生最终结果。

如示例所示，在使用了该关系模型后，可以高效地实现半连接操作。

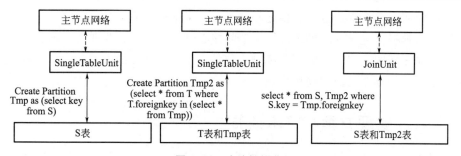

图 6-33　半连接操作

在作业层中，查询优化器可以将 SQL 查询转换为 epiC 作业。用户可以利用优化器来处理查询，而不是自己编写关系模型的代码。优化器作为传统的数据库优化器，它首先为 SQL 查询生成运算符表达式树，然后将运算符分组到不同的单位。单元之间的消息流也基于表达式树生成。为了避免错误的查询计划，优化器根据直方图估计单元的开销（目前只考虑 I/O 开销）。优化器将遍历表达式树的所有变量，并选择具有最小估计成本的变量。相应的 epiC 作业被提交给处理引擎执行。图 6-34 显示了表达式树如何划分为 Q3 的单位。

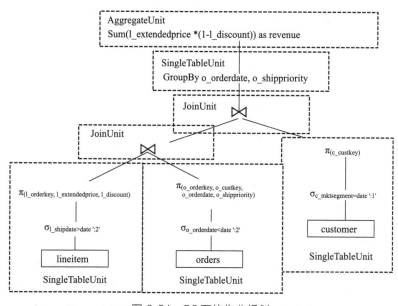

图 6-34　Q3 下的作业规划

查询优化器作为 MapReduce 或 Nephele 中 PACTs 编译器的 AQUA。但在 epiC 中，单元之间的有向无环图并不适用于 Nephele 中的数据洗牌。相反，单元之间的所有关系都通过消息传递和命名空间来维护。而所有单元直接从存储系统中取出数据。此设计遵循 Actor 模型的核心概念，其优点罗列为三项：a.减少维护有向无环图的开销；b.简化模型，使每个单元以孤立的方式运行；c.该模型更灵活地支持复杂的数据操作作业（同步或异步）。

6.4.4 实现方案与技术细节

尽管 epiC 重用了一些 Hadoop 代码来实现 MapReduce 扩展，但它依然是从头使用 Java 语言进行编写的。下面介绍 epiC 的内部构造。

类似 Hadoop、epiC 被部署在与交换式以太网连接的商用机器所组成的无共享集群中。它旨在处理存储在任何数据源（如数据库或分布式文件系统）中的数据。epiC 软件主要由三个组成部分组成：master 进程、worker tracker 进程以及 worker 进程。epiC 的架构如图 6-35 所示。epiC 采用单主机（该主机与主网络中的服务器不同，主要负责路由消息和命名空间的维护工作）多从机架构。epiC 集群中只有一个主节点，运行主守护进程。master 的主要功能是命令 worker tracker 执行作业工作。主机还负责管理和监控集群的运行状况。Master 运行一个 HTTP 服务器，它承载人类消费的状态信息。它通过远程过程调用（remote procedure call，RPC）与 worker tracker 进程和 worker 进程进行通信。

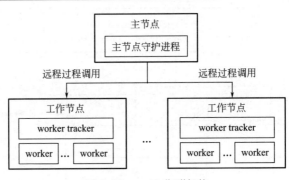

图 6-35　epiC 集群架构

epiC 集群中的每个从节点都会运行一个 worker tracker 守护进程。worker tracker 管理一个 worker 进程池，这是一个拥有固定工作数的进程，用于运行单元。每个单元都运行在单个 worker 进程中。我们采用这种"池"过程型的模型，而不是根据需求开启工作流程的按需过程模型，其中的原因有两点：第一，预先启动一个 worker 进程池减少了作业执行的启动延迟，这是因为启动一个全新的 Java 进程将引入非常高的启动成本（通常为 2～3s）；第二，最新的 HotSpot Java 虚拟机（JVM）采用即时（just-in-time，JIT）编译技术，将 Java 字节代码逐步编译成本机代码，以获得更好的性能。为了充分释放 HotSpot JVM 的强大功能，必须长时间运行 Java 程序，以便程序中的每个热点代码段（一段执行高代价计算任务的代码段）都可以由 JIT 编译器进行编译。因此，一个始终运作的 worker 进程是最适合此目的的。

在这里，我们将重点介绍两个最重要部分的实现，分别为 TTL RPC 以及容错机制。

（1）TTL RPC

标准 RPC 方案采用客户端-服务器、请求-应答模式来处理 RPC 调用。在此方案中，客户端向服务器发送 RPC 请求。服务器处理此请求并向其客户端返回求得的结果。例如，当一项任务完成时，worker tracker 将向主机执行一个 RPC 请求 taskComplete（taskId），报告完成的任务标识。master 将执行请求，更新其状态，并向 worker tracker 作出响应。

这类请求-应答的模式对于客户端向服务器进行连续信息查询而言是较为低效的。考虑任务分配的例子，因为主机托管所有任务信息，而且 worker tracker 进程并不知道是否有挂起的任务，因此为了获得一个新的执行任务，worker tracker 必须定期对主机执行 getTask 下的 RPC 调用。由于用户可以在任意时间点提交作业，而任务仅在固定时间点进行分配，因此这种定期拉动式的策略对作业启动所引入的延迟可忽略不计。假设 worker tracker 在 t_0 时刻进行了一项查询新任务，且查询的间隔为 T，那么所有在 $t_1 > t_0$ 时刻提交的作业任务将延迟到 $t_0 + T$ 时刻方才进行任务分配。

由于连续查询服务器端信息是 epiC 中的常见通信模式，因此 epiC 开发了一种新的 RPC 方案，以消除为进行低延迟数据处理而进行的连续 RPC 呼叫中的延迟时间。

该方法称为 TTL RPC，通过将每个 RPC 调用与用户指定的生存时间（time to live，TTL）参数 T 相关联，它是标准 RPC 方案的扩展。TTL 参数 T 记录了没有结果从服务器返回的情况下 RPC 可以在服务器上生存的时间；当 TTL 到期时，RPC 被认为已被服务。例如，假设我们调用 getTask()，设定 $T = 10s$，当没有任务分配时，master 将最多持续 10s 的呼叫请求，而不是立即返回一个空任务。在此期间，master 如果发现任何待处理的任务（如由于新作业的提交），就会对提出呼叫请求的 worker tracker 返回一项新任务。否则，如果 10s 过后仍然没有新任务的分配，master 将向 worker tracker 返回一个空任务。标准的请求回复 RPC 可以通过设置 $T = 0$ 来实现，此时即为不活跃（状态）。

epiC 使用双重评估方案来处理 TTL-RPC 调用。当服务器收到一个 TTL-RPC 请求 C 时，它通过将其作为标准 RPC 调用来对 C 进行一次初始评估。如果此初始评估不返回任何内容，则服务器将 C 放入挂起的列表中。TTL-RPC 呼叫将在待处理列表中最多保留 T 时间。服务器对 C 进行二次评估，如果 C 查询中的信息有所更改，或是 T 时间已过，二次评估的结果作为最终结果返回给客户端。使用 TTL-RPC，客户端可以连续地在一个循环中对服务器进行 RPC 调用而不需要间隔时间，从而实时地接收服务器端信息。我们发现 TTL-RPC 显著提高了轻负载任务的性能，并减小了启动的成本。

尽管 TTL-RPC 方案是对标准 RPC 方案的简单扩展，但 TTL-RPC 的实现对于经典 Java 网络编程中所采用的线程模型提出了一定的挑战。一个典型的 Java 网络程序采用单线程对应单请求的线程模型。当网络建立连接时，服务器首先从线程池拾取线程，然后从套接字中读取数据，最后执行适当的计算，并将结果写回给套接字。在客户端被服务之后，服务线程返回到线程池。此种单线程对应单请求的线程模型能够与标准 RPC 有较好的通信工作。但是，由于 TTL RPC 请求在服务器上将保持很长时间（通常我们设定 $T = 20 \sim 30s$），因此它相对于 TTL RPC 方案而言并不合适。当多个 worker tracker 向 master 发出 TTL RPC 调用请求时，单线程对应单请求的线程模型会产生大量挂起的线程，从而迅速耗尽线程池中资源，从而使 master 无法及时响应。

epiC 使用了一个流水线线程模型来解决上述问题。流水线线程模型使用一个专用的线程来执行网络 I/O（即从套接字读取请求并向其写入结果），使用一个线程池来执行 RPC 调用。当网络 I/O 线程接收 TTL RPC 请求时，它通知服务器并确保已建立的连接被打开。然后，服务器从线程池中获取服务线程并执行初始评估。在初始评估后，服务线程将返回到线程池，无论初始评估是否生成了结果。如果可能，服务器将从线程池重新获取线程以便进行二次评估，并且通过发送二次评估的结果来通知网络 I/O 线程去完成客户端请求。使用流水线线程模型，没有线程（服务线程或网络 I/O 线程）将在处理 TTL RPC 调用期间被挂起，因此，该线程模型可扩展到上千个并发下的 TTL RPC 调用。

（2）容错机制

像所有单主节点的集群架构一样，epiC 在设计中具有对大规模从机故障的弹性容错机制。epiC 将从机的故障视为该从机与主机间的一种网络分隔。为了检测到这种故障，master 进程与各个运行在从机上的 worker tracker 进程间通过心跳 RPC 进行通信，如果 master 进程多次无法从 worker tracker 进程处接收到心跳信息，则它（master）会将该 worker tracker 进程标记为死亡状态，并将运行该 worker tracker 进程的机器标记为"失败"状态。

当一个 worker tracker 进程被标记为死亡状态时，master 将确定是否需要恢复该 worker tracker 进程所处理的任务。假设用户将 epiC 作业的输出保存在可靠的存储系统（如 HDFS 或数据库）中。而所有已经完成的终端任务（即终端组中的任务托管单元）不需要被再度恢复，只需恢复正在进行的终端任务以及所有非终端任务（无论它是否已完成或正在被执行）。

epiC 使用任务再执行策略来实现任务的恢复，并且采用异步输出备份方案来加快恢复过程。任务再执行的策略在概念上非常简单，但是为了能够使它奏效，需要在基本设计上进行一些精巧的设计。而这其中存在的问题是：在某些情况下，系统可能无法找到能够重新运行故障任务的空闲 worker 进程。

例如，我们可以考虑一个由三个单元组（一个 map 单元组 M，和两个 reduce 组 R_1、R_2）所组成的用户作业。M 的输出被 R_1 处理，R_1 的输出则进一步被 R_2 处理，而终端单元组用于产生最终输出。epiC 通过分别将 M、R_1 和 R_2 这三个单元组各自置于 S_1、S_2 和 S_3 三个阶段中来评估此项作业。系统首先启动 S_1 和 S_2 中的任务。当 S_1 完成任务时，系统将在 S_3 中启动任务，同时将对从 S_1 到 S_2 的数据进行洗牌。

假设此时，某一 worker tracker 的宕机引起了任务 $m(m \in M)$ 输出的丢失，主机将无法找到空闲的工作进程来重启该失败任务。这是因为，所有 worker 进程都运行着 S_2 和 S_3 中的任务，并且 m 所造成的数据缺失将导致 S_2 中所有任务被停止，因而没有 worker 进程可以完成并返回到空闲状态。

epiC 引入一种抢占调度方案来解决上述死锁问题。如果任务 A 无法获取任务 B 生成的数据，则任务 A 将通知主机，并将其状态更新为：in-stick（状态）。如果主机不能在给定的时间内找到重新恢复失败任务的空闲 worker 进程，则它会通过向相应 worker tracker 发送 killTask() RPC 请求的方式，来终止那些处于 in-stick 状态的任务。worker tracker 在接到任务终止请求后，随即终止那些 in-stick 状态下的任务，并释放相应的工作进程。最后，master 将那些已被终止的 in-stick 进程标记为失败，并将它们添加到失败的任务列表中进行调度。因为 epiC 基于阶段顺序来执行任务，因此抢占调度方案解决了死锁的问题。被发布的 worker 进程将首先执行之前失败的任务，再执行那些已被终止的 in-stick 状态的任务。

重新执行操作是恢复那些执行中任务的唯一方法。对于完成的任务，还可采用任务输出备份策略进行恢复。该方案的工作原理如下：master 定期地通知 worker tracker 将完成的任务输出上传到 HDFS。当主机检测到 worker tracker W_i 失败时，它首先命令另一个活跃的 worker trackerW_j 下载 W_i 完成的任务输出，然后通知所有正在进行的任务，W_j 将对 W_i 的任务输出进行服务处理。

将数据备份到 HDFS 将会消耗网络带宽。因此，只有当输出备份可以比任务再执行恢复机制有着更好的性能时，master 才会决定将完整的任务输出进行备份。为了做出这样的决定，对于完成的任务，master 预估了两个期望的执行时间：E_R 和 E_B，其中 E_R 为采用任务再执行方案下所期望的执行时间，E_B 为当选择输出备份策略时所期望的执行时间。E_R 和 E_B 可由下面两式求得：

$$E_R = T_t P + 2T(1-P) \tag{6-1}$$

$$E_B = (T_t + T_u)P + T_d(1-P) \tag{6-2}$$

上式中，P 表示在作业执行期间 worker tracker 处于有效状态的概率；T_t 是任务 t 的执行时间；T_u 是将输出上传到 HDFS 的时延；T_d 是从 HDFS 下载输出的时延。T_t、T_u 和 T_d 这三个参数比较容易收集与估计。而参数 P 则根据 worker tracker 在某天内有效的概率进行估算。

算法 6.1：生成要备份的已完成任务列表

Input:包含 worker tracker 的列表 W
Output:需要备份的任务列表 L
1:for each worker tracker w ∈ W do
2:　　T←执行完毕的任务列表 w
3:　　for 已完成的任务 t∈ T do
4:　　　　if EB(t)< ER(t)then
5:　　　　　　L←L∪{t}
6:　　　　end if
7:　　end for
8:end for

---

master 采用算法 6.1 来确定哪些已被完成的任务需要被备份。master 遍历每个 worker tracker（第 1 行），对于各 worker tracker，master 获取它的完成任务的列表（第 2 行），然后对于完成任务列表中的每个任务，master 计算 E_B 和 E_R，并在 $E_B < E_R$ 时将任务 t 添加到结果列表 L 中（第 4 行到第 5 行）。

6.4.5　实验

下面对 epiC 在进行不同类型数据处理任务时的性能进行评估，其中包括非结构化数据处理、关系数据处理和图数据处理。将 epiC 与 Hadoop 进行基准测试，前者是 MapReduce 的开源实现，用于处理非结构化数据（即文本数据）和关系数据以及 GPS[15]，后者是用于图处理的 Pregel[12] 的开源实现。同时还对关系数据进行了额外的实验，用两个新的内存数据处理系统（即 Shark 和 Impala）对 epiC 进行基准测试。所有的实验结果为 6 次测试运行所得的平均结果。

（1）基准测试环境

本实验在室内集群中进行，该集群由两个机架上所包含的 72 个节点组成。

在同一机架上的节点通过 1Gb/s 交换机连接，机架间则通过 10Gb/s 集群交换机进行连接。每个集群节点配备了四核 Intel Xeon 2.4GHz CPU、8GB 内存和两个 500GB SCSI 磁盘。Hdparm utility 显示磁盘的缓冲读取吞吐量大约为 110MB/s。但是由于 JVM 的运行代价，Java 测试程序读取本地文件的速度只能达到 70～80MB/s。

72 个节点中的 65 个点用于基准测试。在这个 65 节点的集群中，其中一个节点作为主节点，用于控制运行 Hadoop 的 NameNode 程序、JobTracker 守护程序、GPS 服务器节点以及 epiC 的主控后台程序。在可扩展性的基准测试上，我们尝试将节点（slave node）的数量从 1、4、16 逐渐增大到 64。

（2）系统设置

在实验中，三个系统的配置如下。

① Hadoop 的设置由两部分组成：HDFS 设置和 MapReduce 设置。在 HDFS 设置中，块大小设置为 512MB。此设置可以显著降低 Hadoop 调度 MapReduce 任务的成本。同时我们将 I/O 缓冲区大小设置为 128KB，将 HDFS 的复制因子设置为一个（即无复制）。在 MapReduce 设置中，每个从站（slave）都配置为运行两个并发映射（concurrent map）和 reduce 任务。JVM 以服务器模式运行，堆内存最大设置为 1.5GB。map 任务排序缓冲区的大小为 512MB。将合并（merge）因子设置为 500，并关闭投机调度。最后，将 JVM 重用次数设置为 -1。

② 对于 epiC 中的每个 worker tracker，将 worker 进程池的大小设置为 4。在 worker 进程池中，有两个是当前进程（运行当前单元的进程），其余两个进程为附加的 worker 进程。与 Hadoop 的设置类似，每个进程都有 1.5GB 内存。对于 MapReduce 扩展，我们将突发排序（burst sort）的桶（bucket）大小设置为 8192 个键。

③ 对于 GPS，我们采用默认的系统设置，因此无需进一步调整。

（3）基准测试任务和数据集

① 基准测试任务　基准测试由四个任务组成：Grep、TeraSort、TPC-H Q3 和 PageRank。Grep 任务和 TeraSort 任务在原始 MapReduce 论文中提供，用于演示使用 MapReduce 处理非结构化数据（即纯文本数据）的可扩展性和效率。Grep 任务要求我们检查输入数据集的每个记录（即一行文本字符串）和输出包含特定模式字符串的所有记录。TeraSort 任务需要系统按升序排列输入记录。TPC-H Q3 任务是 TPC-H 基准测试中的标准基准查询。PageRank 算法[13] 是迭代图处理算法。建议读者查阅文献［13］，了解算法的细节。

② 数据集　根据 Google 的 MapReduce 论文生成了 Grep 和 TeraSort 数据

集。生成的数据集由 N 个固定长度的记录组成。每个记录是一个字符串，占用输入文件中的一行，前 10 个字节作为一个键，剩余的 90 个字节作为一个值。在 Grep 任务中，需要在值部分和 TeraSort 任务中搜索模式，同时需要根据其密钥对输入记录进行排序。Google 使用每个节点设置 512MB 数据生成数据集。然而，由于 HDFS 块大小为 512MB，因此采用每节点设置 1GB 的数据。因此，对于 1、4、16、64 节点集群，对于每个任务（Grep 和 TeraSort），生成四个数据集：1GB、4GB、16GB 和 64GB，且每个数据集对应一个集群的设置情况。

使用 TPC-H 基准测试附带的 dbgen 工具生成 TPC-H 数据集。遵循 Hive 下的基准测试，Hive 是建立在 Hadoop 之上的 SQL 引擎，并且每个节点生成 10GB 数据。关于 PageRank 任务，使用来自 Twitter 的真实数据集。用户配置文件从 2009 年 7 月 6 日至 7 月 31 日收集。实验中选择 800 万个顶点及其边缘来构建图表。

（4）Grep 任务

图 6-36 和图 6-37 显示了使用 epiC 和 Hadoop 分别执行冷（cold）文件系统缓存和热（warm）文件系统缓存设置的 Grep 任务的性能。

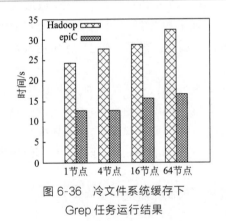

图 6-36　冷文件系统缓存下
Grep 任务运行结果

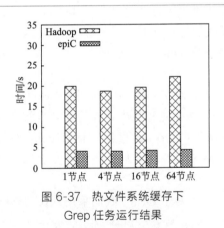

图 6-37　热文件系统缓存下
Grep 任务运行结果

在冷文件系统缓存设置（图 6-36）中，epiC 在所有集群设置中运行速度比 Hadoop 快两倍。epiC 和 Hadoop 之间的性能差距主要是由于启动成本。Hadoop 的大量启动成本来自两个因素：第一，对于每个新的 MapReduce 工作，Hadoop 必须启动全新的 Java 进程来运行 map 任务和 reduce 任务；第二，也是最重要的因素，Hadoop 采用 RPC 引入的低效率的拉动机制。在 64 节点集群中，拉动 RPC 大约需要 10～15s，Hadoop 将任务分配给所有的空闲 map 插槽。然而，epiC 使用进程池技术来避免启动用于执行新作业的 Java 进程，并采用 TTL RPC 方案进行实时分配任务。Google 最近还采用了进程池技术来减少 MapReduce 的启动延迟。然而从这个任务测试分析看来，除了汇总技术之外，高效的 RPC 也很重要。

在 warm 文件系统缓存设置（图 6-37）中，epiC 和 Hadoop 之间的性能差距甚至更大，达 4.5 倍。Hadoop 的性能并不会受益于 warm 文件系统缓存，即使在 warm 缓存设置中，数据也是从快速缓存中读取，而不是慢磁盘，Hadoop 的性能仅提高了 10%。这个问题的原因是 RPC 引起的低效任务分配。另一方面，epiC 在这个设置中完成 Grep 任务只需要 4s，比在 cold 缓存设置中执行相同的 Grep 任务快三倍。这是因为 epiC 在执行 Grep 任务时的瓶颈是 I/O。在 warm 缓存设置中，epiC Grep 作业可以从内存而不是磁盘中读取数据，因此其性能逐渐趋于最优。

（5）TeraSort 任务

图 6-38 和图 6-39 展示了两个系统（epiC 和 Hadoop）在两个设置（即 warm 和 cold 缓存）下执行 TeraSort 任务的性能。epiC 在两个因素方面下的性能完胜 Hadoop。这种性能差异有两个原因：①Hadoop 的 map 任务是 CPU 绑定。平均来说，map 任务大约需要 7s 从磁盘读取数据，然后大约需要 10s 来分类中间数据。最后，需要另外 8s 将中间数据写入本地磁盘。排序约占 map 执行时间的 50%。②由于拉式 RPC 性能不佳，map 任务的通知不能及时传播到 reduce 任务。因此，map 完成和 reduce 洗牌（shuffling）之间存在明显的差距。

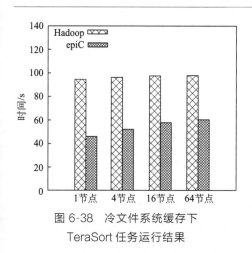

图 6-38　冷文件系统缓存下
TeraSort 任务运行结果

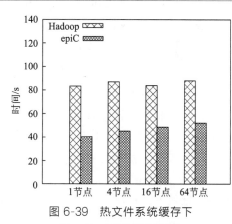

图 6-39　热文件系统缓存下
TeraSort 任务运行结果

然而，epiC 没有这样的瓶颈。配备了 order-preserving 编码和突发排序技术，epiC 可以在平均 2.1s 的时间内分类中间数据，大概比 Hadoop 快 5 倍。此外，epiC 的 TTL RPC 方案可以启动 reduce 单位接收 map 完成通知。epiC 能够比 Hadoop 早 5~8s 启动洗牌操作（shuffling）。

与在 cold 缓存设置中的性能（图 6-38）相比，epiC 和 Hadoop 在 warm 缓存设置中的运行速度并没有快很多（图 6-39），最多有 10% 的提高。这是因为由磁盘扫描数据并不是 TeraSort 任务执行的瓶颈。对于 Hadoop，性能的瓶颈在于 map-side sorting 和数据 shuffling。对于 epiC，map 单元的瓶颈是将中间数据存留于磁盘，而 reduce 单元的性能瓶颈则集中于 shuffling。我们计划通过构建用于保存和 shuffling 中间数据的内存中文件系统来消除 map 单位中的数据存留成本。

（6）TPC-H Q3 任务

图 6-40 中呈现了 epiC 和 Hadoop 在冷文件系统缓存下执行 TPC-H Q3 的运行结果。对于 Hadoop，我们首先使用 Hive 生成查询计划。然后，根据生成的查询计划，手动编写 MapReduce 程序来执行此任务。评估方案显示手动编码的 MapReduce 程序的运行速度比 Hive 的本地解释快 30%。MapReduce 程序由五部分作业组成：第一项作业将 customer 和 orders 进行连接操作并生成连接操作的结果 I_1。第二项作业在聚合、排序和限制其余三个作业执行的前 10 个结果后，将 I_1 与 lineitem 相加。epiC 的查询计划和单元实现已在前文中介绍过。

根据图 6-40，epiC 的运行速度比 Hadoop 快约 2~2.5 倍。这是因为 epiC 相比 Hadoop 使用更少的操作来进行查询评估（5 个单位对 5 个 maps 和 5 个 reduces），并采用异步机制运行单元。在 Hadoop 中 5 项作业顺序运行。因此，下行流（down stream）mappers 必须等待所有上行流（up stream）reducers 完成后才能开始工作。然而，在 epiC 中，down stream 单元不用等待上行流（up stream）单元完成就可以开始。

（7）PageRank 任务

本实验对三个系统在执行 PageRank 任务下的性能进行了比较。PageRank 算法的 GPS 实现与文献［12］相同。PageRank 算法的 epiC 实现由单个单元组成。Hadoop 实现包括一系列迭代作业。每个作业读取上一个作业的输出以计算新的 PageRank 值。类似于 epiC 的单位，Hadoop 中的每个 mapper 和 reducer 将处理一批顶点。在所有实验中，PageRank 算法在 20 次迭代后终止。图 6-41 给出了实验结果。我们发现所有系统都具有可扩展性。然而，在这三个系统中，epiC 有更好的加速优化。这是因为 epiC 采用基于消息传递的异步通信模式，而 GPS 需要同步处理节点，同时 Hadoop 会为每个作业重复创建新的 mapper 和 reducer。

（8）容错

最后的实验部分研究了 epiC 处理机器故障的能力。在这部分实验中，epiC

和 Hadoop 都用于执行 TeraSort 任务。在数据处理过程中，通过"终止"在这些机器上运行的所有守护进程（TaskTracker、DataNode 和 worker tracker）来模拟从机故障。HDFS 的复制因子设置为 3，因此 DataNode 岩机不会丢失数据。两个系统（epiC 和 Hadoop）都采用心跳进行故障检测。故障超时阈值设置为 1min。epiC 配置为采用任务重新执行方案进行恢复。该实验于 16 个节点集群启动。在工作完成进度达到 50％时模拟 4 台机器故障。

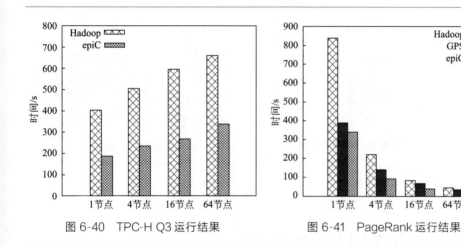

图 6-40　TPC-H Q3 运行结果　　　　图 6-41　PageRank 运行结果

图 6-42 展示了该部分的实验结果。可以看出，机器故障减慢了数据处理速度。当 25％的节点出现故障时，epic 和 Hadoop 都会经历 2 倍的衰减（HNormal 和 E-Normal 分别表示 Hadoop 和 epiC 的正常执行时间，H-Failure 和 E-Failure 分别表示其发生机器故障时的执行时间）。

（9）与内存系统的比较

实验还使用两个新的内存数据库系统来评估 epiC：Shark 和 Impala。由于 epiC 是设计为基于磁盘的系统，而 Shark 和 Impala 是基于内存的系统，因此性能比较仅用于表示 epiC 的效率。

在实验中，由于 Shark 和 Impala 采用内存数据处理策略，并要求整个工作集（在数据处理期间生成的原始输入和中间数据）都位于内存中，因此无法在每节点 10GB 设置的系统中运行 Q3 系统。因此，实验将数据集减少到每个节点 1GB。Shark 使用 Spark 作为其底层数据处理引擎。实验根据手册将 Spark 的工作记忆设置为 6GB。由于 Impala 可以自动检测可用内存来使用，所以不会进一步调整。Hadoop 和 epiC 的设置与其他实验中相同。

图 6-43 给出了该实验的结果。在单节点设置中，Shark 和 Impala 都胜过 epiC，这是因为前两个系统将所有数据保存在内存中，而 epiC 需将中间数据写

入磁盘。然而，在多节点设置中，这种性能差距便消失了。这是因为在这些设置中，所有系统都需要在节点间 shuffle 数据，从而网络成为瓶颈。数据洗牌（shuffling）的成本抵消了 Shark 和 Impala 带来的内存处理的优势。

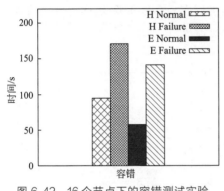

图 6-42　16 个节点下的容错测试实验

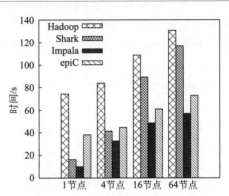

图 6-43　epiC 与其他系统在运行 TPC-H Q3 下的比较

6.5　群组查询处理技术

6.5.1　简介

互联网应用通常会产生巨量的活动数据，对这些数据加以分析，有助于深入理解用户行为，从而帮助商家增加销售额或是保留用户量。举个例子来说明，表 6-2 是某手机游戏的用户活动数据的部分样本，表中的每一行代表了一次用户行为和相关数据，例如 t_1 就表示的是 001 号玩家于 2013 年 5 月 19 日在澳大利亚使用 dwarf 角色开始了游戏。

为了对表中的用户行为加以分析，通常的做法是使用 SQL 查询语言中的聚集函数 GROUP BY。例如，如果想知道玩家在游戏中使用 gold（虚拟游戏货币）进行购物的趋势，可以用如下的 SQL 语句 Q_s 进行分析：

```
SELECT week,Avg(gold)as avgSpent
FROM GameActions
WHERE action="shop"
GROUP BY Week(time)as week
```

在样本数据集（表 6-2 所示的是该数据集的一部分）上运行上述的查询语句，就会得到表 6-3 的结果，其中的每一行代表所有用户每一周的平均消费 gold 数量。从该结果来看，用户消费水平有轻微的下降趋势，之后又有略微的回升，除此之外，就不能得到更多有用的信息了。

表 6-2　移动游戏活动表

t	player	time	action	role	country	gold
t_1	001	2013/05/19：1000	launch	dwarf	Australia	0
t_2	001	2013/05/20：0800	shop	dwarf	Australia	50
t_3	001	2013/05/20：1400	shop	dwarf	Australia	100
t_4	001	2013/05/21：1400	shop	assassin	Australia	50
t_5	001	2013/05/22：0900	fight	assassin	Australia	0
t_6	002	2013/05/20：0900	launch	wizard	USA	0
t_7	002	2013/05/21：1500	shop	wizard	USA	30
t_8	002	2013/05/22：1700	shop	wizard	USA	40
t_9	003	2013/05/20：1000	launch	bandit	China	0
t_{10}	003	2013/05/21：1000	fight	bandit	China	0

表 6-3　Q_s 查询结果

week	avgSpent
2013-05-19	50
2013-05-26	45
2013-06-02	43
2013-06-09	42
2013-06-16	45

然而，有两个因素是会影响到人们的行为的：一是年龄，人们的行为模式会随着年龄的增长而发生改变；二是社会环境，这也会影响人们的行为方式。在手机游戏案例中，玩家倾向于在游戏初期会买更多的武器装备，这就是"游戏年龄"对玩家行为的影响；在另一方面，当有新武器被开发并引进到游戏中时，玩家也会开始大量消费来获取新武器，这是社会环境改变所致的。在社会科学中，群组分析就是一种针对类似情况的数据分析手段，它能够分析在不断变化的社会环境中，年龄的增长对于人类行为的影响，从而得到一些有价值的结论。

社会学家使用群组分析来分析人类行为通常包含三个步骤：①将所有的用户分成不同的群组；②为用户行为确定年龄；③在每一个分组中进行聚集运算。与第一个步骤对应的是所谓的 cohort 操作，分组需要体现社会环境的变化。社会学家选取一个特定的用户行为 e（被称作 birth action），并根据每个用户第一次执行 e 行为的时间（该时间被称作 birth time）来将他们分到不同的群组中（每一个群组即一个 cohort）。这样一来，每个群组可以用与该群组的 birth time 对应的时间区间（一周或一个月）来表示，当用户所属的群组被确定之后，该用户的所有行为数据都被分配到该群组中。在第二个步骤中，社会学家在同一群组内根据"年龄"指标来对用户行为进一步分组，其目的在于分析年龄对行为的影响。某一用户行为 t 的"年龄"指的是该用户的 birth time 与它执行 t 行为之间的时间间隔。最后一步，就是对前两个步骤中分组之后的数据进行聚集运算。

在上述手机游戏的例子中，如果选取 launch 行为作为 birth action，使用一周的时间长度作为分组间隔大小，那么玩家 001 就被分配到 2013-05-19 群组中，因为该玩家第一次执行 launch 行为的时间落在该时间区间中。在每个组内按照年龄进一步分组，最后统计每个小的分组内的平均花费 gold 数量，得到表 6-4 的结果。

表 6-4　购物趋势的群组分析结果

cohort	age/weeks				
	1	2	3	4	5
2013-05-19(145)	52	31	18	12	5
2013-05-26(130)	58	43	31	21	
2013-06-02(135)	68	58	50		
2013-06-09(140)	80	73			
2013-06-16(126)	86				

对表 6-4 的每一行数据进行横向观察，可以发现，用户在游戏初期比游戏后期进行了更多的消费行为，这就是年龄对于用户行为的影响。如果把不同行的数据进行纵向比较，会得到与表 6-3 中消费水平下降不同的结论，从表 6-4 的第一行到第二行，同一列的消费数量增加了，这说明游戏的迭代开发成功地使其对用户保持着吸引力。这些结论是从表 6-3 的 OLAP 分析中所得不到的。

上面的这个例子表明，经典的群组分析对于研究用户保有量是十分有帮助的。通过比较不同群组中的用户行为，可以找到用户行为开始发生变化的时间点，再将其与该时间点发生的重大事件进行比对，就能推测出是哪些因素在影响着用户的行为。例如，互联网创业公司可以使用这种方法来研究产品的新功能对于用户获取量和用户保有量的影响；在线购物网站可以分析一个新的商品推荐算法是否有助于增加销售额。

然而，社会科学中使用的标准群组分析存在两大局限性。其一，社会科学研究通常是要在整个数据集上进行分析。这是由于他们使用的数据集通常比较小，并且是为了某一个群组分析工作而专门搜集的。这样，就没有办法提取一部分的数据来进行群组分析。虽然对部分数据的提取工作并不复杂，但是如果方法不当，可能会得到错误的分析结论。以表 6-2 的数据为例，如果选取 launch 作为 birth action，并且只想对时间在 2013 年 5 月 22 日之后的用户行为数据进行群组分析，通过数据提取，得到数据集 $\{t_5, t_8\}$。然而，无法直接在该数据集上进行群组分析，因为代表 001 号玩家 birth action 的数据（即 t_1）被筛除掉了。其二，社会学家仅仅使用时间属性来对用户进行分组，这是由于时间是决定社会变化的主要指标。然而，在某些情况下，也需要使用其他属性作为分组依据，从而能进行广义上的群组分析。虽然这在功能上仅是一个小小的扩展，但它能大大增加群组分析的应用场景。下面的例子说明了一些使用经典群组分析无法解决的问题，但可以使用扩展的群组分析来解决。

【例 6.1】 研究不同条件的用户（年龄、薪资和地理位置等）的保有率，把用户根据不同的属性进行分组，并研究组间的用户保有率差异，有助于企业制订适宜的方案用于提高用户保有率。

【例 6.2】 医生可能会想知道患者重复入院是否与他们首次入院时的身体状况有关，群组分析可以帮助医生得到结论：把用户根据不同的身体状况指标进行分组，再比较不同组在不同时期的平均重复入院次数，有助于分析入院次数与身体状况的联系。

【例 6.3】 风险投资想要知道哪种类型的创业公司具有投资价值，他们可以根据许多方面的因素（产品、用户获取量、净营业额、用户保有率和公司结构等）对这些创业公司进行分组，之后再找出哪些分组中有更多的公司在竞争中生存了下来。

为了让群组分析能适用于上述的应用场景，需要对传统的群组分析加以扩展，使其支持复杂的分析任务。

6.5.2 群组查询的非侵入式方法

使用现有的关系数据库和 SQL 查询语句可以实现非侵入式方法进行群组分析，使用如下的群组查询任务为例进行说明。

【例 6.4】 使用表 6-2 的数据为例，选取 launch 为 birth action，对于那些选取 dwarf 职业的玩家，根据出生的国家作为分组依据，给出每个国家分组下玩家花费的 gold 总数。

图 6-44 所示的是为了完成该查询工作所需的 SQL 查询语句 Q_s。为了节省空间，用 p、a、t、c 分别表示表 6-2 中的 player，action，time 和 country。Q_s 使用了四个子查询［即图 6-44 中（a）～（d）］和一个总查询［图 6-44 中（e）］来

产生查询结果。总的来说，这样的查询方法效率很低，原因有三：

① Q_s 语句十分冗长，很容易出现错误；

② Q_s 中包含很多的 join 操作，执行效率较低；

③ 需要手动调试。例如你可能注意到，如果将 Q_s 中第五个查询语句中的条件选择（即 birthRole＝"dwarf"）移到第三个子查询中，就可以减小中间结果的大小。在理想情况下，这样的优化工作可以通过优化器实现，但是在实验过程中发现很少有数据库系统能够自动进行这样的优化。

```
WITH birth AS(
  SELECT p,Min(t) as birthTime
  FROM D
  WHERE a="launch"
  GROUP BY p
),
          (a)
```

```
birthTuples AS(
  SELECT p,c as cohort,birthTime
         role as birthRole
  FROM D,birth
  WHERE D.p=birth.p AND
        D.t=birth.birthTime),
          (b)
```

```
cohortT AS(
  SELECT p,a,cohort,birthRole,gold
       TimeDiff(D.t,birthTime)as age
  FROM D,birthTuples
  WHERE D.p=birthTuples.p),
          (c)
```

```
cohortSize AS(
  SELECT cohort,Count(distinct p)as size
  FROM cohortT
  GROUP BY cohort
),
          (d)
```

```
SELECT cohort,size,age,Sum(gold)
FROM cohortT,cohortSize
WHERE cohortT.cohort=cohortSize.cohort
    birthRole="dwarf"AND a="shop"AND age>0
GROUP BY cohort,age
          (e)
```

图 6-44　使用 SQL 语句的 Q_s 查询

为了提高查询效率，可以采用物化视图的方法来保存中间结果。例如，可以将图 6-44(c) 的中间结果 cohortT 表进行物化：

CREATE VIEW MATERIALIZED cohorts as cohortT

有了 cohorts 之后，可以把 Q_s 表达成更精简的形式，只需要包含图 6-44 中的 (d) 和 (e) 两个语句。同时，查询效率也可以得到提升，因为现在只需要执行一次 join 操作。然而物化视图的方法也面临一些问题。

① 产生物化视图的过程本身也是一个耗时的操作，因为它包含了两个 join 操作［图 6-44 中的 (b) 和 (c)］。

② 在一般的群组查询处理中，物化视图会占据大量的存储空间。图 6-44(c) 中只包含了 birthRole 这一个属性，这是由于该查询中的 birth action 只对用户创建角色进行筛选。然而，如果有其他的条件被加入到 birth action 的选择条件中，这些相关的属性也会出现在物化视图中，在最糟糕的情况下，每一个属性都可能

会被包含在物化视图中，所需的储存空间将会是原始活动记录数据的两倍。

③ 上面创建的物化视图只能用于 birth action 被指定为 launch 的群组查询，一旦 birth action 变更了，物化视图需要被重新创建。考虑到物化视图本身的创建和维护成本，这样的方法显然有很大局限性。

④ 该查询效率不是最优的。根据查询要求，如果一个玩家不是使用 dwarf 角色进行游戏，那么与此玩家相关的所有行为记录都需要被排除掉。理想情况下，就可以直接跳过这些玩家并且不需要进一步确认。然而，在图 6-44(e) 中，使用物化视图的方法就会不必要地对玩家的每一条行为记录进行排查（将 birthRole 属性与 dwarf 进行比对）。即使在 birthRole 属性上建立索引并不会有多大帮助，但因为索引查询会引入许多的随机寻找，也会降低查询效率。

6.5.3　群组查询基础

群组指的是具有相似特征的一群人，该相似性表现在他们第一次执行某一特定动作时的某些属性上的相似，每一个群组用该特定动作和相应属性的值来标定。例如，在 2015 年 1 月第一次登录的用户所构成的群组就被称作"2015 年 1 月登录群组"。类似地，由那些在 USA 进行第一次购买动作的用户组成的就是"USA 购买群组"。广义上讲，群组分析是一项对不同群组的用户行为进行纵向比较的数据分析技术。

（1）数据模型

活动关系是一种特殊的关系，它的每一行表示的是一次用户活动记录，而所有的活动记录数据构成的集合可以看作是该关系的实例。活动关系也称作活动表。

一个活动表 D 是由一系列属性构成的关系，这些属性包括 A_u，A_t，A_e，A_1，…，A_n（$n \geqslant 1$）。A_u 是标识用户的字符串；A_e 也是一个字符串，代表了预先定义好的动作中的某一个特定动作；A_t 表示 A_u 用户执行 A_e 动作的时间。活动表 D 中的其他属性都是经典关系模型中的属性。活动表中的每一行都可以由 (A_u, A_t, A_e) 三个属性唯一确定，它们构成了该关系中的主键约束，也就是说，每一个用户 i 只能在某一个时间点执行一次动作 e。以表 6-2 为例，该表格中的第 2～4 列分别代表用户（A_u）、时间戳（A_t）和动作（A_e）；Role 和 Country 两个属性分别表示玩家 A_u 在 A_t 时间执行 A_e 动作时使用的角色和所在的国家；gold 属性代表了玩家 A_u 执行此动作时花费的虚拟货币数量。

（2）群组查询中的基本概念

群组分析中有三个核心基本概念：birth action、birth time 和 age。给定一个动作 $e \in Dom(A_e)$，用户 i 的 birth time 被定义为他第一次执行 e 动作的时间，如果他从未执行该动作，则 birth time 被定义为 -1，如定义 1 所示。如果动作 e 被用来定义用户的 birth time，那么它就是 birth action。

定义 6.5： 给定一个关系表 D，并指定动作 $e \in \text{Dom}(A_e)$ 为 birth action，时间 $t^{i,e}$ 被称作用户 i 的 birth time 当且仅当

$$t^{i,e} = \begin{cases} \min \pi_{A_t}(\sigma_{A_u=i \wedge A_e=e}(D)), \sigma_{A_u=i \wedge A_e=e}(D) \neq \phi \\ -1, \text{其他} \end{cases}$$

其中 π 和 σ 分别是标准的投影算符和选择算符。

定义 6.6： 给定一个关系表 D，并指定动作 $e \in \text{Dom}(A_e)$ 为 birth action，元组 $d^{i,e} \in D$ 被称作用户 i 的 birth 活动元组当且仅当

$$d^{i,e}[A_u] = i \wedge d^{i,e}[A_t] = t^{i,e}$$

由于 (A_u, A_t, A_e) 构成了活动表 D 的主键，对于每一个用户 i，当活动 e 被指定为 birth action 之后，只存在唯一的 birth 活动元组。

定义 6.7： 当确定了 birth time 为 $t^{i,e}$ 之后，数值 g 被称作用户 i 在元组 $d \in D$ 中的 age 当且仅当

$$d[A_u] = i \wedge t^{i,e} \geqslant 0 \wedge g = d[A_u] - t^{i,e}$$

age 概念的引入是为了能够对群组中特定时间段的活动记录进行聚集运算。在群组分析中，只需要对 age 值为正数的元组进行计算，这些元组被称为 age 活动元组。并且在实际应用中，age 的值 g 要对某时间单位进行归一化，例如一天、一周或是一个月。一般地，默认以一天作为 g 的单位。

以表 6-2 的活动表为例，假如指定 launch 为 birth action，那么元组 t_1 就是玩家 001 的 birth 活动元组，他的 birth time 为 2013/05/19：1000。元组 t_2 是玩家 001 在 age 值为 1 时的 age 活动元组。

（3）群组查询算符

接下来介绍新的群组查询算符，它们都是作用在单个活动表上的，其中两个算符用于根据筛选条件从表中提取一部分的活动记录，另外一个算符用于对每个群组的数据进行聚集运算。这些算符的组合使得群组查询的表达方式更加优美和简洁。

① $\sigma^b_{C,e}$ 算符　$\sigma^b_{C,e}$ 被称作 birth 选择算符，用于从活动表中选出某一部分用户的活动记录元组，这些用户的 birth 活动元组必须满足某一特定条件 C。

定义 6.8： 给定一个活动表 D，birth 选择算符 $\sigma^b_{C,e}$ 被定义为

$$\sigma^b_{C,e}(D) = \{d \in D \mid i \leftarrow d[A_u] \wedge C(d^{i,e}) = \text{true}\}$$

其中 C 是一个命题，e 是 birth action。

考虑表 6-2 中的活动关系 D，假如想要从 D 中得到那些在澳大利亚开始游戏的用户的活动记录，可以使用下面的表达式，得到的结果是集合 $\{t_1, t_2, t_3, t_4, t_5\}$

$$\sigma^b_{\text{country}=\text{Australia},\text{launch}}(D)$$

② $\sigma^g_{C,e}$ 算符　$\sigma^g_{C,e}$ 被称作 age 选择算符，用于从活动表中选出所有的 birth 活动元组和满足条件 C 的部分 age 活动元组。

定义 6.9：给定一个活动表 D，age 选择算符 $\sigma^g_{C,e}$ 被定义为

$$\sigma^g_{C,e}(D) = \{d \in D \mid i \leftarrow d[A_u] \wedge$$
$$[(d[A_t] = t^{i,e}) \vee (d[A_t] > t^{i,e} \wedge C(d) = \text{true})]\}$$

其中 C 是一个命题，e 是 birth action。

以表 6-2 为例，如果以 shop 为 birth action，想得到所有的 birth 活动记录和一部分 age 活动记录，这些 age 活动记录表明了玩家在除了中国以外的其他国家进行了游戏内的购买行为，那么使用下面的表达式可以得到想要的结果

$$\sigma^g_{\text{action}=\text{shop} \wedge \text{country} \neq \text{China},\text{shop}}(D)$$

使用了上面的选择算符之后得到的结果是集合 $\{t_2, t_3, t_4, t_7, t_8\}$，其中 t_2 是 001 号玩家的 birth 活动元组，t_3 和 t_4 是 001 符合要求的 age 活动元组，t_7 和 t_8 分别是 002 号玩家的 birth 活动元组和符合条件的 age 活动元组。

在使用 $\sigma^g_{C,e}$ 算符的时候，通常需要在条件 C 中指定某些属性的值与相应的 birth 活动元组相同。例如，以 shop 为 birth action，想要得到某些 age 活动记录，它们表明了该玩家在游戏中发生了购买行为，并且所在国家与他们出生的国家相同。为了方便这种操作，引入 Birth() 函数。给定一个属性 A，对于任何的活动元组 d，Birth(A) 返回 $d[A_u]$ 的 birth 活动元组中属性 A 的值：

$$\text{Birth}(A) = d^{i,e}[A]$$

其中 $i = d[A_u]$，e 为 birth action。

在上面的例子中，假定 shop 是 birth action，想要得到所有的 birth 活动记录和一部分 age 活动记录，这些 age 活动记录表明了玩家使用他们出生时的角色发生了购买行为，下面的表达式能够产生想要的结果

$$\sigma^g_{\text{role}=\text{Birth}(\text{role}),\text{shop}}(D)$$

运算的结果得到集合 $\{t_2, t_3, t_7, t_8\}$，其中 t_2 和 t_7 分别是玩家 001 和 002 的 birth 活动元组，t_3 和 t_8 分别是符合要求的 age 活动元组。

③ $\gamma^C_{\mathcal{L},e,f_A}$ 算符　接下来介绍 $\gamma^C_{\mathcal{L},e,f_A}$ 算符，它通过两个步骤产生群组聚集结果：将用户分为不同的群组；进行聚集运算。

在第一步中，给定一个活动表 D，它的属性集合为 $\mathcal{A}$，birth action 为 e，选定属性集合 $\mathcal{A}$ 的一个子集 $\mathcal{L} \subset \mathcal{A}$，使得 $\mathcal{L} \cap \{A_u, A_e\} = \phi$。根据 $d^{i,e}[\mathcal{L}]$ 的值的不同将每个用户 i 分到对应的群组 c 中。本质上，是通过将用户的 birth 活动元组映射到一个特定的属性子集来将对用户进行分组。

在例子中，假定 launch 为 birth action，分组属性集为 $\mathcal{L} \in \{\text{country}\}$，表 6-2 中

的 001 号玩家被分到"澳大利亚 launch 群组"，002 号玩家被分到"USA launch 群组"，而 003 号玩家则是"中国 launch 群组"。

定义 6.10：给定一个活动表 D，群组聚集算符 $\gamma_{\mathcal{L}, e, f_A}^{C}$ 被定义为

$$\gamma_{\mathcal{L}, e, f_A}^{C}(D) = \{(d_{\mathcal{L}}, g, s, m) \mid$$
$$D_g \leftarrow \{(d, l, g) \mid d \in D \wedge i \leftarrow d[A_u]$$
$$\wedge l = d^{i,e}[\mathcal{L}] \wedge g = d[A_t] - t^{i,e}$$
$$\wedge (d_{\mathcal{L}}, g) \in \pi_{l,g}(D_g)$$
$$\wedge s = \text{Count}(\pi_{A_u} \sigma_{d_g[l] = d_{\mathcal{L}}}(D_g))$$
$$\wedge m = f_A(\sigma_{d_g[l] = d_{\mathcal{L}} \wedge d_g[g] = g \wedge g > 0}(D_g))\}$$

其中 $\mathcal{L}$ 是分组属性集，e 是 birth action，f_A 是在属性 A 上的标准聚集函数。

在第二步中，对于每个由群组和 age 的不同组合确定的分组，选定属于该分组的用户的 age 活动元组，并对元组进行聚集运算。

总而言之，群组聚集算符以活动表 D 作为其输入，并输出一个标准的关系 R，它的每一行由 $(d_{\mathcal{L}}, g, s, m)$ 四个部分组成。其中 $d_{\mathcal{L}}$ 是 birth 活动元组在分组属性集 $\mathcal{L}$ 上的映射，它能够唯一地标识一个分组；g 是 age，代表进行该聚集运算的时间点；s 是该分组的大小，即属于该组的用户的数量；m 是使用聚集函数 f_A 进行运算之后得到的值。注意 f_A 只对那些 $g > 0$ 的活动元组进行计算。

④ 群组算符的性质　需要注意的是，在 birth action 相同的情况下，群组算符中的两个选择算符 $\sigma_{C,e}^{b}$ 和 $\sigma_{C,e}^{g}$ 是可以交换顺序的。

$$\sigma_{C,e}^{b} \sigma_{C,e}^{g}(D) = \sigma_{C,e}^{g} \sigma_{C,e}^{b}(D) \tag{6-3}$$

可以利用这个性质将 birth 选择算符放置到查询计划的最下层来进行优化。

a. 群组查询。给定一个活动表 D 以及算符 $\sigma_{C,e}^{b}$、$\sigma_{C,e}^{g}$、$\pi_{\mathcal{L}}$ 和 $\gamma_{\mathcal{L}, e, f_A}^{C}$，群组查询 $Q: D \rightarrow R$ 可以表示为由这些算符的组合，D 作为输入参数，R 为输出结果，需要满足的约束是所有的算符都必须以相同的动作 e 作为 birth action。为了表达一个群组查询，可以使用下面的 SQL 风格的 SELECT 语句。

```
SELECT…FROM D
BIRTH FROM action=e[ANDσ_{C,e}^{b}]
[AGE ACTIVITIES INσ_{C,e}^{g}]
COHORT BY𝓛
```

在上面的语句中，e 是由数据分析师为整个群组查询指定的 birth action，BIRTH FROM 子句和 AGE ACTIVITIES IN 子句的顺序是可以互换的，$\sigma_{C,e}^{b}$ 和 $\sigma_{C,e}^{g}$ 算符是可选的。AGE 和 COHORTSIZE 两个关键词可以放置在 SELECT

子句用于在 $\gamma^C_{\mathcal{L},e,f_A}$ 运算的结果中显示相应的列。在基本的群组查询语句中，除了映射之外，是不允许出现其他关系算符的，例如 σ（对应于 WHERE）和 γ（对应于 GROUP BY），以及二元运算符（如交集运算和连接运算）。

使用这些新的算符，可以把例 6-4 中的查询表示成如下形式：

```
Q1:SELECT country,COHORTSIZE,AGE,Sum(gold)as spent
FROM D AGE ACTIVITIES IN action="shop"
BIRTH FROM action="launch"AND role="dwarf"
COHORT BY country
```

b. 扩展。群组查询可以进行多方面的扩展，以支持复杂度更高的深入分析。首先，可以在一个查询语句中同时包含群组查询与 SQL 语言，使用这样的混合查询来进行数据分析。例如，如果想使用 SQL 语句对群组查询结果进一步分析，可以把群组查询结果放在 WITH 子句中，外面再套一个标准 SQL 查询语句，下面的例子展示了具体使用方法。

```
WITH cohorts AS(Q1)
SELECT cohort,AGE,spent FROM cohorts
WHERE cohort IN["Australia","China"]
```

另一种扩展方式就是引入二元的群组查询算符（例如连接运算、交集运算等）来对多个活动表进行分析。

c. 从群组查询算符到 SQL 语句的映射。可以使用一个为特定的 birth action 生成的物化视图来将群组查询算符表示为 SQL 子查询，这样就能用非侵入式的方法解决群组查询的问题。

物化视图的方法会对每个用户 i 和他的 birth action 的相关属性进行存储，因此，可以用 SQL 中包含 WHERE 子句的 SELECT 语句来实现 birth 选择算符 $\sigma^b_{C,e}$。类似地，可以用同样的方式来实现 age 选择算符 $\sigma^g_{C,e}$，只需将 WHERE 子句中的条件改成相应的对 age 活动元组的筛选，并且包含所有的 birth 活动元组即可。至于群组聚集算符 $\gamma^C_{\mathcal{L},e,f_A}$，可以用 SQL 中的 GROUP BY 聚集函数来实现。

举个例子，图 6-45 所示的是 Q_1 群组查询对应的 SQL 查询语句，其中的物化视图是以 launch 为 birth action 生成的。与图 6-44 相同，player、action 和 time 分别简化为 p、a 和 t。bc、br、bt 和 age 四个属性是在原本的活动表上进一步物化的结果。前面三个属性，bc、br 和 bt 分别表示 country、role 和 time。需要注意的是，图 6-45 中的 SQL 语句都被拆分开以便于阅读，实际上可以把图（a）和图（b）结合成一个 SQL 语句来进行优化。

```
WITH birthView AS(              ageView AS(
  SELECT p,a,t,gold,              SELECT *
    bc,bt,age                     FROM birthView
  FROM MV                         WHERE a="shop"OR
  WHERE br="dwarf"                  (t=bt AND a="launch")
),                              ),
```

$$(a)\ \sigma_{role="dwarf",launch}^{b}$$　　　　$$(b)\ \sigma_{action="shop",launch}^{g}$$

```
cohortSize AS(                  SELECT cohort,size,age,
  SELECT bc as cohort,            Sum(gold)as spent
    Count(distinct p)           FROM ageView,cohortSize
      as size                   WHERE cohort=bc
  FROM birthView                GROUP BY cohort,age
  GROUP BY bc),
```

(c)　　　　　　　　　　　$$(d)\ \gamma_{country,\ launch,\ Sum(gold)}^{c}$$

图 6-45　物化视图方法与群组查询算符对应关系

6.5.4　群组查询引擎 COHANA

为了使其支持新的群组查询算符，COHANA 系统对列式数据库进行了以下四个方面的扩展：①设计了用于存储活动表的分级存储格式；②对表扫描算符进行修改，当遇到不合要求的用户时，该算法可以直接跳过他的所有 age 活动元组；③对群组算符进行了高效的实现；④可以利用群组查询算符的性质［如公式(6-3)］对查询进行优化。图 6-46 展示了 COHANA 的系统架构，它包括四个模块——编译器、元数据管理器、存储管理器和查询执行器。前面两个组件并无特殊之处，主要介绍后面两个组件。

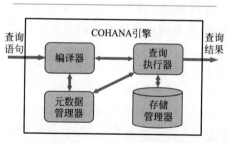

图 6-46　COHANA 系统架构

（1）活动表存储格式

在 COHANA 系统中，活动表 D 根据它的主键（A_u,A_e,A_t）的顺序进行存储，这样的存储方式有两个性质：①同一个用户的所有活动记录是连续存储的，称为聚集性；②每个用户的活动元组按照时间顺序存储，称为时序性。有了这两条性质，给定了 birth action 之后，就可以通过一次连续扫描快速地找到每个用户的 birth 活动元组。假设用户 i 的活动元组存储在 d_j 和 d_k 之间，e 是 birth action，为了找到该用户的 birth 活动元组，只需顺序扫描 d_j 和 d_k 之间的元组，并返回第一条满足关系 $d_b[A_e]=e$ 的元组。

COHANA 使用块存储方案和各种压缩技术来加速查询处理。首先，把活动表分成多个数据块，使得每个用户的所有活动元组都被包含在一个数据块中。然后，在每个数据块中，活动元组按照列进行存储，对于每一列，根据数据类型选择相应的压缩方法。

对于标识用户名的列 A_u，采用行程长度压缩算法（Run-Length-Encoding，RLE）。A_u 的值用一个三元组（u,f,n）来表示，其中 u 是 A_u 中的用户名，f 是该用户名第一次出现的位置，n 是该用户名出现的次数。修改后的表扫描算法在处理这样的三元组时，如果扫描到的用户不能满足 birth 选择条件，那么可以直接跳过该用户处理下一用户的活动元组。

对于活动列 A_e 和其他的字符型变量的列，采用两级压缩方案，该压缩方法具体可见文献 [16]。对于这样的列 A，首先建立一个全局的字典，它对 A 列的每个不同的值进行顺序存储，再为它们分配一个全局的 ID，标识了它们在全局字典中的位置。对于每个数据块，该块中所有 A 列的值都有一个全局 ID，再将它们的全局 ID 组成一个块字典。在块字典中，该数据块中包含的 A 列的值可以由一个块 ID 表示，代表了该值的全局 ID 在块字典中的位置。这些块 ID 通常紧接着块字典进行存储，并且它们的顺序与其对应的值出现的顺序相同。这样的两级编码方式可以快速筛除掉那些没有 birth 活动元组的块。当指定 e 为 birth action，首先在全局索引中二分查找它的全局 ID g_i，然后对于每个数据块，再使用二分查找在块字典中寻找 g_i 的位置，如果 g_i 没有被找到，可以直接跳过该数据块，因为其中没有用户执行过 e 动作。

对于时间列 A_t 和其他的整数型变量的列，可以采用与字符串变量类似的两级差分编码。对于这样的列 A，首先存储整个活动表中 A 的最大值和最小值，然后对于每个数据块，该块中 A 的最大值和最小值也被存储下来。该列的所有值都被表示成该值与它所在数据块的最小值的差值大小。与字符串列的编码方式类似，这样的两级差分编码可以快速筛除那些值域不符合 birth 选择条件或 age 选择条件的块。

有了上述两种编码方式，字符串列和整数列都可以表示成小范围内的整数数组。在此基础上，还可以进一步使用整数压缩技术以节省存储空间。对于整数数组，计算出表示该数组中最大值所需用的最少比特数 n，这样一来，数组中的每个值都可以用 n 个比特表示。然后把尽可能多的整数值放到一个计算机字里面，最后把这些字存储下来。这样的定长编码方式不是最节省存储空间的，但是它可以在不用解压缩的情况下随机读取。对于原始整数数组中任意位置的值，就可以轻易计算出该值在压缩后的字中的位置并从相应的比特中提取值的大小。这样的压缩方式对于高效率处理群组查询十分重要。

需要注意的是，该分级存储格式虽然是为群组查询高度定制的，在不对（A_u,A_e,A_t）主键顺序进行约束的情况下，也同样适用于数据库的表和 OLAP 的数据立方体。该存储格式可以支持传统数据库和数据立方体操作。

（2）群组查询计划

在介绍了如何使用压缩技术来存储活动表之后，接下来将探讨如何在该活动表上建立查询计划。总体而言，查询处理方案是这样的：首先生成逻辑查询计划，然后通过把 birth 选择算符下放来进行优化，之后在每个数据块上执行优化后的查询计划，最后把上一步中得到的所有块的结果进行归并来产生最后的结果。最后一步没有特殊之处，所以只详细介绍前面三个步骤。

群组查询计划可以用一个树来表示，该树由四个算符组成：表扫描算符 TableScan 、birth 选择算符 $\sigma_{C,e}^{b}$、age 选择算符 $\sigma_{C,e}^{g}$ 和群组聚集算符 $\gamma_{\mathcal{L},e,f_A}^{C}$。与其他的列式数据库一样，映射算符在预处理阶段进行实现：在查询准备阶段搜集所有需要的列，并把这些列传到 TableScan 算符中，该算符负责提取这些列的值。

γ^c country, launch, sum(Gold)

σ^gAction="shop" , launch

σ^bRole="dwarf" , launch

TableScan

图 6-47　Q1 的查询计划

在查询计划中，根节点和唯一的叶节点分别是群组聚集算符 $\gamma_{\mathcal{L},e,f_A}^{C}$ 和表扫描算符 TableScan，在它们中间的是一系列的 birth 选择算符和 age 选择算符。

之后，下放 birth 选择算符，使其总是在 age 选择算符的下面。公式(6-3) 表明 $\sigma_{C,e}^{b}$ 和 $\sigma_{C,e}^{g}$ 算符是可以交换顺序的，因此总是可以通过下放 $\sigma_{C,e}^{b}$ 算符来进行查询优化。图 6-47 展示了群组查询 Q1 对应的查询计划。Table Scan 算符可以高效地跳过那些 birth 活动元组不满足 birth 选择条件的用户，因此在 age 选择算符之前执行 birth 选择算符总是可以带来性能的提升。

在 birth 选择算符下放之后，查询计划会在每个数据块中被执行。在执行之前，会增加一个额外的筛除步骤——利用 A_e 列上的二级压缩方案来跳过那些没有用户执行 birth action 的数据块。如果 birth 选择算符具有高度选择性，那么这个额外的筛除步骤是十分有用的。

（3）表扫描算符 TableScan

COHANA 对列式数据库中的标准 TableScan 算符进行扩展使其能更有效地处理群组查询，修改后的 TableScan 算符能够对压缩后的活动表进行扫描。该扩展主要对标准列式数据库的 TableScan 增加了两个函数：GetNextUser() 和 SkipCurUser()，其中 GetNextUser() 用于返回下一个用户的活动元组所在的块，SkipCurUser() 用于跳过当前用户的活动元组。

修改后的 TableScan 实现如下：对于每个数据块，在查询初始化阶段，TableScan 会搜集查询中指定的所有列，并为每个列所在块保存一个指向该数据块开头的指针，其中 GetNext() 函数的实现与标准 TableScan 算符中相同。

在 GetNextUser() 函数中，首先得到 A_u 列的下一个三元组 (u,f,n)，然后把指向其他列对应数据块的指针向前移动直到到达用户 u 在该列的值所在的列块。SkipCurUser() 与之类似，首先计算当前用户剩余活动元组数量，再把所有列的指针往前移动相应的距离。

（4）群组查询算法

下面介绍群组查询算符的具体实现，这些算符的操作对象是前面提到的使用分级存储格式的活动表。

算法 6.2 为 birth 选择算符的实现，它使用了辅助函数 GetBirthTuple(d,e)（第 1 行到第 5 行）来寻找用户 $i=d[A_u]$ 的 birth 活动元组，其中 d 是用户 i 在该数据块中的第一条活动元组，e 是 birth action。GetBirthTuple() 函数通过逐一检查数据块 D 中的元组 d，看其是否属于用户 i，以及 $d[A_e]$ 是否为 birth action（第 3 行）。

算法 6.2： $\sigma_{C,e}^b$（D）算子实现

Input: A data chunk D and a birth action e

```
1:  GetBirthTuple(d,e)
2:    i←d[Au]
3:    while d[Au] = i ∧ d[Au] ≠ e do
4:      d←D.GetNext()
5:    return d
6:  Open()
7:    D.Open()
8:    uc←∅
9:  GetNext()
10:   if uc has more activity tuples then
11:     return D.GetNext()
12:   while there are more users in the data chunk do
13:     (u,f,n)←GetBirthTuple(d,e)
14:     uc←u
15:     d←D.GetNext()
16:     db←GetBirthTuple(d,e)
17:     Found←C(db)
18:     if Found then
19:       return d
20:     D.SkipCurUser()
```

在算法 6.2 所示的 $\sigma_{C,e}^b$ 实现中，首先打开数据块 D，并初始化全局变量 u_c（第 7~8 行），该变量指向当前处理中的用户。在 GetNext() 函数中，如果 u_c

符合 birth 选择条件，就返回 u_c 的下一条活动元组（第 11 行）。当 u_c 指向用户的所有活动记录遍历完成后，就调用 GetNextUser() 函数得到下一个用户（第 13 行）。之后，找到新用户的 birth 活动元组并检查它是否满足 birth 选择条件（第 16~17 行）。如果满足，birth 活动元组就会被返回；否则，SkipCurUser() 函数就会被调用来处理下一个用户。因此，可以连续调用 GetNext() 函数来得到满足 birth 选择条件的用户的活动元组。

$\sigma_{C,e}^g$ 算符的实现与 $\sigma_{C,e}^b$ 类似，依然采用用户块处理策略。对于每一个用户块，首先找到 birth 活动元组，然后返回该 birth 活动元组和满足 age 选择条件的 age 活动元组。

算法 6.3 所示的是 $\gamma_{\mathcal{L},e,f_A}^C$ 算符的实现。核心的逻辑是在 Open() 函数中实现的。该函数首先初始化两个哈希表 H^c 和 H^g，它们分别代表分组大小和每个数据块中对于每个分组的聚集结果（第 2~6 行）。之后，Open() 函数遍历每个用户数据块，当遇到满足要求的用户（由 $\sigma_{C,e}^b$ 算符确定）时更新 H^c，当遇到满足要求的 age 活动元组（由 $\sigma_{C,e}^g$ 算符确定）时更新 H^g（第 10~14 行）。为了加速查询处理，可以使用基于数组的哈希表来进行聚集运算。在内循环中使用基于数组的哈希表进行群组聚集运算能够大大提升性能，这是由于现代的 CPU 能够进行高度重叠流水线的数组操作。

算法 6.3：$\gamma_{\mathcal{L},e,f_A}$　（D）算子实现

Input:A data chunk D,a birth action e,an attribute list

```
1:   Open()
2:       D.Open()
3:       Hᶜ←∅ //群组大小哈希表
4:       Hᵍ←∅ //群组测度哈希表
5:     while there are more users in D do
6:      (u,f,n)←GetBirthTuple(d,e)
7:      u_c←u
8:      d←D.GetNext()
9:      dᵇ←GetBirthTuple(d,e)
10:      if u_c is qualified then
11:       Hᶜ[dᵇ[𝓛]]++
12:        while u_c has more qualified age activity tuples do
13:          g←d[A_t]−dᵇ[A_t]
14:          update Hᵍ[dᵇ[𝓛]][g]with f_A(d)]
15:   GetNext()
16:      Retrieve next key(c,g) from Hᵍ
17:      return(c,g,Hᶜ[c],Hᵍ[c][g])
```

（5）针对用户保留率分析的优化

群组分析的常见应用之一就是观察用户保留率的变化趋势。这样的群组查询需要计算每一个分组中不同用户的数量。在某些情况下该计算是十分耗费内存的。幸运的是，COHANA 的存储格式的聚集性使得每个用户的活动元组都只包含在一个数据块中。因此实现了一个 UserCount() 聚集函数，用于高效率地计算每个块中不同用户的数量，并返回所有块中用户数的总和作为最终结果。

（6）查询性能分析

假设活动表 D 中有 n 个用户，每个用户有 m 条活动元组。为了处理一条由 $\sigma_{C,e}^b$、$\sigma_{C,e}^g$ 和 γ_{L,e,f_A}^C 算符组成的查询语句，查询处理方案只需要一次扫描 $O(l \times m)$ 条活动元组，其中 l 是符合 birth 选择条件的用户数量。因此，查询处理时间与 l 呈线性关系，该处理方案能够达到最优性能。

6.5.5　性能分析

本节对 COHANA 查询引擎进行性能分析，主要包含两组实验，一是研究 COHANA 的使用效果和优化技术，二是比较不同的查询方案的性能差异。

（1）实验环境

所有的实验都是在一台高性能工作站上进行的，该工作站搭载了四核 Intel Xoen E3-1220 v3 处理器，频率为 3.10GHz，配备了 8GB 内存。经 hdparm 测试磁盘性能结果显示，高速缓存读取速度为 14.8GB/s，buffer 缓存读取速度为 138MB/s。

实验数据集来源于一款真实的手机游戏，它包含 2013 年 5 月 19 日到 2013 年 6 月 26 日期间由 57077 名用户产生的总共 3000 万条活动元组记录，原始的 csv 格式数据占据磁盘空间为 3.6GB。除了必需的 user、action 和 time 属性之外，还加上了 country、city 和 role 属性，以及 session length 和 gold 作为测量值。用户在游戏中总共有 16 种动作，实验中选择 launch、shop 和 achievement 作为 birth action。在此基础上，实验对该数据集进行了扩展，并在不同大小的数据集上研究了三种不同的查询方案的性能差异。给定一个扩展系数 X，能产生一个包含了 X 倍用户数量的数据集，除了用户名被改变以外，每个用户与原始数据集具有相同的活动元组。

该实验在最新的关系数据库 Postgres 和 MonetDB 上实现了基于 SQL 的查询方案和物化视图查询方案。其中在基于 SQL 的查询方案中，手动将群组查询语句转化为 SQL 语句。在物化视图的查询方案中事先使用 CREATE TABLE AS 命令创建物化视图。具体地，对于每个 birth action，将 age 属性和一系列

birth 属性集中的 time、role、country 和 city 属性包含到物化视图中。物化视图方案通过 6 次 join 操作，在原始表的基础上增加了 15 个额外的列。在有了物化视图之后，把群组查询表示成标准的 SQL 语句。为了提高这两种方法的效率，在主键上建立了聚簇索引，也在 birth 属性上建立了相应的索引，并且允许这两个数据库在查询过程中使用所有的空闲内存用于缓存。COHANA 系统中块的大小为 256KB，也就是每一个块可以容纳 256KB 的用户活动元组记录。允许略微增加一个块中能包含的元组数量，以使得同一用户的所有活动元组能够放置在同一个块中。

（2）基准测试

实验设计了四个查询（用 COHANA 的群组查询语法表示）用于基准测试，这四个查询中包含的群组查询算符逐渐增加。第一条查询 Q1 中只包含一个群组聚集算符；第二条查询 Q2 中结合了 birth 选择算符与群组聚集算符；第三条查询 Q3 中结合了 age 选择算符和群组聚集算符；第四条查询中包含了所有的算符。对于每一条查询，将五次运行结果的平均值作为每个查询方案的实验结果。

Q1：对于每个"country launch 群组"，给出那些自从开始了游戏之后至少进行了一次动作的用户数量。

```
SELECT country,COHORTSIZE,AGE,UserCount()
FROM GameActions BIRTH FROM action="launch"
COHORT BY country
```

Q2：对于每个在某个时间段内出生的"country launch 群组"，给出那些自从开始了游戏之后至少进行了一次动作的用户数量。

```
SELECT country,COHORTSIZE,AGE,UserCount()
FROM GameActions BIRTH FROM action="launch" AND
time BETWEEN "2013-05-21" AND "2013-05-27"
COHORT BY country
```

Q3：对于每个"country shop 群组"，给出每个群组中玩家在第一次消费以来的平均花费 gold 数量。

```
SELECT country,COHORTSIZE,AGE,Avg(gold)
FROM GameActions BIRTH FROM action="shop"
AGE ACTIVITIES IN action="shop"
COHORT BY country
```

Q4：对于每个"country shop 群组"，给出那些在特定时间段内使用 dwarf 角色进行消费，并且所在城市与该用户的出生城市相同的所有消费使用 gold 数量的平均值。

```
SELECT country,COHORTSIZE,AGE,Avg(gold)
FROM GameActions BIRTH FROM action="shop" AND
time BETWEEN "2013-05-21" AND "2013-05-27" AND
role="dwarf" AND
country IN["China","Australia","USA"]
AGE ACTIVITIES IN action="shop" AND country=Birth(country)
COHORT BY country
```

为了研究 COHANA 中 birth 选择算符和 age 选择算符对于查询效率的影响，还进一步设计了 Q1 和 Q3 的两个变种，为它们增加了 birth 选择算符（Q5 和 Q6）或是 age 选择算符（Q7 和 Q8），Q5～Q8 查询如下所示。

Q5：对于每个"country launch 群组"，给出那些自从开始了游戏之后在日期［d1;d2］之间至少进行了一次动作的用户数量。

```
SELECT country,COHORTSIZE,AGE,UserCount()
FROM GameActions
BIRTH FROM action="launch" AND time BETWEEN d1 AND d2
COHORT BY country
```

Q6：对于每个"country shop 群组"，给出玩家自从第一次消费之后在日期［d1；d2］之间进行消费的平均 gold 数量。

```
SELECT country,COHORTSIZE,AGE,Avg(gold)
FROM GameActions
BIRTH FROM action="shop" AND time BETWEEN d1 AND d2
AGE ACTIVITIES IN action="shop"
COHORT BY country
```

Q7：对于每个"country launch 群组"，给出在开始游戏之后，至少进行了一次动作，并且 age 小于 g 的用户数量。

```
SELECT country,COHORTSIZE,AGE,UserCount()
FROM GameActions BIRTH FROM action="launch"
AGE ACTIVITIES IN AGE<g
COHORT BY country
```

Q8：对于每个"country shop 群组"，给出玩家第一次消费以来所有消费活动中使用的 gold 平均值，并且 age 小于 g。

```
SELECT country,COHORTSIZE,AGE,Avg(gold)
FROM GameActions BIRTH FROM action="shop"
AGE ACTIVITIES IN action="shop" AND AGE<g
```

COHORT BY country

（3）COHANA 的性能测试

下面通过调整块的大小以及改变 birth 和 age 选择条件设计一系列实验，来研究 COHANA 的性能随着这些参数的变化情况。

① 块大小的影响　图 6-48 和图 6-49 分别表示了 COHANA 系统随着块大小发生改变时，查询效率以及所需存储空间的变化。从图 6-49 可以看出，增加块的大小同时也增加了存储空间的大小，这是由于随着块的增大，每个块中包含的用户也会增多，其结果是，对于每一个列，一个块中所包含的该列的不同的值的数量随之增加，也就需要更多的比特来对这些值进行编码。同时也可以观察到，在块更小的时候，群组查询的效率会略微高一些，这是由于所需读取的比特数量减少了。然而，当数据集很大的时候，使用更大的块会是更好的选择。例如，当数据集扩展倍数为 64 的时候，使用 1MB 的块大小，COHANA 处理 Q1 和 Q3 这两个查询的效率更高。这是由于在此时，Q1 和 Q3 的查询处理操作几乎全是磁盘读取，其数据粒度通常是 4KB 的块。与大的数据块相比，小的数据块在读取保存在压缩块中的列的时候，通常会更多地读取到相邻的列，因此会引入更长的磁盘读取时间，而把同一个数据块中无用的列读取到内存中也会引入它们与有用的数据的内存竞争，降低内存使用效率。

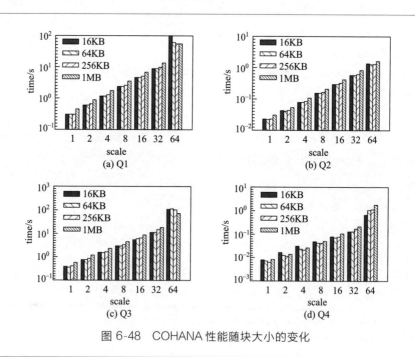

图 6-48　COHANA 性能随块大小的变化

② birth 选择算符的影响　下面的实验主要研究 birth 选择算符对于 COHANA 性能的影响。Q5 和 Q6 分别是 Q1 和 Q3 的变种，执行这两条查询，并固定 d_1 为最早的 birth 日期，并以天为单位逐渐增加 d_2。本实验使用的数据集的扩展倍数为 1。

图 6-50 展示了在 Q1 和 Q3 基础上进行了归一化的 Q5 和 Q6 的处理时间，用户 birth 的积累分布也在图中表示出来。对两种 birth action（launch 和 shop）的分布不加以区分，因为它们呈现出相似的分布情况。从图中可以清楚地观察到，Q5 的处理时间与 birth 分布高度重合，这种结果可以归因于下放 birth 选择算符进行的优化，该算法能够直接跳过不合格的用户。然而 Q6 的处理时间对于 birth 分布就不那么敏感了，这是由于在 Q6 中，用户的 birth action 是 shop，在为每个用户寻找 birth 活动元组的时候有额外的开销。在 Q5 中没有这种开销是因为 launch 作为 birth action，同时也是每个用户的第一个活动元组。

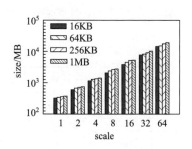

图 6-49　存储空间的变化

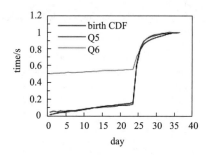

图 6-50　归一化后的 Q5 和 Q6 的处理时间

③ age 选择算符的影响　下面的实验中，执行了 Q7 和 Q8 两个查询，它们分别是 Q1 和 Q3 的另外一个变种，实验数据集的扩展倍数为 1，把 g 的值从 1 天增加到 14 天来研究在不同的 age 选择条件下 COHANA 的性能变化情况。图 6-51 展示了在 Q1 和 Q3 基础上进行归一化的 Q7 和 Q8 的处理时间。可以看到，Q7 和 Q8 的处理时间变化呈现出不同的趋势。Q7 近似于线性增长而 Q8 则增加得十分缓慢。究其原因，是由于 Q7 的查询效率是由给定 age 范围内的不同用户数量决定的，因此查询时间会随着 age 中的用户数量线性增加；而 Q8 则不同，其处理时间主要依赖于找到 birth 活动元组的时间和进行聚集运算的时间，前者在 age 范围变化的时候是固定的，后者也不会有明显的改变，因为 shop 活动元组的数量随着 age 的增长十分缓慢。

④ 比较研究　图 6-53 所示的是在数据集扩展倍数改变的时候，每个系统在执行前 4 条查询语句时的处理时间变化。Postgres 和 MonetDB 数据库的实验结果在图中分别用标注为 "PG-S/M" 和 "MONET-S/M" 的线表示，其中 "S"

代表 SQL 方法，"M" 代表物化视图方法。正如所预期的一样，基于 SQL 的方法效率是最低的，因为它需要许多的 join 操作来处理群组查询，在去除了繁杂的 join 操作之后的物化视图方法可以将处理时间降低几个量级。该图也显示了列式数据库在群组查询处理方面的强大之处。最新的列式数据库 MonetDB 比 Postgres 快了两个数量级。

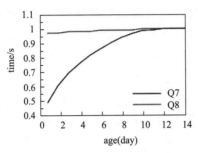
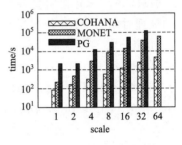

图 6-51　归一化后的 Q7 和 Q8 的处理时间　　　图 6-52　各系统的处理时间

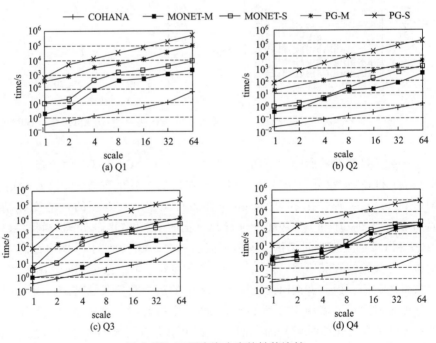

图 6-53　不同查询方案的性能比较

尽管使用物化视图和列式数据库组合可以在小的数据集上进行有效的群组查询分析，却不能处理大的数据集。例如，当数据集扩展倍数为 64 的时候，它需要用半个小时来执行 Q1 查询。而 COHANA 系统不仅可以处理小的数据集，也能够应付大量的数据。不仅如此，对于每一个查询，在任何大小的数据集上，COHANA 的性能都胜过使用了物化视图方案的 MonetDB 数据库，其中的性能差异在大多数情况下都有 1～2 个数量级，甚至能够达到 3 个数量级（Q4，32倍）。同时也能观察到，两个用户保留率查询（Q1 和 Q2）相比 Q3 而言享受到了更多的性能提升。最后，物化视图的生成需要的开销远比 COHANA 大得多，如图 6-52 所示，在扩展倍数为 64 时，MonetDB 需要超过 60000s（16.7h）来从原始活动表中生成物化视图。该时间消耗在 Postgres 中更为严重，在倍数为 32 的时候需要 100000s（27.8h）。当扩展倍数为 64 的时候，Postgres 在完成物化视图的生成之前就耗尽了所有的可用磁盘空间，这意味着物化视图的生成过程中会消耗大量的磁盘资源。与之相比，COHANA 仅需 1.25h 就能对 64 倍数据集中的活动表完成压缩。

6.5.6　总结

群组分析是一个强大的工具，用于在大量的活动记录中寻找异常的用户行为变化趋势。COHANA 系统主要对数据库系统进行了群组查询的扩展，在 SQL 基础上扩展了三个新的算符来支持群组查询，并实现了一个基于列的查询引擎来进行高效率的群组查询处理。实现结果表明，与使用传统数据库系统进行 SQL 查询相比，COHANA 的执行效率高了两个数量级，这也说明，对数据库系统进行扩展远比在它上面运行群组查询语句能带来更大的收益。

参考文献

[1] Dean J, Ghemawat S. Mapreduce: Simplified data processing on large clusters. In OSDI, 137-150, 2004.

[2] Pike R, Dorward S, Griesemer R, et al. "Interpreting the Data: Parallel Analysis with Sawzall," Scientific Programming, vol. 13, no. 4, 277-298, 2005.

[3] Yang H, Dasdan A, Hsiao R, et al. Map-Reduce-Merge: simplified relational data processing on large clusters. In SIGMOD, 2007.

[4] Pavlo A, Paulson E, Rasin A, et al. A comparison of approaches to large-scale data analysis. In SIGMOD, 165-178. ACM, 2009.

[5] Google. Protocol buffers. http://code.google.com/p/protobuf/, 2012.

[6] Chang F, Dean J, Ghemawat S, et

al. Bigtable: A distributed storage system for structured data. ACM Trans. Comput. Syst. , 26: 4: 1-4: 26, June 2008.

[7] Ramalingam G. Reps T. On the computational complexity of dynamic graph problems. TCS, 158 (1-2), 1996.

[8] Henzinger M R, Henzinger T, Kopke P. Computing simulations on finite and infinite graphs. In FOCS, 1995.

[9] Fan W, Wang X, Wu Y. Incremental graph pattern matching. TODS, 38 (3), 2013.

[10] Cordella L P, Foggia P, Sansone C, et al. A (sub) graph isomorphism algorithm for matching large graphs. TPAMI, 26 (10): 1367-1372, 2004.

[11] Isard M, Budiu M, Yu Y, et al. Dryad: distributed data-parallel programs from sequential building blocks. SIGOPS Oper. Syst. Rev. , 41 (3), Mar. 2007.

[12] Malewicz G, Austern M H, Bik A J C, et al. Pregel: a system for large-scale graph processing. In SIGMOD, 2010.

[13] Page L, Brin S, Motwani R, et al. The pagerank citation ranking: Bringing order to the web. Technical report, Stanford InfoLab, November 1999.

[14] Bu Y, Howe B, Balazinska M, et al. HaLoop: efficient iterative data processing on large clusters. VLDB, 3 (1-2), Sept. 2010.

[15] Salihoglu S, Widom J. GPS: A graph processing system. In SSDBM (Technical Report), 2013.

[16] Hall A, Bachmann O, Bussow R, et al. Processing a trillion cells per mouse click. PVLDB, 5 (11): 1436-1446, 2012.

[17] Akidau T. et al. MillWheel: Fault-Tolerant Stream Processing at Internet Scale. In VLDB, 2013.

[18] Fan W. et al. Parallelizing Sequential Graph Computations. In SIGMOD, 2017.

第7章

大数据事务处理技术

本书第 5 章介绍了大数据存储技术。虽然大数据存储系统利用数据切分技术有效地解决了大数据体量大带来的挑战，实现了水平扩展，但是第 5 章中介绍的大数据存储系统或者完全不支持事务处理或者只支持单条记录级别的事务处理。事务是数据管理系统中的重要概念。事务处理能够保证数据免受任何类型的软件、硬件故障的影响，并且可以正确地被应用程序并发访问。本章介绍大数据管理系统处理通用事务的技术。一般而言，大数据管理系统将事务处理系统建立在存储系统之上，为存储系统中存储的数据提供事务保护。虽然数据切分技术能够有效地解决大数据存储系统中水平扩展的问题，但是该技术并不能有效地解决大数据事务处理对系统伸缩性的需求。大数据管理系统需要新技术来处理事务。本章着重介绍四种典型的大数据事务处理技术。

7.1 基于键组的事务处理技术

本节介绍 G-Store 提出的基于键组的事务处理技术。G-Store 是一个建立在类 BigTable 键值大数据存储系统之上的事务处理系统[2]。以 BigTable 为代表的键值大数据存储系统仅支持单条记录下的事务处理。为解决这个缺陷，G-Store 引入键组的概念将事务需要访问的所有记录记为一个键组，以键组为单位进行事务管理。本节介绍键组的概念以及基于键组的事务处理。

7.1.1 键组

键组为多键访问提供一个强大且灵活的途径。在 G-Store 中，键组是事务的基本访问单位。一个事务只能访问一个键组。G-Store 允许应用从任何键中挑选成员加入键组，也允许底层的大数据存储系统对键组提供经过优化的高效、可伸缩和事务性的访问。在任何时候，一个键只能加入一个键组。但是在它的生命周期里，一个键可以加入多个区组。以多人在线游戏为例：在任何时候，游戏者可以参与一个单一游戏，但是随着时间推移，游戏者可以与其他不同游戏者和不同游戏一起成为多重游戏的一部分。由于键组是事务访问的基本单位，因此键只有加入键组后才能被访问。如果应用只需要访问单个键，那么可以单独为该键建立一个键组。

G-Store 规定每个键组必须有且仅有一个领导者键。领导者键从键组的成员中挑选出来，键组中剩下的成员称为被领导者键。G-Store 使用领导者键唯一标识一个键组。键组中的键没有任何顺序限制。因此，键组中的成员可以位于不同的存储节点。键组一旦建立，G-Store 就会将键组所有键的读写权（称为所有权）分配给一个单一节点。该节点将负责该键组的事务性访问。每个键组有个关联的领导者，拥有领导者的节点被指定为这组的所有者，同时和被领导者 s 对应的节点将服从领导者的领导。例如，拥有领导者键的节点会得到对所有被领导者 s 的独有的读写访问。一旦所有权的传递完成，对一个键组成员的所有读写访问由领导者承担，领导者可以保证对键的一致性访问不需要任何分布式同步。键组成形期间服从领导者所有权，区组被解散后收回所有权，这些步骤可以在出错时或底层系统产生其他动态变化时完成。图 7-1 给出了键组示意图。

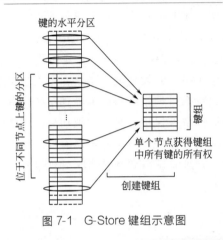

图 7-1 G-Store 键组示意图

7.1.2 键值分组协议

G-Store 通过键值分组协议来创建键组。在键组创建阶段，键值分组协议将键的所有权从被领导者转移给领导者。在区组解散期间，键值分组协议将键的所有权从领导者返还给被领导者。键值分组协议保证如下两项正确性：①任意键的所有权只会归属一个节点；②如果发生故障，任何键的所有权都不会永远丢失。

键组的创建由客户端发起。客户端发送一个生成键组的请求，该请求包括键组的表示和成员。G-Store 允许两种键组创建方式：①原子型创建，即或者键组创建成功（全部键加入键组）或者创建失败（没有键加入键组）；②最大努力型创建，即只要至少有一个键加入键组就算创建成功。

键值分组协议涉及领导者和被领导者。在键组中，领导者作为协调者，被领导者是键的实际拥有者。领导者键由客户端指定，或者由系统自动选择。领导者记录成员名单，向所有被领导者（例如每个拥有被领导者的节点）发送一个加入请求〈J〉。一旦区组生成阶段成功完成，客户端可以对这个区组进行操作。当客户端想解散键组时，它发出删除键组的请求来开始删除键组。G-Store 的键值分组协议非常类似数据库系统中的两阶段加锁协议。被领导者向领导者转移键的所有权类似加锁，领导者向被领导者转移所有权类似解锁。因此，键值分组协议可以看作是两阶段加锁协议在分布式环境下的推广。

G-Store 给出了键值分组协议在 TCP 和 UDP 两种环境下的实现。本节介绍键值分组协议在 TCP 环境下的实现。感兴趣的读者可以在文献［2］中找到 UDP 的版本。

在 TCP 网络中，消息传输是可靠的，因此键值分组协议的实现比较简单。领导者从被领导者那里要求键所有权（加入请求〈J〉），如果能提供，则所有权传递到领导者，没有则请求被拒绝（加入确认〈JA〉）。〈JA〉信息表明被领导者键是否加入区组中。依据应用的请求，当有成员加入键组时，或者当所有成员加入而且键组生成阶段已经终止时，领导者可以通知应用。删除键组时，领导者用删除请求〈D〉来通告被领导者。图 7-2 显示了一个在失效自由情境下协议的示意图。如果客户端要求区组自动形成，然后〈JA〉信息到达时被领导者没有加入这个键组，则领导者启动键组的删除。

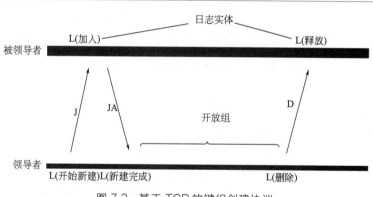

图 7-2　基于 TCP 的键组创建协议

7.1.3　系统实现

本节介绍 G-Store 的系统实现[2]。G-Store 既可以实现为键值存储系统的客户端，为键值存储系统提供多键事务处理，也可以实现为键值存储系统的中间件。由于篇幅所限，本节仅介绍基于客户端的实现。G-Store 支持的操作是从底层键值存储的操作所支持的操作中派生出来的，这些操作通常相当于对单个数据行进行读取/扫描、写入或读/修改/更新。除了这些操作之外，G-Store 还引入了涉及一个或多个操作的事务的概念。任何对区组键的读、写或读/修改/更新操作的组合都可以包含在一个事务中,而同时 G-store 可以确保 ACID 属性。

在客户端模型中,G-Store 实现为一个驻留在键值存储系统之外的客户端层,通过使用底层键值存储系统提供的单键访问功能来提供多个键访问。图 7-3 显示了基于客户端模型的 G-Store 系统架构。应用程序客户端与分组层交互,后者提供了支持事务多键访问的数据存储的视图。分组层将键值存储视为一个黑盒,并使用基于存储的客户端接口实现交互。对于每个分组,中间件只需要维护少量状态信息。因此,中间件只需要少量工作就可以恢复故障分组。由于客户端接口一般基于 TCP 协议,因此这个关键分组协议的变体能够利用可靠的消息传递来实现设计。

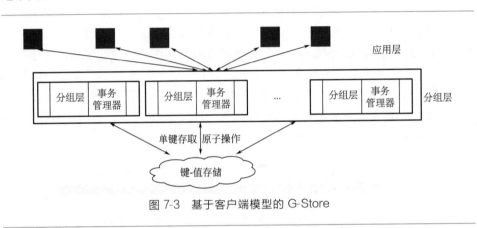

图 7-3　基于客户端模型的 G-Store

为了实现系统伸缩性,分组层部署在一个计算机集群上。因此,分组层必须执行键值分组协议,以便键的所有者位于同一个节点上。在分布式的分组层中,键空间是水平切分的。G-Store 的实现采用范围切分,但也可以采用其他切分方案,比如散列切分。在收到来自应用程序客户机的键组创建请求之后,请求被转发到分组层中的节点,该节点负责区组中的领导者的键。该节点执行键值分组协议,并且作为该组的所有者具有对该组的访问权。在这个设计中,被领导者是存储在键值存储中的实际键值,而〈J〉请求等同于请求对键"上锁"。通过在存储锁定信息的表中引入一个新列对键上锁,〈J〉请求可以说是一种测试和设置操作,用来测试在获得锁时锁定属性可用性并存储该组的 id。因为测试和设置操作是在单一键上的操作,因此支持全部的键值存储。连接请求被发送给区组中的所有键时,键组创建阶段就完成了。

键分组协议确保每个分组成员的所有者在同一节点上,因此,在一个键组上实现事务管理不需要做任何分布式的同步工作,而类似于在单一节点的关系型数据库上实现事务管理。这样能确保事务被限制在单一节点上,遵循可扩展系统设计的原理,使得 G-Store 能够在键组内提供高效可扩展的事务管理。

G-Store 使用乐观并发控制（OCC）来保证事务隔离性，OCC 避免了使用锁，在资源不足的情况下依据优先级分配。但是如前所述，在 G-Store 下的事务管理和 RDBMS 是一致的，其他技术诸如两段锁和它的变种，或者快照隔离都能实现。事务的原子性和持久性由提前写日志来实现。由于领导者节点能够获取组内成员的状态，故组内的更新也能同步地进行键值存储。注意到由于键组抽象没有定义键组间的关系，每个组相互独立，因此只在键组保持事务的一致性。

7.2 基于时间戳的事务处理技术

本书在 5.1.3 节介绍了 Google 开发的 BigTable 列族大数据存储系统。BigTable 的一个缺陷是仅支持单一行键下的事务处理。为解决 BigTable 中不能处理跨行事务的缺点，Google 开发了 Spanner 系统[3]。Spanner 是一个支持模式化半关系数据模型、类 SQL 查询语言和通用事务的全球分布式数据库系统[3]。本节着重介绍 Spanner 提出的基于时间戳的事务处理技术。

7.2.1 Spanner 事务处理简介

Spanner 实现事务处理的思路非常简单。为保障事务处理中并发控制的正确性：在 t 时刻，读事务读取到的数据库状态完全反映了 t 时刻之前已完成的写事务提交的数据库状态。我们只需要为每一个数据库事务指派一个全局唯一的时间戳。当写事务提交时，我们为该写事务提交的所有数据打上指派给该写事务的时间戳 t_w。那么当读事务提交时，系统只需比较读事务的时间戳 t_r 与数据库中已提交数据的时间戳 t_w 就可以进行事务处理。该思想虽然简单，但存在实现上的挑战。大数据管理系统通常运行在地理上分布的计算机集群中。由于节点之间在时间硬件、时区等方面存在差异，技术上无法实现为每一个事务指派一个以绝对时间为度量的全局时间戳。为解决这个问题，Spanner 开发了一套以 GPS 硬件为支撑的 TrueTime 应用接口[3]，该接口采用为每一个事务分配一个时间区间而非一个具体的时间点的方法解决全局时间戳的问题。

7.2.2 TrueTime 应用接口

本节简要介绍 TrueTime 接口的使用方法和大致的实现过程。感兴趣的读者可以在文献［3］中找到全部实现细节。表格 7-1 列出了 TrueTime 接口的方法。TrueTime 将时间描述为一个 TT 区间（TTinterval），这是一个具有边界时间点的区间，意在明确地表述时间的不确定性。TT 区间的端点是 TTstamp 类型。

TT.now( ) 方法返回一个时间区间，包含该函数被调用时的绝对时间。这个时间戳类似于 UNIX 时间，包含闰秒（leap-second smearing）。定义一个瞬时误差边界 ε，取二分之一区间宽度，则平均误差边界为 $\bar{\varepsilon}$。TT.after( ) 和 TT.before( ) 方法是基于 TT.now( ) 实现的包装器。

表 7-1　**TrueTime 接口**（参数 t 的类型是 TTstamp）

方法	返回值
TT.now( )	TTinterval: [earliest, latest]
TT.after(t)	若 t 肯定过去，为 true
TT.before(t)	若 t 肯定还未发生，为 true

Spanner 使用函数 $t_{abs}(e)$ 表示一个事件 e 发生的绝对时间。该事件与 TrueTime 函数的关系如下：

$$tt = TT.now( ), tt.earliest \leqslant t_{abs}(e) \leqslant tt.latest$$

Spanner 利用 GPS 和原子钟来实现 TrueTime。使用两种时间基准的原因是两者失败模式不同。GPS 对照源的缺陷在于容易受到发射接收失败、局部电磁干扰、关联失效（例如不正确的闰秒处理和电子欺骗等设计错误）和 GPS 系统断供等。原子钟失效的原因和 GPS 完全不同，也不会同时失效，往往是经过很长时间而因频率错误引起的显著错误。

7.2.3　基于时间戳的事务处理

Spanner 支持读写事务、只读事务（预先定义的快照隔离事务）和快照读。单独的写操作由读写事务来实现，非快照的单独的读操作由只读事务来实现。

Spanner 定义只读事务是一种能够通过快照隔离来获得性能提升的事务[6]。一个只读事务必须被预先声明不含有任何写操作。因为读操作在只读事务中基于系统提供的未上锁的时间戳执行，所以如果含有写操作也不会被阻塞。读操作在只读事务中执行时可以访问任何副本。

快照读是对历史数据的读操作，也不会上锁。在一次快照读中，用户既可以指定一个时间戳，也可以给出一个想要的过去的时间戳的范围，让 Spanner 自己选择一个时间戳。不管选择哪种，快照读执行时都能访问任何副本。在 Spanner 中，不管是只读事务还是快照读，一旦时间戳被选定，事务一定会被执行并得到确定结果。

（1）读写事务处理

Spanner 采用经典的两段锁协议处理读写事务。给定一个读写事务，Spanner 会分配给它一个代表事务提交时间的时间戳（由 Paxos 写协议实现）。Spanner 实现了下述外部一致性：如果事务 T_2 在事务 T_1 提交之后开始，则 T_2 执行的时间戳必须要比 T_1 的时间戳大。对于一个事务处理序列，定义每个事务 T_i 的提交时间戳为 s_i，定义事务的开始事件和提交事件分别为 e_i^{start} 和 e_i^{commit}，则具有下列性质：$T_{abs}(e_1^{commit}) < T_{abs}(e_2^{start}) \Rightarrow s_1 < s_2$。执行事务和分配时间戳的模型遵循上述的两个规则，从而保证这种性质。如果事务 T_i 是一个写操作，Paxos 会将提交请求的事件定义为 e_i^{server}。

开始：Paxos 会为写操作 T_i 分配一个不小于 TT. now() 的提交时间戳 s_i，这个时间戳会在每个 e_i^{server} 之后计算。

提交等待：Paxos 确保用户在 TT. after(s_i) 值变为真之前，用户看不到任何被事务 T_i 提交的数据。提交等待确保了对于 T_i，每个 s_i 是小于绝对提交时间戳的，即 $s_i < T_{abs}(e_i^{commit})$。读写事务提交正确性的证明见文献 [3]。

（2）基于时间戳的读事务处理

利用事务时间戳，Spanner 能够正确地判断一个副本的最新状态是否满足读操作的条件。其原理和正确性简述如下：Spanner 用一个称为安全时间 t_{safe} 的值来跟踪每个副本的最新状态。易见，只需要向读事务返回时间戳 $t \leqslant t_{safe}$ 的副本。

Spanner 定义 $t_{safe} = \min(t_{safe}^{Paxox}, t_{safe}^{TM})$，其中，$t_{safe}^{Paxox}$ 是每个 Paxos 状态机的安全时间，t_{safe}^{TM} 是每个事务处理机制的安全时间。由于在 Spanner 中，写操作是有序的，所以下一个写操作不会发生在 t_{safe}^{Paxox} 给出的间隔时间之前，这保证了 Spanner 处理读事务的正确性。

7.3 确定性分布式事务处理技术

传统的分布式数据库系统（如 R^*）采用两阶段提交协议进行分布式事务处理。为保证事务处理中的隔离性，两阶段提交协议要求事务参与节点在运行提交协议的过程中保持所有数据锁。当参与事务的节点数目不多时，这种在事务提交过程中保持所有数据锁的做法是可行的。然而，随着参与事务的节点数增多，节点故障不可避免。由于两阶段提交协议要求全部参与事务处理的节点都保持数据锁，因此故障节点会显著地拖慢事务的处理速度。本节介绍 Calvin 系统提出的确定性分布式事务处理技术[4]。与两阶段提交协议相比，确定性分布式事务处理技术能够显著地提高大数据管理系统处理分布式事务的性能。

确定性分布式事务处理技术的基本思想如下：当有多个节点参与事务处理，并需要就如何提交事务达成共识时，事务参与节点在执行事务之前达成共识，而非在执行事务之后达成共识。一旦在事务开始执行之前，所有事务参与节点就数据锁和事务执行计划达成共识，该共识在整个事务执行期间不会更改。由于共识的不可变更性，当参与事务的某个节点发生故障时，事务管理系统只需要指派一个副本节点运行故障节点的事务执行计划，而参与事务的健康节点可以无需等待故障节点进行故障恢复，照常运行共识中指派给自身的事务执行计划，并提交事务。如此一来，便不再需要将事务提交过程分成两个阶段，提升了事务处理性能。在具体实现时，Calvin 通过同步复制事务请求的批处理任务信息，并修改数据库的并发控制层来实现让事务参与节点在事务开始执行之前达成共识[3]。通过提前达成共识的方法，确定性数据库使得分布式事务能够在存在非确定性故障（可能在进行事务处理时发生）的情况下提交事务。

Calvin 设计为在任何存储系统之上都可用的可伸缩事务层，实现了基本 CRUD 接口（创建/插入，读取，更新和删除）[4]。图 7-4 展示了 Calvin 的高层架构。Calvin 的本质在于将系统分为三个独立的处理层。

① 队列层（或"队列发生器"）：拦截事务输入并将其置于全局事务输入队列中。这个队列的顺序和所有副本的事务提交的顺序一致，以确保在执行期间能够等价串行。

② 调度层（或"调度程序"）：使用确定性锁的方案编排事务执行，以保证事务的执行过程与队列层指定的串行顺序等价，同时允许事务由事务执行线程池并发执行。虽然它们显示在图 7-4 中的调度程序组件的下面，但这些执行线程在概念上属于调度层。

③ 存储层：处理所有的物理数据布局。Calvin 事务处理时访问数据使用简单的 CRUD 接口；任何支持类似接口的存储引擎都可以作为插件加到 Calvin 中。

上述三层都是可以水平扩展的，它们的功能是通过一个非共享的节点集群实现分配的。Calvin 部署中，每个节点通常运行每个层的一个分配（图 7-4 中的高灰色框表示集群中的物理机器）。

Calvin 的设计与传统的数据库设计的区别在于将副本机制、事务处理以及并发控制模块从存储系统中分离出来。Calvin 的这种设计反映了大数据管理系统模块独立的思想[5]。

Calvin 将调度层中的排序模块实现为一个简单的回响服务器——每个单点接受事务请求后，将它们记录到磁盘，并按时间顺序将它们转发到该副本中相应的数据库节点。单节点排序器存在的问题是：①存在潜在的单点故障；②随着系统的增长，单节点排序器的恒定吞吐量限制使整个系统的可扩展性迅速停止。而 Calvin 排序层分布在所有系统副本中，因而也会在每个副本内的每台机器上进行分配。

Calvin 系统把每台设备的排序器收集来自客户端的事务请求的周期设为 10ms，每个周期结束时，所有到达排序器节点的请求都被统一编译成一个批处理。这也是创建事务输入副本（下面讨论）的发生点。

在排序器的批处理任务被成功复制之后，在其副本会向每个分配的调度器发送消息，该消息包含排序器的唯一节点 ID、历元号（整个系统同步地每 10ms 递增一次）和所有收集到的事务输入。这允许每个调度器通过交叉收发（以确定性的、循环的方式）拼凑出它自己的全局事务顺序的视图。

Calvin 支持两种事务输入复制技术：异步复制和基于 Paxos 的同步复制。在这两种模式下，节点都组织成复制组，每个复制组都包含特定分配的所有副本。例如，在图 7-4 的部署中，副本 A 中的分区 1 和副本 B 中的分区 1 将一起形成一个复制组。

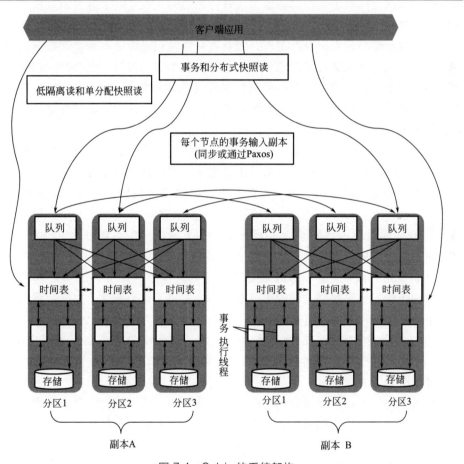

图 7-4　Calvin 的系统架构

在异步复制模式下，一个副本被指定为主副本，并且所有事务请求都立即转发到位于此副本节点的排序器。在编译每个批处理之后，每个主节点上的排序器组件将批处理转发到其复制组中的所有其他（从）排序器。虽然这样做会造成很复杂的故障转移，但其优点是事务开始在主副本上执行之前有非常低的等待时间。在主排序器发生故障时，必须保证在同一副本中的所有节点和故障节点的复制组的所有成员之间在以下结果上保持一致：①哪一个批处理任务是失败的排序器发出的最后一个有效结果；②到底该批处理事务包含哪些事务（因为每个调度程序只发送它实际需要执行的每个批处理的部分视图）。

在基于 Paxos 的同步事务输入复制模式下，同一个复制组中的所有排序器使用 Paxos 使同一个周期内的事务请求达成一致。具体实现上，Calvin 使用 Zoo-Keeper[6] 来复制事务输入。把数据库系统的事务性组件和存储部件分解开来，就不能再做出任何关于通过物理层来实现数据层的假设，既不能引用页面和索引等物理数据结构，也不能意识到事务对数据库中数据物理布局的副作用。日志记录和并发协议都必须完全合乎逻辑，而且要只涉及记录键而不是物理数据结构。

但是，只访问逻辑记录对于并发控制来说稍微有些问题，因为确定加锁的范围和满足对幽灵指针更新的鲁棒性通常需要访问物理数据。为了处理这种情况，Calvin 使用最近提出的一个非捆绑数据库系统的方法，即创建虚拟资源从而在逻辑上锁定事务层[7]。

Calvin 的确定性锁管理器分布在调度层中的所有节点上，每个节点的调度器只负责锁定存储在该节点的存储组件上的记录，即使是访问存储在其他节点上的记录的事务时也严格遵循。锁定协议类似严格的两阶段锁定，但有下面两个不变量。

① 在任何时候一旦事务 A 和事务 B 都想要对同一些本地记录 R 加排他锁，如果在顺序层提供的串行顺序中事务 A 出现在 B 之前，那么 A 必须在 B 之前请求对 R 的锁定。实际上，Calvin 通过在单个线程中序列化所有的锁请求来实现这一点。线程扫描序列层发送的串行事务顺序；对于每个条目，它都会请求该事务在生命周期中需要的所有锁。

② 锁管理器必须严格按照这些事务请求锁的顺序为每个锁授予请求事务。所以在上面的例子中，直到 A 获得了 R 上的锁定，执行完成并释放锁定，B 都不能被授予对 R 的锁定。

在这种协议下，一旦事务已经获得了所有的锁（因而可以完全安全地执行），它就被交给一个工作线程来执行。工作线程的每个实际事务执行分下面五个阶段进行。

① 读/写设置分析。事务执行线程在处理事务请求时所做的第一件事是分析事务的读写集，包括本地存储的（例如正在执行线程的节点）读取和写入集的元组，以及参与存储写入集的参与节点集，这些节点被称为事务中的积极参与者。只有读取组的元素被存储的参与节点被称为被动参与者。

② 执行本地读取。接下来，工作线程查找本地存储的读取集中所有记录的值。根据存储接口的不同，将记录复制到本地缓冲区，或者只是将指针保存到内存中可找到记录的位置。

③ 服务远程读取。本地读取阶段的结果被转发到每个主动参与节点的对应工作线程上。由于被动参与者不修改任何数据，因此它们不需要执行实际的事务代码，也不需要收集任何远程读取结果。被动参与的节点上的工作线程则在读取阶段之后完成。

④ 收集远程读取结果。如果工作线程正在主动参与的节点上执行，那么它必须执行事务代码，因此它必须首先获取所有读取结果——即本地读取的结果（在第二阶段获取）和远程读取的结果（第三阶段由各参与节点转发得到）。在这个阶段，工作线程要做的是收集后一组结果。

⑤ 事务逻辑执行和执行写入。一旦工作线程已经收集了所有的读取结果，它就继续执行所有的事务逻辑，执行全部的本地写入操作。局部写入被对应的节点处的对应事务执行线程视为本地写入，并在那些节点执行，非局部写入会被忽略。

如果使用确定性锁定协议，为了确认所有的读/写集是否支持在 Calvin 上处理，事务处理必须先执行读操作，因为 Calvin 的确定性锁定协议要求在事务执行开始之前事先知道所有事务的读/写集。不过，Calvin 支持一种称为乐观锁定位置预测（OLLP）的方案，它可以只用修改客户端事务代码从而以非常低的开销实现[8]。这个想法是，通过一个低开销、低隔离、不重复、只读的侦测查询来预测依赖事务，即执行所有必要的读操作来发现事务的完整的读/写集。根据查询到的结果，将实际事务发送到全局序列而后执行。由于侦测查询所读取的记录（由于实际事务的读/写集合）有可能被改变，所以在侦测查询和实际事务之间必须重新检查读取的结果，并且如果"侦测"的读/写集合不再有效的话，进程必须可以（确定性地）重新启动。

在这类事务中，为了区分全部的读/写集合，使用二级索引查找是特别常见的。因为二级索引代价很高，所以很少用于保存更新频繁的数据。例如，"库存物品名称"或"纽约证券交易所股票代码"的二级指标中是常见的，而在"库存物品数量"或"纽约证券交易所股票价钱"中就一般不使用。TPC-C 基准的"支付"事务就是这个事务子类的一个例子。由于 TPC-C 基准工作负载从不修改支付事务的读/写集合可能依赖的索引，因此在使用 OLTP 时，支付交易永远不必重新启动。

确定性执行只能对完全驻留在主存中的数据库起作用。原因在于确定性数据库系统相对于传统的非确定性系统的一个主要缺点是非确定性系统需要保证与任何连续顺序的等价性，并且可以任意地重新排序事务，而像 Calvin 这样的系统受限于顺序器选择。

例如，如果一个事务（我们称之为 A）等待磁盘访问，那么传统的系统将能够运行其他事务（比如 B 和 C），这些事务不会与 A 已经拥有的锁相冲突。B 和 C 的写入集与 A 还没有锁定的键上的 A 重叠，则可以按照与串行顺序 B—C—A 而不是以 A—B—C 方式执行。然而，在确定性系统中，B 和 C 将不得不阻塞，直到 A 完成。更糟糕的是，其他与 B 和 C 相冲突的交易（但不是 A）也会被卡住。因此，在这个系统中，事务执行期间磁盘停顿时间高达 10ms，因此对于最大化资源利用率，即时重新排序是非常有效的。

遵循这一指导性设计原则，Calvin 避免了在基于磁盘的数据库环境中的确定性的缺点：在获取锁之前，尽可能地将繁重的工作移到事务处理流水线的较早阶段。

当排序器组件接收到可能引起磁盘停顿的事务的请求时，在将该事务请求转发到调度层之前，会引入一个人工延迟，同时向所有相关存储组件发送"事务即将访问记录，请预热磁盘"的请求。如果人工延迟大于或等于将所有磁盘驻留记录放入内存所需的时间，那么当事务实际执行时，它将只访问内存驻留数据。请注意，采用这种方案，事务的整体延迟不应该大于在执行期间执行磁盘 I/O 的传统系统中的延迟（因为在任一情况下都可能发生完全相同的一组磁盘操作）——但此时不应该增加事务的争用的磁盘延迟。

为了清楚地展示这种技术的适用性，Calvin 实现了一个简单的基于磁盘的存储系统，其中"冷"记录被写到本地文件系统，并且在事务需要时键值表以只读的方式存入 Calvin 主存。文献［4］显示当每台计算机每秒执行 10000 次微基准事务时，只要基于磁盘存储的事务不超过 0.9％的事务（90 次），Calvin 的总事务吞吐量将不受存储基于磁盘存储的事务的影响。

7.4 基于数据迁移的事务处理技术

在非共享的数据库里，事务被分成两类：只在单一节点执行的本地事务和跨多个节点的分布式事务。由于使用 2PC 协议确保原子性的开销很大，分布式事务处理比本地事务更低效。

图 7-5 展示了一个基于 2PC 的事务处理的例子。这个例子也将用于说明在下一节中我们推荐的策略。在图 7-5 中，数据库被分成节点 S_1 和 S_2 两个部分，事务 T 在 S_1 被提交，产生了数据记录 r_1，类似地，r_2 被存在第二部分。因此，（T 提交的节点）S_1 作为协调者而 S_2 作为参与者，然后使用两步的策略来执行事务 T。

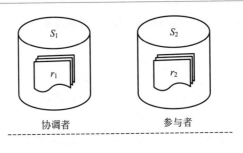

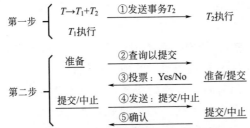

图 7-5　分布式事务在 2PC 上的处理（带下画线的操作需要相关的
日志条目下执行向稳态存储的强制写）

　　第一步：任务分散。协调者首先将事务分成多个子事务，每个子事务被发到不同的参与者执行。在我们的例子里，T 被分成 T_1 和 T_2，T_1 在协调者节点执行，T_2 在参与者节点执行。在这一步中，协调者将包含子事务的消息发给参与者来执行。

　　第二步：原子提交。当事务准备好提交时，进入提交步骤。提交步骤由投票环节和完成环节组成。在投票环节，协调者汇总所有参与者准备提交的数据（图 7-5 中的第 2 条信息），等待应答。与此同时，在投票开始之前，参与者要一直将数据改变存在稳态内存里，否则参与者会立即中止。在提交环节，协调者会收集所有的投票，如果投票结果为"Yes"，协调者会决定提交并发送一个全局提交消息给所有的参与者，否则会发送中止信息给参与者（图 7-5 中的第 4 条消息）。每个参与者基于收到这个决定来采取行动，并把结果反馈给协调者。

　　2PC 协议简单但是引入了很高的延迟，由于通信的代价和不确定性，在执行时，所有的协调者与参与者之间的通信通过节点内部消息来实现，在我们执行的例子中，每个参与者至少通信了 4 条消息。注意到协议还要确保发送消息的程序正确性（图 7-5 中的第 5 条消息）来确保服务器能够删除协调者的过期信息。进一步地，参与者可能会因为失败而长时间阻塞。这导致协调者或至少一个参与者的失败都会导致全部的投票失败。此时，全局决定的投票过程是决定提交（如果节点都投了"Yes"还是失败了）还是决定中止（如果节点们没有投票或投了

"No"）也无迹可寻。进一步地，对于一个更为复杂的多步骤事务，基于 2PC 处理会在协调者和参与者商讨时出现多个结果，导致额外的节点间消息丢失。

7.4.1 LEAP

LEAP 的主要目标是减少 2PC 协议的开销，因此，LEAP 完全摒弃了 2PC，将所有的分布式事务都转换成本地事务来处理[9]。LEAP 通过将分布式事务运行时需要的全部数据转移到单一节点的方法，达到上述分布式事务本地化的目的。换句话说，当事务需要某些数据时，系统动态地将这些数据移动到某些节点上。

定义 7.1（所有者）： 给定一条数据记录 r，r 的所有者是 r 所存位置的单一的服务器节点 S，并且 S 被授予对 r 的独占访问权。

根据定义，除了所有者，其他的服务器都不能获得这条数据记录，并且在任何时间，每条记录都存在一个独一无二的所有者。因此，当节点 S_1 想要获取一条属于 S_2 的记录 r 时，必须对 S_2 发送请求来更换所有者。当 S_2 交出 r 的所有权时，会把记录 r 发送给 S_1，随后 S_1 获得 r 的记录，采用的是本地获取。

使用 LEAP 时，分布式事务处理会进行以下处理：协调者（当事务被提交时）抢夺式地向参与者发送获取数据移动到自己的位置的请求，一旦数据被移动到协调者的节点上，就会在本地执行事务。为了说明这个想法，我们建议读者再看以下的例子。在图 7-5 中，数据被分成两部分，分别放置在节点 S_1 和 S_2。两个节点分别拥有记录 r_1，r_2。为了执行同时获取 r_1 和 r_2 的事务 T，像图 7-6 示意的那样，协调者 S_1 向 S_2 发送一个获得 r_2 的所有权的请求消息（为图 7-6 中的消息 1）。一旦 S_2 获得了这个消息，就决定事务是否可以进行，如果同意移交给 S_1，将触发迁移过程，即发送给 S_1 一个带有请求数据（为图中 r_2）的所有者转换的消息（为图 7-6 中消息 2）将 r_2 的所有权交给 S_1。此时，S_1 获得了执行事务所需要的所有数据请求，然后在本地执行事务 T。当 T 被提交时，提交的是不含任何分布式节点的本地事务。与 2PC 相比，LEAP 使用更少的（图例中为 2）节点间的消息来执行事务，从而减少处理时延。

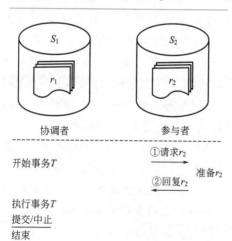

图 7-6　分布式事务处理的 LEAP 总览

乍一看，LEAP 的动态争抢数据存放位置的方法很费时，然而，这种策略确实是高效而灵活的。有以下三个原因。第一，OTLP 查询只需要涉及少量的数据记录。因此，传送数据的开销是远低于 2PC 协议的，后者我们需要把子事务处理的结果实时传送。第二，这个传输开销的增加小于持续在网络传输数据缩短的时间，比如 10GB 的以太网。第三，在相同节点执行的事务序列可以获取相同的记录而避免了再次远程获取。因此，很值得通过增加一点数据传送的开销来减少节点间的消息数量。

LEAP 的设计和分析模型假定当前网络结果能够提供足够的带宽和低延迟的通信。这种快速网络广泛应用于绝大多数的局部网络（如 LANs）。

实现 LEAP 首要的难点是确保数据位置和所有者可以被高效管理。例如，当数据频繁移动时，我们该如何得知数据的位置？为此，我们将具有管理者的元数据解耦，将数据放在两张表里存储：一张所有者表来维护所有者信息，一张数据表来存储实时的数据记录。每条记录由一个键值对来表示，$r = \langle k, v \rangle$，我们把两条记录分别存在上述两张表里：①在所有者表里，数据所有者记录 $r_o = \langle k, o \rangle$，$o$ 代表 r 的通过地域区分（比如 IP 地址）的所有者。②在数据表里，数据记录为 $r_d = \langle k, d \rangle$。所有者表通过某个标准的数据分类技术使 k 分布在全部的节点上（例如哈希或者范围）。数据表也根据节点分类。数据记录 r_d 被存在它的所有者的局部数据表里。

一条记录 r 的初始状态被存储在存放所有者信息 r_o 的节点上，随后，每发生一次所有者转换，r_d 表示的数据记录会被移动到新的所有者的本地数据表中，所有者信息 r_o 的位置则永远不会改变，一直在初始位置。所有者记录用于追踪 r 的当前所有者。

图 7-7(a) 展示了一簇数据的初始存放布局。数据和其所有者信息存储于相同的节点 S_1 和 S_2，图 7-7(b) 示意了当记录 $\langle k_3, v_3 \rangle$ 从 S_1 被移动到 S_2 时，所有者信息仍存于 S_1，但所有者信息被更新了，类似地，将数据记录 $\langle k_6, v_6 \rangle$ 移动到 S_2 也使得所有者信息更新。

为了减小存储空间，不需要在每个所有者节点上存放记录的所有者信息，只有一条记录需要移动到其他节点时，它当时的索引在才会将该记录的所有者信息记录到自己的表中。换句话说，默认一条记录的所有者是具有它自己所有者信息的节点。例如，在优化模式中，如图 7-7(a) 所示，所有在 S_1 和 S_2 所有者表中的条目，在图 7-7(b) 中，只有条目 $\langle k_3, S_2 \rangle$ 和 $\langle k_6, S_1 \rangle$ 仍各自存储在 S_1 和 S_2 中。进一步地，好的键的分配策略可以减小所有者表的大小，一般来说，大多数记录存放在初始位置上。

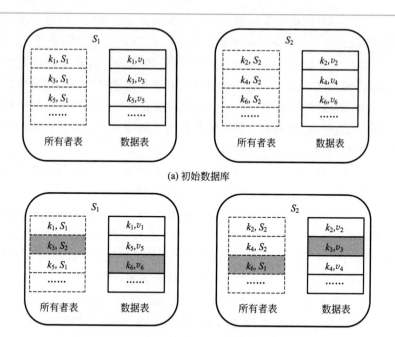

(a) 初始数据库

(b) 执行所有者转换后

图 7-7　所有者转换举例

我们提到的 LEAP 模式基于所有者转换协议。为了介绍所有者转换协议，我们引入如下定义。

定义 7.2（请求者）：当节点从其他所有者节点请求数据时，被称为请求者。

定义 7.3（分配者）：如果节点持有 r 的所有权信息，则将节点称为记录 r 的分配者。

回想一下，给定一个事务 T，如果节点是 T 所需要的所有数据的所有者，那么该事务可以由节点直接执行，而不需要进行任何所有权转移。只有当节点需要请求其他节点拥有的数据时，所有权转移才会发生。为了从其他节点转移所有权，请求者运行一个所有权转移协议，该协议在概念上由以下 4 个步骤组成。

① 所有者请求：分配者通过在所有者表上执行一个标准的键值查找来确定请求记录的当前所有者是谁。

② 转移请求：在找到记录的当前所有者之后，请求者向所有者发送所有权转移请求，请求所有者将记录的所有权转移给请求者。

③ 响应：一旦所有者收到所有权转移请求，它将检查请求数据的状态。当所有者无法将所有权授予请求者（例如，多个请求者同时竞争所有权）时，所有者会向请求者发送一个拒绝消息。否则，所有者将向请求者发送一条响应消息和

请求的数据。一旦数据被发送给请求者，它就会自动失效，在旧的所有者的节点上，将来会被垃圾收集程序清理。

④ 通知：在接收到数据之后，请求方通知分配方对所有权转移进行更新。注意，在上面的三个步骤中，所有权在分配中没有更新。只有当所有权转移成功，并接收到通知消息时，分配者才会相应地更新所有权。这保证了在所有权转移期间节点故障时的所有权一致性。此外，如果所有者请求或转移请求被拒绝（例如，由于并发控制），请求者也会告知记录所有者关于所有权转移的失败。而原所有者将保留所有权。因此，数据的所有权保持在一个一致的状态。

在发送消息之前，它会在发送方站点上保留本地记录。当故障发生时，任何消息丢失都是通过在预定的超时时间后重新发送消息来处理的。请注意，响应步骤是唯一可能导致数据丢失的步骤。为了解决这个问题，我们允许原始所有者在删除之前保留失效数据的备份。因此，当响应消息丢失时，原始所有者可以恢复数据。

上述四个步骤组成了处理一个所有权转移请求的一般处理过程。对于所有权转移，有三种不同的情况取决于请求者、分配者和所有者。图 7-8 说明了这三种情况，即 RP-O、R-PO 和 R-P-O。对于生成的远程消息的数量，它们可能会产生不同的开销。RP-O 是请求者与分配者相同的时候，在这种情况下，所有者请求步骤和通知步骤在请求者本身中有效地进行，而另外两个步骤可以通过使用两个节点间的消息来实现。当分配者和所有者保持相同的时候，R-PO 就出现了，但是与请求者不同。在这种情况下，每个所有者请求、响应和通知步骤都需要一个节点内的消息。在 R-P-O 中，当请求者、分配者和所有者是三个不同的节点时，每个步骤都使用了一个节点间的消息。

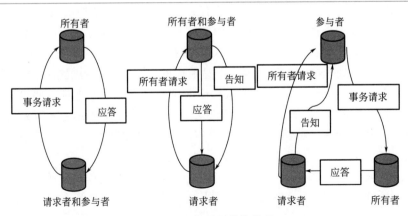

图 7-8 所有关系转换情况

回想一下，一旦请求者获得数据的所有权，它就会自动成为数据的所有者。只要所有权没有转移到其他地方，所有者就可以在本地拥有和保存数据。这确保数据可以在所有者节点上服务多个相同事务的实例，并避免频繁的数据传输。

为了便于讨论，我们考虑通过主键访问数据。

得益于现代高速网络技术，网络传输的延迟对于传输小数据（例如元组或SQL 语句）来说几乎是无法区分的。由于网络输入/输出仍然比主内存操作慢很多，因此传递的顺序消息的数量主要决定了分布式内存事务处理的开销。从图 7-5 和图 7-8 中可以看出，LEAP 通过传递的顺序消息的数量显示了它优于2PC 的优势。

为了更好地理解基于 LEAP 的事务处理，我们进一步提供了对每个事务的延迟预期的理论分析，以评估这两种不同技术的事务处理效率。在这里，延迟由两个组件组成：事务处理和事务提交。我们忽略了在初始阶段发送查询语句的开销，因为它的开销对于 LEAP 和 2PC 都是相同的。

为了简化分析，并将重点放在 LEAP 和 2PC 之间的比较上，我们做出以下假设：

① 与分布式数据通信相比，本地处理时间可以忽略不计。换句话说，分布式数据通信的开销决定了整个性能。

② 发送一个 SQL 查询的开销与发送一个元组的开销相同。由于现代网络基础设施的快速联网，这种假设通常是成立的。

③ 每个 OLTP 事务只访问整个数据库的一个小子集，并且不执行完整的表扫描或大的分布式连接。具体地说，我们假设每个事务执行 n 个数据访问，它们的足迹（例如元组的键）在事务语句中给出。特别地，对于 LEAP 事务，所有的数据访问都可以并行处理，因为所有需要的元组都是预先知道的，因此，一个数据访问的预期延迟反映了事务中所有 n 个数据访问的预期延迟。

而基于分配的数据库，如果访问的数据最初被分配给当前正在运行的节点，那么我们定义数据访问是本地的。否则，数据访问被定义为远程。注意，尽管LEAP 会在事务处理期间迁移数据，但是上面的定义总是引用数据库分配的初始状态。此外，我们还将进一步定义远程数据访问是否具有本地性。假设节点 S_1从节点 S_2 请求数据 r，如果在不久的将来仅通过 S_1 的事务访问 r，那么这种远程数据访问将被称为区域性访问。相反，如果 r 经常被除 S_1 以外的节点所请求，那么它就被认为是非区域性的。

首先，我们考虑基于 leap 的事务处理。设 $P(R)$ 为远程数据访问的总概率，则 $P(L|R)$ 是每个节点远程数据访问的概率。不同类型数据访问的概率计算如下：

• $P_1 = 1 - P(R)$：局部数据访问概率。

- $P_{rl}=P(R)\times P(L|R)$：单个节点远程访问数据的概率。
- $P_{rnl}=P(R)\times[1-P(L|R)]$：非单个节点的远程访问数据的概率。

因此，我们分析每种类型的数据访问的开销估算。对于本地数据访问，基于假设①，开销只包括访问以前通过远程数据访问而非本地传输到其他节点的数据。因此，本地数据访问的开销可以计算为

$$t_l=\alpha X\times P(R)\times[1-P(L|R)]$$

其中 α 是在协议往返中传递的消息队列的平均数量，X 是基于假设 2 的用于传送所有类型消息的一次网络传输时间。在 LEAP 中，根据图 7-8 中所有者转换的例子，α 的值可以是 2、3、4。

简单来说，本地远程数据传输可以用相同的估计式，如下：

$$t_{rl}=\alpha X P(R)\times[1-P(L|R)]$$

这是因为只要迁移到请求节点，访问的数据就会在本地可用。

最后，对于非局部的远程数据访问，预计数据将位于远程节点。尽管有可能通过一些以前的数据访问将访问的数据转移到请求节点，但是我们忽略这种可能，因为它很少见。因此，这种类型的数据访问的成本如下：

$$t_{rnl}=\alpha X$$

由于 LEAP 将每个分布式事务转换为本地事务，因此事务提交可以在本地执行，成本也可以忽略不计。因此，在假设③的情况下，我们可以根据不同类型的数据访问和相应的概率，推导出基于 leap 的事务处理的预计延迟如下：

$$T_{\text{LEAP}}=t_lP_1+t_{rl}P_{rl}+t_{rnl}P_{rnl}=\alpha X\times P(R)\times\overline{P(L|R)}\times[2-P(R)\cdot\overline{P(L|R)}]$$
$$(7\text{-}1)$$

其中 $\overline{P(L|R)}=1-P(L|R)$ 代表没有结点进行远程访问的概率。

接下来，我们将考虑基于 2PC 的事务处理。回想一下，只有当一个事务涉及多个节点的数据访问时，才需要 2PC。假设①，我们只需要处理事务处理涉及多个节点的情况。有 n 个数据访问，事务被分配的概率是

$$P_{dt}=1-[1-P(R)]^n$$

此外，由于基于 2PC 的分布式事务处理可能涉及多个线程驻留在不同的节点中，因此一个多步骤事务可能需要在分布式线程之间交换中间结果。假设在一个需要中间结果传输的多步骤事务中采取步骤，其中每一个都涉及至少一个消息传递。此时，我们可以推导出基于 2PC 的事务处理的预计延迟为

$$T_{\text{2PC}}=\beta X P_{dt}+iX P_{dt}=(\beta+i)X\{1-[1-P(R)]^n\}\qquad(7\text{-}2)$$

其中，β 是在 2PC 处理过程中消息队列的数量，如图 7-5 所示，β 在一个标准的 2PC 协议中等于 5。

以上关于延迟预期的分析提供了基于 LEAP/2PC 的事务处理的三点看法。第一，不考虑远程数据访问的位置 [不妨设 $P(L|R)=0$]，T_{LEAP} 随着 $P(R)\times$

$[2-P(R)]$ 的增长而增长，T_{2PC} 随着 $1-[1-P(R)]^n$ 的增长而增长。这意味着当远程数据访问增加时，LEAP 超过 2PC 的优势将变得显著。第二，使用本地的远程数据访问将有利于 T_{LEAP}，而不会影响 T_{2PC}。第三，当事务涉及中间结果传输时，基于 2PC 的处理变得更加昂贵，而基于 LEAP 的处理则不受此类问题的影响。

7.4.2 L-Store

在本节中，我们将介绍 L-Store 的设计，这是一个基于 LEAP 的 OLTP 引擎。图 7-9 显示了 L-Store 的体系结构，包含 N 个节点和一个分布式的内存存储。在每个节点中有如下四个主要的功能组件。

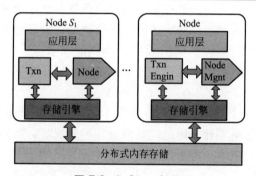

图 7-9 L-Store 架构

① 应用层：该层提供了与客户端应用程序交互的接口。

② 存储引擎：L-Store 使用内存中的存储。为了方便有效地进行数据访问，轻量级索引（例如哈希索引）被用来实现数据表、所有者表和锁的快速检索。

③ 事务引擎：该引擎处理事务执行。采用多线程处理事务，以提高并行度。与存储引擎进行交互，来读/写数据，同时是节点管理组件，负责检测数据锁和发送所有权转移请求。

④ 节点管理：该模块管理和维护运行 LEAP 所需的数据结构，包括记录锁表格等。

基于以上架构，我们进一步介绍并发控制、事务隔离和容错的关键设计。

并发控制确保在不破坏数据完整性的情况下同时执行数据库事务。在本节中，我们将在系统中引入基于锁的分布式并发控制方案。

在 L-Store 的每个节点中，并发控制是通过维护两个数据结构来实现的：数据锁和所有者调度程序。数据锁的设计是为了控制正在进行的数据访问。考虑到每个 OLTP 事务通常只访问几个元组，不太可能与其他并发事务发生冲突，因此将锁粒度定到元组。数据锁定方案使用读-写锁机制。所有者分配器用来处理来自不同节点对相同元组所有权转移的并发请求。当这些并发请求被发送到分配器时，分配器所有者调度程序将根据死锁策略决定首先处理哪一个。所有者调度程序的主要属性是保证只有一个请求被转发给数据所有者以完成数据传输。

现在，我们将在 L-Store 中引入事务执行的生命周期。为了保证串行等价和高水平的事务隔离，我们采用了严格的两阶段锁定方案（S2PL），它保证了事务处理的可序列化性和可恢复性。在 S2PL 中，所有被授予的锁会一直保留，直到事务提交或中止。事务执行在以下阶段进行。

① 开始：在初始阶段，事务执行程序线程将初始化事务并分析执行计划（例如本地/分布式事务、中间步骤的数量、第一步所需的数据等等）。

② 数据准备：接下来，事务执行器将检查所需的数据是否在本地可用。这是通过检查本地内存存储来执行的。如果数据存储在本地内存中，则表明当前节点是所有者，并且事务可以用本地数据执行。然后，执行程序将把数据请求发送给锁管理器，以锁定数据以供使用。但是，如果请求数据在本地不可用，执行程序线程将把所有权转移请求发送给相应的分配，以便远程获取数据。

在此阶段，如果执行程序通过所有权转移协议或死锁预防机制收到一个中断信号，则事务将直接进入中止阶段。

③ 执行：在此阶段，事务可以从本地存储访问或更新任何数据项。在事务开始时，有时无法预测对象将被使用。这通常是交互式应用程序中的情况。因此，在这样的场景下，事务可能会重新进入前一个阶段，以便在事务执行过程中获取数据。当这个阶段结束时，它将进入提交阶段。

④ 结束

a. 提交。当整个事务成功完成时，事务进入提交阶段。所有的数据更新都应用在本地内存中。此外，还应用 write-ahead 日志记录技术将事务日志写入分布式持久存储中。一旦成功地写入日志，就认为事务完成，提交标志被设置为事务结束。与此同时，释放所有被锁定的数据。

b. 中止。在冲突中，事务被回滚以取消事务执行期间的所有更新。同时，所有锁定的数据都被释放。提交和中止策略提供了原子事务执行，即事务中的所有操作都被提交或中止。

当两个或多个竞争过程相互等待对方完成，导致两个都无法完成时，死锁发生（例如，在 L-Store 中，事务或所有权转移请求正在等待对方完成）。为了解决这个问题，我们采用了基于时间戳的死锁预防技术来管理对资源的请求，这样至少一个进程总是能够获得所需的所有资源。根据它到达执行节点的时间，每个事务被分配到一个全局唯一的时间戳。根据事务时间戳，使用 Wait-Die 策略来处理冲突，以实现死锁预防。直观的想法是对事务设置优先级。与较新的时间戳相比，具有更小的时间戳的旧事务具有更高的优先级。在 Wait-Die 策略中，高优先级事务等待由低优先级事务持有的数据，而低优先级事务则在数据由高优先级事务持有的情况下立即中止。为了简化演示，我们定义了一个基于等待的冲突处理操作，该操作将在本节的其余部分中使用。

假设事务 T_1 获得了对记录 K 的加锁，同时事务 T_2 想要获取 K，根据 Wait-Die 策略，T_1 和 T_2 之间冲突的处理函数 CH 可以被定义为：

$$CH(T_1, T_2) = \begin{cases} T_1 \text{ waits if} & T_1.t < T_2.t \\ T_2 \text{ aborts if} & T_1.t > T_2.t \end{cases} \tag{7-3}$$

其中 t 是事务的时间戳。

此外，每一个被终止的事务都以初始时间戳重新启动，从而避免了饥饿。

在 L-Store 中，并发请求可能在两种情况下出现。第一种是节点内的事务并发地访问本地数据。第二种是事务并发访问数据，请求所有权转移。后者包括多个节点并发对相同数据请求所有权的情况。

第一类并发请求可以通过传统的、集中的、基于锁的并发控制机制来处理，例如 Wait-Die 策略。处理第二类并发请求时，L-Store 与其他基于锁的分布式系统不同。

为了便于演示，我们首先假设请求者中有一个需要远程记录的事务。在我们的例子中，节点上的多个事务可能稍后请求远程记录。我们将使用下面的例子来进行讨论。

① 请求端：假设在节点 S_1 上的事务 T_1 需要对记录 K 进行访问，该记录存储在节点 S_3，如图 7-10 所示。在 S_1 发送所有者转换请求之前，它首先在数据锁中构建一个新的"请求"锁项，表示来自 S_1 的 K 的所有权转移请求已经发送了。这个请求锁和其他数据锁的不同之处在于，这个锁定的键在本地存储中没有数据。为了防止死锁，请求事务的时间戳也被附在消息中［例如 $S_1(T_1.t)$］。

② 分配者端：在分配者端，同时可能有来自多个节点的多条所有权转移请求［例如来自 S_1 的 $S_1(T_1.t)$ 和来自 S_i 的 $S_i(T_i.t)$］。主要设计原则之一是按顺序处理请求。换句话说，在任何时候，只有一个请求被发送给所有者，而其他的请求必须等到上一个完成，并将通知消息发送给分配者。这是为了避免重新发送请求的开销：如果多个请求都被发送给所有者，那么只有其中一个会被授予所有权，而其余的则需要重新发送（因为有一个新的所有者）。

为了防止死锁，还在这里应用 Wait-Die 策略，使用等式（7-3）来处理不同请求之间的冲突。为了降低中止率，另一个设计原则是优先处理最大的时间戳关联的请求。假设 $T_1.t > T_x.t$，则 $S_1(T_1.t)$ 会被优先处理。在这里，正在处理的这个程序类似于持有一个进程"锁"。所有其他的［例如 $S_i(T_i.t)$］都必须在等待队列中等待。

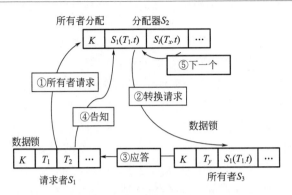

图 7-10 有争抢的所有者转换

另外，在分配者 S_2 接收到通知消息确认 $S_1(T_1.t)$ 完成之前，所有新出现的相同 K 的请求都会应用 Wait-Die 策略与 T_1 的比较来处理。t 决定它是否可以在队列中等待，或者中止。接收到通知消息后，所有者调度程序将从等待队列中选取最老的时间戳来处理，直到所有的请求都被处理。

③ 所有者端：在接收到 K 的所有权转移请求后，S_3 处理请求的方式类似于本地事务，使用一个独占锁。首先，它检查 K 是否被另一个本地事务锁定。如果没有，则通过向 S_1 发送一个响应消息，将数据直接发送给 S_1。否则，它将进入下一个步骤，以确定请求是否可以等待或终止。假定当请求 $S_1(T_1.t)$ 到达时，记录 K 正被 T_y 锁住，该步骤将使用冲突处理函数 $CH(T_y,S_1(T_1.t))$ 来比较持有锁的时间戳和请求事务的时间戳。如果决定中止，则所有者节点不再让 $S_1(T_1.t)$ 等待而是通过发送一个中止响应消息给 S_1 来拒绝这一请求。

④ 一般处理：现在，我们做好准备来了解如何处理多个请求者并发多个事务请求访问相同的远程数据。例如，当事务 T_1 和 T_2 同时请求获取 S_1 中的记录 K，一个直接的办法是向分配者发送多个所有者转换请求。然而，这会导致很高的所有者转换开销，因为系统要处理两个来自相同节点的请求。为了处理这个麻烦，我们的解决办法是对多个事务只发送一个请求，该方法类似于在所有者调度程序中使用的方法，其中使用最老的时间戳的事务被选择来处理请求，而其余的则必须在等待队列中等待。例如，如果 $T_1.t > T_2.t$，会选择 T_1 的请求发送而令 T_2 等待。类似地，如果新的事务（如 T_z）在 S_1 中产生也要获取记录 K，使用函数 $CH(T_1,T_z)$ 来决定 T_2 应该等待还是中止，从而避免死锁。

基于从 S_3 发回的消息，S_1 会相应地执行合适的操作。当发来一个中止消息时，S_1 会中止事务 T_1 并从等待队列中选择等候时间最久的事务（比如 T_2）再次发送所有者转移请求。否则，"请求"锁将转换成一个普通的事务锁来执行本地事务。在这种情况下，数据已经被授予，并且可以服务于队列中的所有等待事务。

L-Store 被设计运行在大型集群上，并提供容错功能。当 L-Store 使用内存存储，数据节点崩溃时，存储在内存中的数据可能丢失。为了应对这一挑战，我们采用数据日志和检查点技术来实现数据持久性。从概念上讲，L-Store 只有"本地"事务执行，因为所有事务都在同一位置保存所有数据。这使事务处理能够有效地被写入日志。与其他非共享的数据库不同，2PC 协议在执行时需要写入多个日志。如图 7-5 所示，L-Store 只在每个事务的提交阶段写入更新数据日志。两个重要的因素确保了这个日志机制的正确性。第一，在提交阶段不需要分布式同步，因为所有的数据和更新都在本地存储中。第二，在任何节点崩溃期间，事务的部分更新对于其他节点的事务是不可见的，这确保在故障恢复期间不需要回滚操作。

至于检查点，由于在 L-Store 中采用分布式存储，可以简化该机制。系统对分布式存储进行定期检查点。当节点崩溃发生时，检查点和数据日志的最新版本将被用于执行恢复。

L-Store 使用 Zookeeper 来检测节点崩溃并协调恢复。我们介绍了处理另外两种类型数据的恢复机制。第一种是当前 S_i 拥有的数据。另一种是 S_i 所维护的所有者表。

① 恢复持有数据。当 S_i 崩溃时，S_i 中的数据会从易失性存储器中丢失。此时可以使用最新的检查点和事务日志来恢复这些数据。从最新的检查点重新播放日志，以重新创建在崩溃之前节点的状态。

② 恢复所有者表。当 S_i 崩溃时，所有者表也会丢失。为了恢复所有者表，Zookeeper 向每个节点发送了一个请求，将属于 S_i 的数据写入分布式存储中。当一个新的节点准备好替换失败的 S_i 时，它将根据需要从分布式存储中检索所有这些数据，在这种情况下，新节点将成为这些数据的所有者，并开始重新构建自己的所有者表。

参考文献

[1] Eswaran K P, Gray J N, Lorie R A, et al. The notions of consistency and predi- cate locks in a database system. Read- ings in Artificial Intelligence Databases,

19（11）：523-532，1989.

[2]　Das S, Agrawal D, Abbadi A E. G-store: a scalable data store fortransactional multi key access in the cloud. In ACM Symposium on Cloud Computing, 163-174, 2010.

[3]　Corbett J C, Dean J, Epstein M, et al. Spanner: Google's globally-distributed database. In Usenix Conference on Operating Systems Design and Implementation, 251-264, 2012.

[4]　Thomson, Diamond T, Weng S C, et al. Calvin: Fast distributed transactions for partitioned database systems. In Proceedings of the 2012 ACM SIGMOD International Conference on Management of Data, SIGMOD'12, 1-12, New York, NY, USA, 2012. ACM.

[5]　Lomet D, Fekete A, Weikum G, et al. Unbundling transaction services in the cloud. 2009.

[6]　Hunt P, Konar M, Junqueira F P, et al. Zookeeper: Wait-free coordination for internet-scale systems. In Proceedings of the 2010 USENIX Conference on USENIX Annual Technical Conference, USENIXATC'10, 11-11, Berkeley, CA, USA, 2010. USENIX Association.

[7]　Lomet D, Mokbel M F. Locking key ranges with unbundled transaction services. 2: 265-276, 2009.

[8]　Thomson, Abadi D J. The case for determinism in database systems. Proceedings of the Vldb Endowment, 3（1）: 70-80, 2010.

[9]　Lin Q, Chang P, Chen G, et al. Towards a non-2pc transaction management in distributed database systems. In SIGMOD 1659-1674, 2016.

[10]　Mohan C, Lindsay B G, Obermarck R. Transaction management in the R∗ distributed database management system. ACM Transactions on Database System, 1986.

第8章

大数据总线技术

8.1 为什么需要大数据总线

大数据总线使一个组织中的所有服务和系统都能获得组织中的所有数据，它是数据集成的一个泛化，以涵盖实时系统和数据流。

数据的有效使用遵循了马斯洛需求金字塔结构。金字塔的基础包括抓取所有相关数据，并能将其放到一个适用的处理环境中（可以是一个花哨的实时查询系统，或者只是文本文件和 Python 处理脚本），这些数据需要被统一建模，以便易于阅读和处理。一旦满足这种以统一方式抓取数据的基本需求，就可以在此基础上以各种合理方式处理这些数据，例如 MapReduce、实时查询等。

8.1.1 两个复杂性问题

之所以需要大数据总线，是因为在数据集成中存在两个复杂性问题，这两个复杂性趋势使得数据集成变得更加困难。

第一个趋势是事件数据的增多。事件数据记录事情的发生而不是事情本身，在 Web 系统中就表现为用户的活动日志，也包括了机器级别的事件和统计数据，用来可靠地操作和监视数据中心的机器价值。人们往往把这种数据称为"日志数据"，因为它常常被写入到应用程序日志中，但是这把形式与功能混淆了起来。这些数据是现代网络的核心，毕竟，谷歌的主要收入来自用户点击搜索结果页面中的广告。我们称用户的一次广告点击为一个事件。事件数据不仅限于互联网公司，只是互联网公司已经完全数字化，所以更方便去使用而已。其他行业中，财务数据一直以事件为中心，RFID 则将这种跟踪添加到实物上，这种趋势将伴随着传统企业和活动的数字化而一直持续下去。这种类型的事件数据记录发生了什么，并且往往比传统数据大几个数量级，如何处理这些数据是一个巨大的挑战。

第二个挑战来自于专业数据系统的爆炸式增长，这些系统在过去的 5 年已经变得非常流行，而且通常是免费的。对 OLAP、搜索、简单的在线存储、批处理、图像分析等等都有专门的系统。更多数据种类，以及把这些数据导入到更多的系统中的需求，两者共同导致了严重的数据集成问题。

8.1.2 从 N-to-N 到 N-to-One

使用大数据总线可以大大简化系统中数据管道的数量。这里以 LinkedIn 为例，LinkedIn 有数十个数据库系统（如 Espresso、Voldemort 等）、数据仓库系统（如 Oracle）以及定制的数据存储系统（如用户追踪系统、可用日志系统），如果以传统 ETL 的方式把这些连接起来的话，则要在每两个系统之间建立管道，如图 8-1 所示。

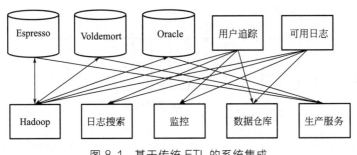

图 8-1　基于传统 ETL 的系统集成

注意到数据往往在两个方向上流动，像许多系统（如数据库，Hadoop）会同时作为传输的源和目标，因此需要为每个系统构建两条管道，一条用于数据流入，一条用于数据流出。显然这样做是不现实的，假如有 N 个系统的话，那么把它们完全连接起来的话需要的管道数量就会达到 $O(N^2)$。

在使用大数据总线后，系统集成会简化成如图 8-2 所示。

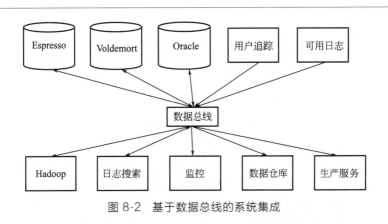

图 8-2　基于数据总线的系统集成

可见所有数据的流入和流出都会经过数据总线，因此只需要在每个系统和数据总线之间建立管道，管道数量减少为 $O(N)$，大大降低了复杂度。

8.2　基于日志的数据总线

日志（Log）可能是最简单的存储抽象，它是一个仅可追加的、按时间排序的完全有序记录序列。图 8-3 显示了日志数据结构。

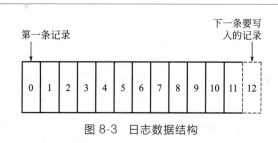

图 8-3　日志数据结构

记录被追加到日志的末尾，然后从左到右读取，每个条目分配一个顺序日志条目号。记录的顺序定义了一个"时间"的概念，因为左侧的条目被定义为比右侧的条目早，日志条目号可以认为是条目的"时间戳"，将这种顺序描述为时间概念，乍一看有些奇怪，但它具有与任何特定物理时钟分离的便利性，在涉及分布式系统时，这种属性将变得至关重要。

记录的内容和格式在这里并不重要，同时也不能只是将记录添加到日志中，这样最终会耗尽所有空间，这点会在下文提及。所以日志与文件或者表格并不完全相同，一个文件是一组字节，一个表是一组记录，而日志实际上只是一个其记录按时间排序的文件。

之所以使用日志，而不是任何和数据系统相关联的仅可追加式记录序列，是因为日志有一个特定的目的，它们记录了发生了什么、在什么时候发生，对于分布式系统来说，在很多方面这是问题的核心。

在讲得更深入之前，这里先澄清一些容易混淆的东西。每个程序员都熟悉日志的另一个定义：应用程序使用 syslog 或者 log4j 写入本地文件的非结构化错误信息或者追踪信息。为了清楚起见，在这里称之为"应用程序日志"，应用程序日志是之前描述的日志概念的退化形式，文本日志主要是为了人们阅读，而之前描述的"日志"或者"数据日志"是为了程序化访问而构建的。

实际上，在单个机器上阅读日志的想法有点过时了，当涉及许多服务和服务器时，这个策略将会变得难以管理，同时，日志也越来越多地作为查询的输入，以及作为理解机器交互行为的途径，因此文本日志在这里并不像结构化日志那样合适。

8.2.1　数据库中的日志

日志的概念早在 IBM 的 System R[1] 中就出现了，它在数据库中的用途与在发生崩溃时保持各种数据结构和索引的同步有关，为了确保这种原子性和一致性，数据库使用日志来记录它要修改的记录的信息，然后让修改在它维护的所有数据结构上生效。日志记录了所发生的事情，由于日志会立即被保存，因此在发生崩溃时，其将会作为恢复其他持续性结构的权威依据。

随着时间的推移，日志从作为 ACID 的实现细节发展到一种在数据库间复制数据的方法。事实证明，数据库中产生的变更序列正是保持远程数据库副本的同步所需要的，Oracle、MySQL 和 PostgreSQL 使用日志传输协议，以将部分日志传输到作为服务器的副本数据库上。Oracle 已经通过它们的 XStreams 和 GoldenGate 把日志产品化成一种面向非 Oracle 数据订阅者的一般化数据订阅机制，在 MySQL 和 PostgreSQL 中也有类似的机制，这已经成为许多数据架构的关键组成部分。

由于这个原因，机器可读日志已经在很大程度上局限于数据库内部，使用日志作为一种数据订阅机制几乎是偶然出现的，但是这种非常抽象的方法不失为一种支持各种消息传递、数据流以及实时数据处理的理想选择。

8.2.2　分布式系统中的日志

日志解决的两个问题——排序变更和分发数据——在分布式数据系统中尤为重要，同意对更新的排序，或者不同意并且应对其带来的副作用，是这些系统的核心设计问题。

分布式系统以逻辑为中心的方法来自于一个简单的观察，这里将其称为状态机复制原则：如果两个相同的且确定的进程开始于同一状态，并且以相同的顺序获得相同的输入，那么它们将产生相同的输出，并以同样的状态结束。

上面的描述可能看起来有点难以理解，下面来深入讲讲它的含义。

确定性意味着处理不依赖于时序，并且不允许其他"额外"输入影响其结果。例如，一个程序的输出受线程的特定执行顺序的影响，或者是获取时间函数的调用以及其他的一些不可重复事件的影响，因此通常被认定为非确定性的。进程的状态指的是处理结束后机器上保留的任何数据，无论是在内存中还是硬盘上。

而关于以相同的顺序获得相同的输入这一点听上去有点熟悉——这正是日志

特性所在。这是个非常直观的概念，如果将两个相同的代码段输入一个日志，它将产生相同的输出。

当理解以上这些概念后，这个原则就没有什么复杂或者深奥的东西了：它或多或少就是在说"确定性的处理是确定性的"。尽管如此，这依然是分布式系统设计中最普遍的原则之一。

这种方法的一个优点是，索引当前日志的时间戳作为描述副本状态的时钟，可以通过单独一个数字来描述每个副本，即它已处理的最大日志条目的时间戳。这个时间戳与日志相结合，唯一地捕获了副本的整个状态。

在系统中，根据写入日志中的不同内容，就可以有不同的应用这个原则的方法。例如我们可以记录传入到服务中的请求，或者记录服务从响应到请求经历的状态改变，或者记录它执行的转换命令。理论上，我们甚至可以记录每个副本执行的一系列机器指令，或者每个副本上调用的方法名称和参数，只要进程以同样的方式处理这些输入，进程就会在副本间保持一致。

不同的人群可以用不同的方式来描述日志的使用，数据库人员通常区别物理和逻辑日志，物理日志表示记录了每一行被改变的内容，逻辑日志表示会导致行内容改变的 SQL 命令（插入、更新和删除语句）。

在分布式系统文献中通常会区分两种处理和复制的方法。"状态机模型"通常指的是一个主动-主动模型，在这个模型中保存了传入的请求的日志，每个副本处理每个请求。在此基础上的稍微修改，称为"主-备份模型"（如图 8-4 所示），就是选择一个副本作为领导者，并允许这个领导者按请求到来的顺序来处理它们，并将从处理请求开始的状态变化写出日志。其他副本也会在自身上应用领导者产生的状态变化，以便与领导者保持同步，并会在领导者崩溃时接管它。

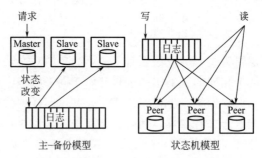

图 8-4　分布式系统中的数据复制方式

为了理解这两种方法之间的区别，这里先来看一个小例子。有这样一个复制的"算法服务"，它维护一个数字作为自己的状态（初始化为 O），并对这个值应用加法和乘法。主动-主动方法会将其执行的转换写出到日志，如"＋1""＊2"

等，每个副本也会应用这些转换，因此都会经历一组相同的值。而主动-被动方法会让一个单独的领导者执行这些转换，并会把执行的结果写出到日志，如"1""3""6"等。这个例子也清楚地说明了为什么顺序是确保副本之间一致性的关键：改变加法或者乘法的顺序将会产生不同的结果。

分布式日志可以看作一种对共识问题建模的数据结构，毕竟，日志代表了对"下一个"追加的值执行一系列决策。日志构建是 Paxos 算法家族中最常见的实际应用，虽然不能明显看到 Paxos 算法家族中的日志的存在，对于 Paxos，通常是使用名为"multi-paxos[2]"的扩展协议来完成的，该协议将日志建模为一系列一致性问题，每个对应日志中的一个槽位。在其他如 ZAB、RAFT、View-stamped Replication 等协议中，日志更为突出，它是对维护一个分布式的、一致性的日志的问题的直接建模。

8.3　Kafka 系统简介

Kafka[3] 是 LinkedIn 公司开发的一个分布式消息系统，它能够以低延迟来收集和分发大量日志数据。首先来介绍下 Kafka 系统中的几个基本概念。

① 主题（topic）：一个特定种类的消息流。

② 生产者（producer）：向主题发布消息的称为生产者。

③ 代理（broker）：存储发布的消息的服务器称为代理。

④ 消费者（consumer）：消费者可以从代理订阅一个或多个主题，并通过从代理拉取数据来消费订阅的消息。

消息传递在概念上是很简单的，同样简单的 Kafka API 也反映了这点。这里提供了一些示例代码来展示如何使用 API，而不是展示确切的 API。下面给出了生产者的示例代码，消息被定义为仅包含字节的一个有效载荷，用户可以选择他最喜欢的序列化方法来编码一条消息，为了提高效率，生产者可以在一个发布请求中发送一组消息。

简单的生产者代码：

```
producer＝new Producer(...);
message＝new Message("test message str". getBytes());
set＝new MessageSet(message);
producer. send("topic1",set);
```

为了订阅主题，消费者首先为该主题创建一个或多个消息流，发布到该主题的消息将均匀分发到这些子流中，关于 Kafka 如何分发消息的细节将在 8.3.2 节中介绍。每个消息流都为连续不断被生产的消息提供了一个迭代器接口，消费者然后遍历消息流中的每个消息并处理消息的有效载荷。与传统的迭代器不同，消息流迭代器永远不会终止，如果当前没有更多的消息要消费，迭代器将会阻塞，直到新的消息被发布到主题。Kafka支持点对点分发模型，即多个消费者共同消费一个主题中的所有消息的单个副本，以及发布/订阅模型，即多个消费者各自接收自己的主题副本。

简单的消费者代码：

```
streams[]=Consumer.createMessageStreams("top1",1)
for(message:streams[0]){
bytes=message.payload();
    //do something with the bytes
}
```

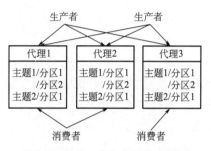

图 8-5　Kafka 生产者消费者模型

Kafka 的总体架构如图 8-5 所示，因为 Kafka 本质上是分布式的，所以 Kafka 集群通常由多个代理组成。为了平衡负载，一个主题被划分为多个分区，每个代理存储一个或多个这些分区，多个生产者和消费者可以同时发布和获取消息。下面几节将详细描述 Kafka 代理上单个分区的布局和设计，以及生产者和消费者如何与分布式环境中的多个代理进行交互。

8.3.1　单个分区的效率

下面介绍几种让 Kafka 系统高效的设计决策。

（1）简单存储

Kafka 有一个非常简单的存储布局，一个主题的每个分区对应一个逻辑日志，物理上，日志被实现成一组大小大致相同的段文件（如 1GB）。每次生产者向一个分区发布消息时，代理只需将消息附加到最后一个段文件。为了获得更好的性能，只有在发布了可配置数量的消息或经过了一定的时间之后，才能将段文件刷新到磁盘，消息只有在被刷新后才会暴露给消费者。

与典型的消息传递系统不同，存储在 Kafka 中的消息没有明确的消息 id，每条信息通过它在日志中的逻辑偏移来确定地址。这避免了维护辅助性的、密集的随机访问索引结构的开销，这些索引结构将消息 id 映射到实际的消息位置，注意这些消息 id 是递增的但不是连续的。为了计算下一个消息的 id，必须把当前消息的长度加到它的 id 上。

消费者总是按顺序从特定的分区消费消息，如果消费者确认了一个特定的消息偏移量，意味着该消费者已经收到了该分区中的偏移量之前的所有消息。在覆盖范围内，消费者向代理发出异步的拉取请求，以便为要消费的应用程序准备好一个数据缓冲区。每个拉取请求包含了消费开始的消息的偏移量和可拉取的字节数，每个代理都会在内存中保存一个有序的偏移量列表，包括每个段文件中第一个消息的偏移量。代理通过搜索偏移量列表来查找所请求消息所在的段文件，并将数据发送回消费者。在消费者接收到消息后，它计算下一个要消费的消息的偏移量，并在下一个拉取请求中使用它。图 8-6 显示了 Kafka 系统中日志和内存中索引的布局，每个框显示消息的偏移量。

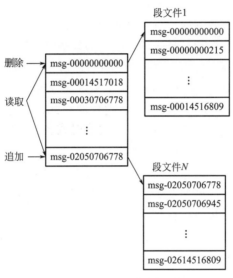

图 8-6　Kafka 日志存储结构

（2）高效传输

在 Kafka 系统中传入和传出数据是非常小心的，上文已经提及过，生产者可以在单个发送请求中提交一组消息。尽管最终消费者 API 每次仅迭代一条消息，但每个消费者的拉取请求也会检索一定大小的多条消息。

另一个非常规的设计是避免在 Kafka 层显式地缓存内存中的消息，而是依赖于底层文件系统的页缓存。这主要是有利于避免双重缓冲——消息只缓存在页缓存中。还有一个额外的好处是，即使在代理进程被重启的情况下，这样做也能保留热缓存。由于 Kafka 在进程中根本不缓存消息，因此在内存垃圾回收上的开销很少，使其能在基于 VM 的语言中被高效实现。最后，由于生产者和消费者都是按次序访问段文件，而消费者往往稍微落后于生产者，因此寻常的操作系统缓存启发式算法是非常有效的（特别是直写缓存和预读）。

此外，Kafka 为消费者优化了网络接入。Kafka 是一个多用户系统，单个消息可以被不同的消费者应用程序多次使用。将字典从本地文件发送到远程套接字的典型方法包括以下步骤：①将数据从存储介质读取到 OS 中的页缓存；②将页缓存中的数据复制到应用缓冲区；③复制应用缓冲区到另一个内核缓冲区；④将内核缓冲区发送到套接字。以上包括了 4 次数据复制和 2 次系统调用，在 Linux 和 Unix 操作系统中，存在一个可以直接将文件通道中的字节发送到套接字通道的 sendfile API，这通常避免了步骤②和③中的两次复制和一次系统调用。Kafka 利用了 sendfile API 有效地将日志文件中的字节从代理传递给消费者。

（3）无状态代理

与其他消息传递系统不同，每个消费者消费的信息数量并不由代理维护，而是消费者自己维护的。这种设计降低了代理的复杂度和开销，但是这使得删除消息变得非常棘手，因为代理不知道是否所有订阅者都已经使用了消息。Kafka 通过对保留策略使用简单的基于时间的 SLA 来解决这种问题：如果消息在代理中保留超过一定时间（通常为 7 天），则会被自动删除。该解决方案在实践中很有效，大多数消费者，包括线下的，每天、每小时或者实时完成消费，Kafka 的性能不会随着数据量的增加而下降，这使得这种长期保留策略是可行的。

这种设计附带了一个重要好处：消费者可以故意倒回到旧的偏移量并重新使用数据。这虽然违背了队列的普遍规则，但被证明是许多消费者的基本特性。例如，当消费者中的应用程序逻辑出现错误时，应用程序可以在修复错误后重新播放某些消息，这对于 ETL 数据加载到数据仓库或者 Hadoop 系统中时尤为重要。另一个例子是，所消费的数据会仅周期性地被刷新到永久存储（如全文索引）中，如果消费发生崩溃，那么未刷新的数据就会丢失。在这种情况下，消费者可以检查未刷新消息的偏移量，并在重新启动后从该偏移量重新开始消费。在拉取模型中，对消费者的回退比在推送模型中更容易支持。

8.3.2 分布式协调

下面将描述生产者和消费者在分布式环境下的行为。每个消费者都可以将消息发布到随机选择的分区或是由分区键和分区函数决定的分区。这里将关注消费者如何与代理进行互动。

Kafka 有消费者组的概念，每个消费者组由一个或多个共同消费一个订阅主题的消费者组成，即每个消息仅被传递给组内的一个消费者。不同的消费者组各自独立地消费全套的订阅消息，并且不同组之间不需要协调，同一组内的消费者可以处于不同的进程或是不同的机器上。Kafka 的目标是将存储在代理中的消息平均分配给消费者，而不会引入太多的开销。

　　Kafka 采用的第一个设计是在主题内划分出一个分区作为最小并行单位。这意味着在任何给定的时间，来自一个分区的所有消息仅被每个消费者组内的单个消费者消费，如果允许多个消费者同时使用一个分区，它们将不得不协调谁消费什么消息，这会引入分区锁定和状态信息维护所带来的开销。相反，在 Kafka 设计中，只有在消费者需要重新平衡负载时，才需要协调消费进程，而这是一个偶尔才会出现的事件。为了使负载达到真正的平衡，在一个主题中需要的分区数比一个消费组内的消费者都要多，通过对主题进行分区可以轻松实现这一点。

　　Kafka 采用的第二个设计是没有一个中央"主"节点，而是让消费者以分散的方式相互协调。添加主节点可能会使系统复杂化，因为需要进一步担心主节点的故障。为了便于协调，Kafka 采用了高可用性协同服务 Zookeeper。Zookeeper 有一个非常简单的、类似于文件系统的 API，可以创建路径，设置路径的值，读取路径的值，删除路径以及列出路径下的子节点。它还做了其他一些事情：①可以在路径上注册一个观察者，当路径的子节点或者路径的值发生变化时，就会发出通知；②路径可以创建成临时的（与永久相对立），意味着如果创建路径的客户端不存在了，那么 Zookeeper 服务器就会自动删除路径；③Zookeeper 将其数据复制到多个服务器，这使得数据高度可靠和可用。

　　Kafka 使用 Zookeeper 完成以下工作：①检测代理和消费者的添加和移除；②当上述事件发生时，触发每个消费者的再平衡进程；③维持消费关系并保持追踪每个分区消耗的偏移量。具体而言，当每个代理或者消费者启动时，它将信息存储在 Zookeeper 中的代理和消费者注册表中。代理注册表包含其主机名和端口，以及存储在其上的一组主题和分区，消费者注册表包括消费者所属的消费者组和其订阅的一组主题，每个消费者组和 Zookeeper 中的所有权注册表和偏移量注册表相关联。所有权注册表对于每个订阅的分区都有一个路径，路径的值是当前从此分区消费的消费者 id，偏移量注册表为每个订阅的分区存储其上一条被消费的消息的偏移量。

　　在 Zookeeper 中创建的路径对于代理注册表、消费者注册表和所有权注册表是临时的，而对于偏移量注册表是永久的。如果一个代理崩溃了，那么它上面的分区都会自动从代理注册表中删除，如果一个消费者发生崩溃，那么它在消费者注册表上的条目都会被删除，也会失去它在所有权注册表中所拥有的分区。每个消费者都会在代理注册表上和消费者注册表上注册一个 Zookeeper 观察者，并会在代理集群或者消费者组发生改变时得到通知。

　　在消费者的初始化启动期间，或者其被观察者通知代理或消费者发生改变时，消费者就会启动一个再平衡进程来决定其应该消费的新分区子集，算法 8.1

描述了该进程。通过从 Zookeeper 中读取代理和消费者注册表，消费者首先计算可用于每个订阅主题 T 的分区集合（P_T）和订阅 T 的消费者集合（C_T），然后将 P_T 分割成 $|C_T|$ 数量的块，并选择一个块来拥有。对于选定的每个分区，消费者通过将自身标识写入所有权注册表的操作来申明自己成为这些分区的新拥有者。最后，消费者开始一个线程，从存储在偏移量注册表中的偏移量开始，向其所拥有的分区中拉取数据。当消息从分区中被取出时，消费者定期更新偏移量注册表中最近消费的消息的偏移量。

算法 8.1：在组 G 中的消费者 C_i 的再平衡算法

```
For Cᵢ 订阅的每个主题 {
    从所有权注册表中移除 Cᵢ 所拥有的分区
    从 Zookeeper 中读取代理和消费者注册表
    计算 Pᴛ＝主题 T 下代理中的所有可用分区
    计算 Cᴛ＝G 中所有订阅主题 T 的消费者，并按 Pᴛ 和 Cᵢ 排序
    令 j＝Cᵢ 在 Cᴛ 中索引的位置，N＝|Pᴛ|/|Cᴛ|
    分配 Pᴛ 中从 j＊N 到(j＋1)＊N-1 的分区给消费者 Cᵢ
    for 每个分配的分区 p {
        在所有权注册表中设定 p 的所有者为 Cᵢ
        令 Oₚ＝分区 p 存储在偏移量注册表中的偏移量
        唤醒一个线程从分区 p 中的偏移量 Oₚ 处开始拉取数据
    }
}
```

如果一个组内有多个消费者，当一个代理或者消费者发生变更时，每个消费者都会得到通知。但是对于不同消费者通知发生的时间可能稍微不同，因此有可能一个消费者会试图获取另一个消费者仍拥有分区的所有权，发生这种情况时，第一个消费者只要简单地释放其当前所拥有的分区的所有权，等待一会儿然后重新尝试再平衡进程。在实践中，再平衡进程往往在经过几次重试后才会稳定下来。

当一个新的消费者组被创建时，偏移量注册表中会没有当前可用的偏移量，在这种情况下，消费者将会使用在代理上提供的 API，从每个订阅分区上可用的最大或最小偏移量（取决于配置）开始。

8.3.3 交付保证

一般来说，Kafka 只能保证至少一次交付，正好一次交付通常需要两阶段提交，在大多数情况下，一条消息被交付给每个消费者组正好一次。但是如果消费

者进程在没有完全关闭的情况下崩溃，当另一个消费者来接管崩溃消费者所拥有的那些分区时，它可能会得到一些最后一次成功提交给 Zookeeper 的偏移量之后的重复消息。如果一个应用程序对重复数据敏感，那么必须添加自己的去重逻辑，这可以通过返回给消费者的偏移量或者消息中的一些单键来完成，与两阶段提交相比，这样做更节省成本。

Kafka 保证单个分区发出的消息能按序交付给消费者，但是不能保证来自不同分区的消息的交付顺序。

为了避免日志损坏，Kafka 为日志中的每一个消息保存一个 CRC 校验码，当代理上发生 I/O 错误时，Kafka 会运行一个恢复程序，来删除那些和 CRC 校验码不一致的消息。在消息级别拥有 CRC 校验码，也使得能在消息产生或者被消费之后检测网络错误。

如果代理发生故障，任何存储在其上的消息都不能被使用，如果代理上的存储系统永久损坏，则将永久丢失任何未被使用的消息。未来 Kafka 系统中可能会添加内置复制功能，将消息冗余地存储在多个代理上，以避免这种情况发生。

参考文献

[1] Astrahan M M, Blasgen M W, Chamberlin D D, et al. System r: Relational approach to database management. ACM Trans. Database Syst., 1（2）: 97-137, June 1976.

[2] Chandra T D, Griesemer R, Redstone J. Paxos made live: An engineering perspective. In Proceedings of the Twenty-sixth Annual ACM Symposium on Principles of Distributed Computing, PODC'07, 398-407, New York, NY, USA, 2007. ACM.

[3] Kreps J, Corp L, Narkhede N, et al. Kafka: a distributed messaging system for log processing. netdba, r 11. 2011.

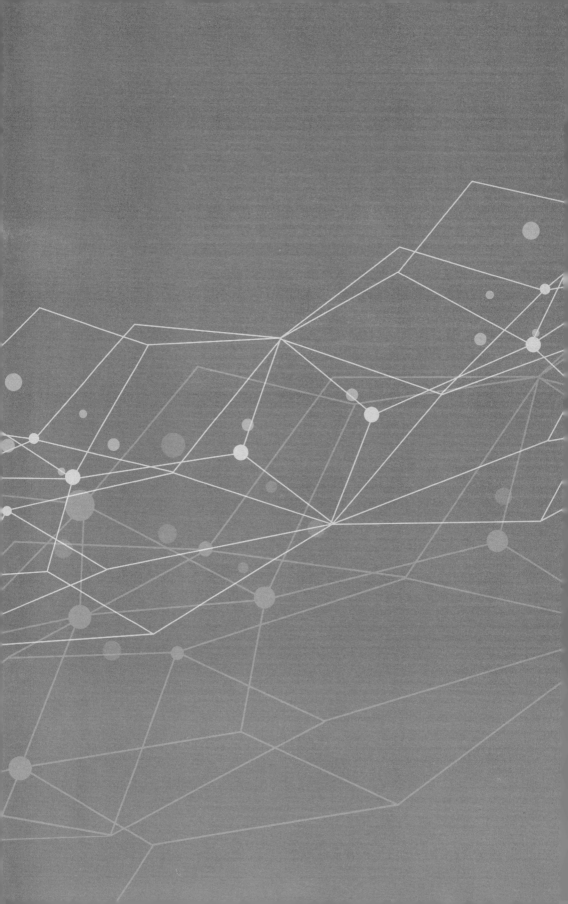

第3篇

面向领域
应用的大数据
管理系统

第9章

面向决策支持的云展大数据仓库系统

9.1 决策支持简介

决策支持系统是一个基于计算机的交互式系统，它旨在帮助用户做出判断和选择。决策支持系统提供了数据存储和访问功能，不仅如此，它还支持模型的建立以及基于模型的推理，并在此基础上解决决策问题。决策支持系统的典型应用领域包括商业中的管理和计划、医疗、军事以及其他需要做出复杂决定的场合。决策支持系统通常用于高层次的战略决策，这种高层次的决策不会太频繁，但每次决策都会产生深远影响。从长远效益来看，决策的过程中花费的时间越多，该决策带来的利益也会越大。

决策支持系统包含三个主要部分。

① 数据库管理系统。数据库管理系统作为决策支持系统的资源库，它存储了与决策支持系统所要解决的问题相关的大量数据，并为用户交互提供了逻辑数据结构。数据库管理系统为用户屏蔽了数据存储和处理的物理结构，用户只需要知道有哪些可用的数据类型以及如何使用它们。

② 模型库管理系统。模型库管理系统类似于数据库管理系统，它在决策支持系统中的角色是将具体的模型与使用这些模型的应用独立开，目的在于将数据库管理系统中的数据转换为决策支持所需要的信息。由于决策支持系统所处理的数据大多是非结构化的，因此模型库管理系统还能够帮助用户为这些数据建立模型。

③ 对话生成与管理系统。与决策支持系统交互的主要目的是让用户更深入地了解问题。由于这些用户并不都是精通计算机的，因此决策支持系统需要提供简单易用的接口。这些接口帮助用户建立模型，并让用户能通过接口与模型互动，例如从模型中洞悉详情和获得推荐。对话生成与管理系统的主要目的是帮助用户更加容易地使用决策支持系统。

大多的决策支持系统中都包含以上三个部分，它们之间的关系可用图 9-1 表示，对话生成与管理系统是用户和决策支持系统互动的媒介，同时它也将数据库管理系统与模型库管理系统联系起来，并向用户屏蔽了模型和数据库的物理实现细节。

　　决策分析支持系统是决策支持系统的一个正在发展的分支，它将决策理论、概率论和决策分析应用到决策模型中。决策理论是决策制定中的公理化理论，建立在理性决策中的部分公理之上。它用概率表示不确定性，以效用表示偏好，并使用数学期望把它们结合在一起。决策支持系统把概率论作为不确定性的形式化表示，其

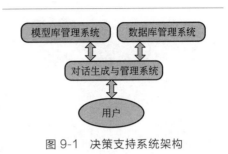

图 9-1　决策支持系统架构

好处在于：它具有坚实的数学基础，能够保证长期的有效性。在不确定性推理中，概率论通常被视为理性推导的黄金准则，它能避免一些基本的不一致情况的出现。可以证明，违反概率论的行为必然会导致一定的损失。决策分析是一门将决策理论应用到真实世界的科学和艺术，它需要运用到一系列的建模技巧，例如，如何抽取出模型结构和概率分布并且使人为偏差最小化，如何检验模型对不精确数据的敏感程度，如何计算获取额外信息的价值，以及如何呈现结果，等等。研究行为决策理论的心理学家们一直在钻研和审视这些方法，经证明，在人类判断失误可能导致危险后果的情形下，这些手段能发挥很好的作用。

9.2　云展大数据仓库系统架构

9.2.1　云展大数据仓库系统总览

　　云展大数据仓库系统是为了更好地支持大数据挖掘和决策分析而开发的一套软件系统，它实现了从数据获取、数据清洗到可视化的流水线作业。其系统架构如图 9-2 所示，下面将详细介绍它的各个组件。

　　对于任何一个决策分析的具体应用来说，在真正进行数据分析之前，都需要先对数据进行清洗与整合。这个过程不完全是自动化的，需要专业人士的运用领域知识来帮助系统有效地处理数据。在云展大数据仓库系统中，DICE 就是一个数据清洗与整合的平台，原始数据的处理就在该平台上进行。同时，为了减轻系统负荷开销并加快数据处理速度，系统中还使用 CDAS 众包系统[1] 来协助数据清洗整合过程。

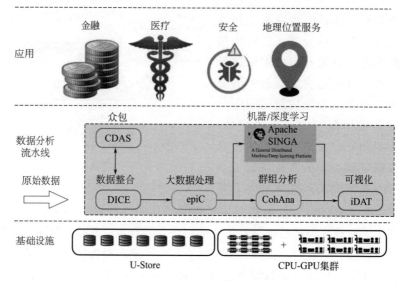

图 9-2 云展大数据仓库系统

通用存储系统 U-Store 用来存储不可变数据，并对有价值的数据进行长期的维护。大数据的处理在 epiC[2] 中执行，epiC 是一个分布式可扩展的数据处理系统，通过将计算与通信分离，该系统能够有效地处理各种各样的数据（包括结构化数据、非结构化数据和图数据），同时它还支持不同的计算模型。由于 epiC 只支持以数据库为中心的数据处理和分析（如聚集运算和数据汇总），为了提供深度分析能力，还需要一个通用的分布式机器学习和深度学习的平台——SINGA[3,4]。为了引入行为分析功能，云展大数据仓库系统还使用了 CohAna 引擎[5] 用于群组分析，它是一个基于属性的群组分析引擎，能够对用户行为数据进行建模，并实现一些新特性的算符用于高效的群组查询处理。

最后，iDAT 用于数据可视化和分析结果展示，它是一个前端工具，实现了交互式的数据探索挖掘。

epiC 系统和 CohAna 系统已在第 6 章中做了具体描述，下面两小节将详细介绍 SINGA 和 CDAS 系统。

9.2.2 SINGA 分布式深度学习平台

（1）简介

无论是学术界还是工业界，都掀起了深度学习的新浪潮。一方面，深度学习在各种应用（例如图像归类和多模态数据分析）中都达到或超过了其他算法的精准度；另一方面，为了改善运行性能，各种分布式训练系统也被开发出来，例如谷歌的 DistBelief，Facebook 的 Torch，百度的 DeepImage、Caffe[6] 和 Purine 等等。这些研究表明深度学习可以从更深层的结构和更大的数据集中受益。

然而，开发分布式深度学习系统需要面临两个巨大挑战。首先，深度学习模型有庞大的参数集，当这些参数被更新时，在节点之间同步数据会引入大量的通信开销。因此，如何科学地扩展系统规模，控制达到所需精度之前耗费的训练时间，是一大挑战。其次，对于程序员来说，使用深度复杂的模型来开发和训练模型本就不是一件简单的事，而分布式系统进一步增加了程序员的负担。尤其对于数据分析师而言，在不熟悉深度学习方法的情况下，使用这些深度学习模型将更为困难。

通用的分布式深度学习平台——SINGA 能够帮助解决这些问题。SINGA 的设计是基于一个基本的模型，但它能够支持各种流行的深度学习模型，诸如卷积神经网络（CNN）、受限玻尔兹曼机（RBM）和循环神经网络（RNN）。SINGA 的架构十分灵活，它能够支持同步、异步和混合的训练框架。同步训练能够提高单次迭代的效率，异步训练提升收敛速度。在预算不变的情况下（如集群规模），用户可以使用混合架构，通过平衡效率和收敛速度，来最大化系统扩展性。SINGA 还支持不同的神经网络划分方案来并行化训练大规模的模型，包括根据批量尺寸划分、特征划分和混合划分。

（2）SINGA 系统总览

SINGA 使用随机梯度下降法（SGD）来训练深度学习模型中的参数，训练工作是分配到各个工作节点和服务器上的，如图 9-3 所示。每一次迭代中，每个工作节点调用 TrainOneBatch 函数来计算参数梯度，TrainOneBatch 函数使用一个 NeuralNet 对象表示神经网络，并以一定的顺序访问 NeuralNet 的层。

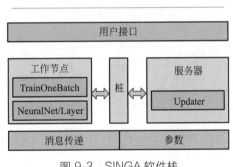

图 9-3　SINGA 软件栈

梯度的计算结果被发送到本地的桩（stub）中，桩的作用是将收到的请求聚集起来，并把它们发送到相应的服务器上做更新，服务器向工作节点返回更新后的参数用作下一次迭代。为了开始一个训练作业，用户需要提交一个作业配置，包含以下四个组件：①NeuralNet，它详细描述了神经网络结构中每层的设置和它们之间关系；②针对不同模型类别的 TrainOneBatch 算法；③Updater，它在服务器端定义了参数更新协议；④Cluter Topology，它指定了工作节点和服务器之间分布式架构。

（3）编程模型

下面首先介绍工作配置中的三个组件，SINGA 为这些组件提供了许多内置的实现，用户也可以自定义这些模块。在配置好这三个组件之后，用户可以在单机模式下提交训练作业。

① NeuralNet　SINGA 使用 NeuralNet 数据结构来表示神经网络，它由单向连接的层级的集合组成。用户配置 NeuralNet 的时候，需要列出神经网络中所有的层级以及每个层级的源数据层的名字。这样的表示方法对于前馈模型（例如 CNN 和 MLP）来说是非常自然的。而对于能量模型（例如 RBM 和 DBM）来说，它们的连接是无向的。为了表示这样的模型，用户可以简单地把每个连接替换为双向连接，换句话说，对于每一对连接的层级，它们的源数据层应该将彼此包括在内。对于循环神经网络，用户可以通过展开循环层级来去除循环连接。通过这样的方式，将原始模型转换成类似前馈模型，就可以通过相同的方式进行配置了。当 SINGA 创建了 NeuralNet 实例时，它同时将原本的神经网络根据用户的配置进行划分，以支持大模型的并行训练。有如下的划分策略。

a. 将所有的层级划分到不同的子集中。

b. 把单个层级根据批量尺寸划分为子层。

c. 将单个层级根据特征划分为子层。

d. 混合使用前三种划分策略。

```
Layer:
Vector<Layer>    rclayer
Blob feature
Func ComputeFeature(phase)
Func ComputeGradient()

Param:
Blob data, gradient
```

图 9-4　层的基类

神经网络中的层是使用 Layer 类表示的，图 9-4 展示了层的基类，它有两个域和两个函数。srclayer 向量记录了所有的源数据层，Blob 类型的 feature 变量中保存了由源数据层计算得到的特征向量集合。对于 RNN 中的循环层，feature 在每个中间层包含一个向量。如果一个层级中存在参数，这些参数就使用 Param 类型来声明，它包含名称为 data 和 gradient 的 Blob 变量，它们分别表示参数的值和梯度。ComputeFeature 函数通过对源数据层的特征做转换（例如卷积和池化）来计算得到 feature，ComputeGradient 函数计算本层中涉及的参数对应的梯度，这两个函数都在训练阶段被 TrainOneBatch 所调用。SINGA 提供了许多内置的层级，用户可以直接使用它们来创建神经网络，也可以通过扩展层的基类来实现自己的特征变换逻辑，只需对基类中上述的两个函数进行重载，并与 TrainOneBatch 接口一致即可。除了名称和类型这些常见的域之外，层的配置中还包含了一些特殊的域，比如文件路径和数据层。根据功能的不同，SINGA 中的层有以下类型。

• 数据层——用于从磁盘、HDFS 文件系统或是网络上导入记录（比如图像）到内存中。

- 解析层——用于从记录中解析特征和标签等。
- 神经元层——用于特征变换，例如卷积、池化等。
- 损失层——用于度量训练目标的损失，例如交叉熵损失或欧氏距离损失。
- 输出层——用于将预测结果（例如每个类别的概率）输出到磁盘或网络上。
- 连接层——当神经网络被切分之后，用于连接不同的层。

② TrainOneBatch　对于每次 SGD 迭代，每个工作节点都要调用 TrainOne-Batch 函数用于计算该层中参数梯度。SINGA 实现了 TrainOneBatch 的两种算法，用户可以根据模型选择相应的算法。算法 9.1 实现了前馈模型和循环神经网络的反向传播算法，它将特征通过所有层级往前输送（第 1~3 行），把梯度往相反的方向输送（第 4~6 行）。由于 RNN 模型被展开为前馈模型（ComputeFeature 和 ComputeGradient 函数会计算所有的内部层），算法 9.1 是该模型的BPTT 算法。算法 9.2 是针对能量模型的对比散度算法，参数梯度的计算（第 7~9 行）是在正阶段（第 1~3 行）和负阶段（第 4~6 行）之后的。kCD 控制了负阶段 Gibbs 取样的迭代次数。在这两个算法中，Collect 函数在从服务器获取了参数之前都是被阻塞的，在梯度发送完成之后立刻返回。

算法 9.1： BPTrainOneBatch

Input： net

```
1: foreach layer in net.local_layer do
2:     Collect(layer.params())//接收参数
3:     layer.ComputerFeature(kFprop)//向前传递
4: foreach layer in reverse(net.local_layer)do
5:     layer.ComputerGradient()//向后传递
6:     Update(layer.params())//发送梯度
```

算法 9.2： CDTrainOneBatch

Input： net, kCD

```
1: foreach layer in net.local_layer do
2:     Collect(layer.params())//接收参数
3:     layer.ComputeFeature(kPositive)//正阶段
4: foreach k in 1...kCD do
5:     foreach layer in net.local_layers do
6:         layer.ComputeFeature(kNegative)//负阶段
7: foreach layer in net.local_layers do
```

```
8:     layer.ComputeGradient()
9:     Update(layer.params())//发送梯度
```

③ Updater SINGA 提供了许多流行的协议，以基于梯度对参数值进行更新，如果用户想实现他们自己的更新协议，可以通过扩展 Update 基类并重载 Update 函数来实现。

(4) 分布式训练

① 系统架构 系统的逻辑架构如图 9-5 所示，有两种类型的运行单元，分别是工作节点和服务器。工作节点用于计算参数的更新（例如梯度），服务器保存了最新的参数值，并处理工作节点的获取和更新请求。在每次迭代中，工作节点从服务器收集获取最新的参数值，并在计算完成之后，向服务器发送更新请求。逻辑上，一定数量的工作节点（或服务器）组成一个工作群（或服务器群）。一个工作群载入训练数据的一部分，并为完整模型的副本计算参数的梯度，该副本用 ParamShard 表示。SINGA 提供了不同的策略（例如数据并行化、模型并行化和混合并行化）来在一个工作群上分配作业，同一个群的工作节点都是同步的，不同群之间是异步的。每个服务器群保存了完整模型参数的一个副本（即 ParamShard），处理多个工作群的请求，相邻的服务器群周期性地同步它们的参数。

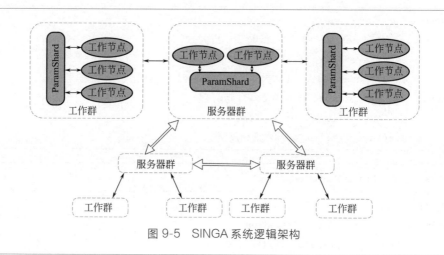

图 9-5 SINGA 系统逻辑架构

② 系统实现 在 SINGA 的实现中，每个执行单位（工作节点或服务器）都是一个线程，正如一个进程会包含多个线程一样，在一个进程中也可能有多个（工作节点或服务器）群，也有可能一个群会占据多个进程。启动 SINGA 进程时，当所有执行单位都启动后，主线程就作为桩线程，它聚集本地的请求并将它们发送给

远程的桩。因此，每个单位只从它的本地桩上获取和发送信息。SINGA 在 ZeroMQ 和 MPI 基础上定义了通用的通信接口，用户可以在编译时选择不同的底层实现 (ZeroMQ 或 MPI)。如果有两个执行单位使用着同样的参数块，并且它们在同一个进程中，SINGA 可以使用共享内存来减少通信开销。

③ 训练框架 SINGA 支持各种同步和异步的训练框架，用户可以改变集群的拓扑结构（即作业配置中的 Cluster Topology 组件）来运行不同的框架。下面我们展示如何在 SINGA 中使用流行的分布式训练框架。

a. SandBlaster——这是在 Google Brain 上使用的同步框架，训练集被划分到不同的节点上，在每次迭代中，所有的节点从参数服务器上获取最新的参数值，之后返回更新后的参数。如果要在 n 个节点的集群上运行这个框架，SINGA 需要这样配置：

- 一个包含 x 个工作节点的工作群；
- 一个包含 $n-x$ 台服务器的服务器群。

b. AllReduce——这是在百度的 DeepImage 上使用的同步框架，它没有服务器的概念，每个工作节点用于计算一个模型副本的梯度并维护一部分参数。在每次迭代中，每个节点从其他所有节点上获取最新的参数并向它们返回参数梯度。要在 n 个节点的集群上运行这个框架，SINGA 配置如下：

- 一个包含 n 个工作节点的工作群；
- 一个包含 n 台服务器的服务器集群；
- 每个节点（或进程）中包含一个工作节点和一个服务器。

c. Downpour——这是 Google Brain 使用的异步框架，训练过程与 Sand-blaster 类似，主要的区别是：有多个群在异步运行，每个群的节点在运行时感知不到其他群的存在。如果要在 n 个节点的集群上运行这个框架，SINGA 需要这样配置：

- n 个工作群，每个群一个工作节点；
- n 个服务器群，每个群一个服务器；
- 每个节点（或进程）中包含一个工作节点和一个服务器。

每个训练框架都有各自的优劣势。同步训练将作业分配到多个工作节点上，可以加速单次迭代的速度。然而因为随着集群规模的增加，同步延迟会很高，同步框架只适用于中小集群。异步训练可以一定程度上加快收敛速度，但是当有太多的模型副本的时候，效率提升并不明显。

SINGA 为用户提供了一个统一的平台，在相同的配置环境下检验不同框架的运行效率（例如收敛速度和计算时间）。不仅如此，用户可以通过启动多个服务器群和工作群来进行混合训练——使用多台服务器（群）可以减轻服务器端的通信瓶颈；使用多个节点群可以加快收敛速度；在一个工作群中配置多个工作节点可以加速单次迭代。在预算固定的情况下（即服务器的数量不变），通过权衡收敛速度和运行效率，可以找到一个最佳的混合训练框架，以达到最小的训练时长。

9.2.3　CDAS 众包数据分析系统

（1）简介

众包的概念被许多 Web 2.0 网站广泛使用，例如，Wikipedia 的发展就是受益于成千上万用户的贡献，它们不断地为该网站编写文章和词条。还有 Yahoo! Answers，它让用户来提交和回答问题。在 Web 2.0 网站中，许多的内容都是由用户个体创建的，而不是由服务提供方提供的，众包就是这些网站的驱动力。为了方便众包应用的发展，Amazon 提供了 Mechanical Turk（AMT）平台，计算机程序员可以使用 AMT 的 API 向人们发布工作委托，由那些擅长某些复杂工作（例如图片标注和自然语言处理）的人来接受委托。通过这样的方式，运用人们的智慧来解决那些对于计算机来说很难的任务，从而改善输出质量，提高用户体验，图 9-6 展示了如何使用众包分配任务。Amazon 的 AMT 众包平台已经有一些应用案例，如 CrowdDB[7]、HumanGS 和 CrowdSearch[8]。

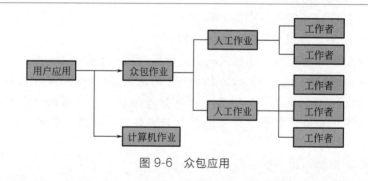

图 9-6　众包应用

众包依靠人力工作来完成任务，但是人类是很容易犯错的，导致众包的结果可能会是不好的，有两个原因。其一，一些居心不良的人可能会为了获取报酬随意填写答案，这会极大地降低结果的质量；其二，对于一些复杂的工作，有些人由于缺乏相关的知识技能，会提交错误的答案。为了解决上述问题，在 AMT 中，一项工作被分成多个 HIT（human intelligence tasks）任务，每个任务会分配给多名人员来完成，因此会得到多份答案。如果答案发生冲突，系统会比对不同的答案并判断哪一份是正确的。例如，CrowdDB 就采用了投票策略来判定正确答案。

然而，上面的方式并不能完全解决答案分歧的问题。假如我们期望图片标注的精准度达到 95％，并为每个 HIT 任务支付 0.01 美元，如果把每个 HIT 分配给太多的人，那么费用会过高，但是如果人太少，那么系统就得不到足够的信息来判断哪些标注是正确的。在期望的精准度不变的情况下，我们需要一个自适应的查询引擎来保证足够高的精准度，同时支付尽量少的报酬。

在 CDAS 众包数据分析系统中，我们设计了一个对质量敏感的答案分析模型，能够极大提高查询结果的质量并有效降低处理成本。CDAS 运用大众的智慧来提高各种数据分析工作的效率，例如图片标注和情感分析。CDAS 将分析工作转换成人力作业和计算机作业，并在不同的模块中对它们进行处理。人力作业是由众包引擎进行处理的，它采用了两阶段处理策略。对质量敏感的答案分析模型也相应分为两个模型——预测模型和验证模型。这两个模型分别运用到众包引擎的两个不同阶段。

在第一个阶段，众包引擎运用预测模型来估计需要多少工作者才能达到特定的精准度，模型通过搜集所有工作者历史记录的分布，从而做出评估。根据模型的结果，引擎创建并分配 HIT 任务到众包平台上；在第二个阶段，引擎从工作者获取答案，由于不同的工作者在同一个问题上可能返回不同的答案，因此还需要对这些不同的答案进行筛选提炼。CrowdDB 就使用投票策略来选择正确答案，在最简单的情形下，每个 HIT 任务被发送给 n 个工作者（n 为奇数），如果不少于 $\lfloor \frac{n}{2} \rfloor$ 个人返回了同一个答案，那么该答案就被作为正确答案。投票策略十分简单，但在众包情境下不是十分有效。假设现在有许多产品评价，我们想知道每个评价中用户的看法，于是将这些评论分发给工作者，让他们判断用户的态度，并分别用正面、负面和中立三个值来进行标注。对于一则评价，如果 30％ 的工作者认为是正面，30％ 认为是负面，剩下的是中立，那么投票策略就无法判断哪个答案是可信的。不仅如此，如果超过 50％ 的工作者认为是负面的，我们也不能直接接受该答案——因为一些恶意的工作者可能故意返回错误的答案。为了改进众包结果的精确度，CDAS 采用了概率方法。

首先，使用验证模型来代理投票策略，它依赖于工作者的历史表现（例如该工作者历史答案的准确率），并将投票分布于工作者的表现相结合。简单来说，系统会更倾向于接受那些精确度高的工作者的答案。系统使用随机取样法来评估工作者在一个工作中的精确度。通过运用基于概率的验证模型，结果的质量得到了极大的提升。

其次，自适应查询引擎不会等所有的结果返回之后再运行，它会根据已经返回的答案给出一个近似结果和置信区间，等更多的答案被返回之后再逐渐完善结果。使用该方法的原因是，在 AMT 上工作者并不是同步完成作业的。因此，有必要先根据返回的答案产生近似的结果并逐渐改善，而不是让用户一直等待最终的结果。该策略在思想上与传统的在线查询处理类似，其目的在于改进用户的体验。

（2）系统总览

下面介绍 CDAS 的系统架构以及如何在 CDAS 上开发应用。

① CDAS 系统架构　CDAS 是一个利用众包来提升数据分析性能的系统，它与传统分析系统的不同之处主要在于处理机制。CDAS 利用人类工作者来协助分析任务，而其他系统单纯地依靠计算机来完成查询。图 9-7 展示了 CDAS 的系统架构，它主要包含三个组件：作业管理器、众包引擎和程序执行器。作业管理器接受提交的作业，并把它们转换成处理计划，处理计划描述了作业管理器如何与另外两个组件（众包引擎和程序执行器）合作来完成作业。作业管理器将作业划分为两个部分，一个用于计算机运行，一个用于人工处理。例如，在人类辅助的图像搜索中，工作者需要负责为每幅图像提供标注，而图像分类和索引建立则是由计算机程序来完成。在大多数情况下，这两个部分需要相互合作，程序执行器将众包引擎的结果进行汇总，而众包引擎可能需要根据程序执行器的请求改变作业调度。

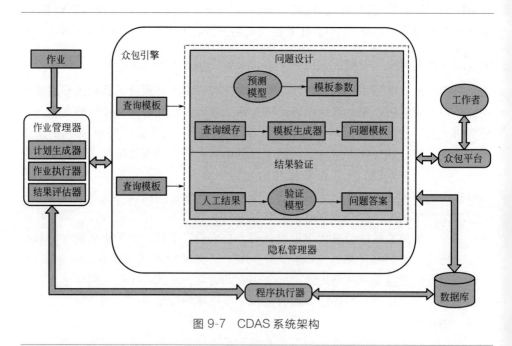

图 9-7　CDAS 系统架构

众包引擎在处理人类作业时分为下面两个阶段。

a. 在第一个阶段，众包引擎为特定类型的人类作业创建一个查询模板，查询模板需要遵循众包平台（例如 AMT）规定的格式，并且容易被工作者所理解。

众包引擎接下来将作业管理器中得到的每个作业分成一系列的众包任务，然后将它们发布到众包平台上。为了减少众包的开支，众包引擎利用预测模型，基于工作者的历史表现来估计任务中所需的最少工作者数目。

b. 在第二个阶段，工作者的答案被返回到众包引擎中，引擎把结果汇总并消除结果中的歧义，然后应用验证模型，基于概率估计来选择正确的答案。

有时候，人类任务可能会向公众暴露一些敏感数据，我们在众包引擎中设计了一个隐私管理器来解决这样的问题。隐私管理器可能根据具体情况，改变生成的问题的格式来呈现给工作者，对于特定的任务，它会刻意选择适合回答该问题的工作者。

② 在 CDAS 部署应用　接下来我们用 Twitter 情感分析作为例子来展示如何在 CDAS 上部署应用。情感分析工作通常是用机器学习和信息检索技术来完成的，但是 CDAS 比起这些传统技术可以达到更好的精准度。

在情感分析工作中，查询的形式化定义如下：

定义 9.1：情感分析查询。

情感分析中的查询遵循 (S,C,R,t,w) 的形式，其中 S 是关键词的集合，C 表示所需达到的精准度，R 表示答案的范围，t 表示查询的时间戳，w 表示查询的时间窗口。

举个例子，假如想要知道公众在 2011-10-14 到 2011-10-23 期间对于 iPhone4S 的观点，并且精准度要达到 95%，对应的查询可以表示为

$Q=(\{iPhone4S,iPhone4S\},95\%,\{Best\ Ever,Good,Not\ Satisfied\},2011-10-14,10)$

此查询的答案包括两个部分，第一个部分是每种观点的百分比，第二个部分是持有该观点的原因。对于上述查询，可能会有这样的答案（表 9-1 所示）：多数人认为 iPhone4S 是一个好的产品，因为 Siri 和 iOS 功能很不错；另外小部分人对它不满意，因为它的显示效果不好，电池寿命也一般。

表 9-1　用户对于 iPhone4S 的看法

观点	比例	理由
棒极了	60%	Siri,iOS 5,性能
好	10%	Siri,1080P
不满意	30%	iPhone4S,显示,电池

情感分析的查询定义在作业管理器中注册之后，会生成相应的执行计划。程序执行器负责从 Twitter 流中获取推文并检查里面是否存在查询的关键词（上个例子中 S=iPhone4S），符合要求的推文被发送到众包引擎中，之后会生成查询模板。

当众包引擎在它的缓存中收集到了足够多的推文之后，它开始生成 HIT

（human intelligence task）任务。具体而言，它使用查询模板为每条推文创建一个 HTML 段（包含在〈div〉和〈/div〉之间），然后将缓存中的所有推文生成的 HTML 段连接在一起，组成 HIT 描述。因此情感分析工作中的一个 HIT 中包含了对多条推文的提问，问题针对于同一个产品、电影、任务或事件。

　　之后 HIT 任务被发布在 AMT 平台上进行处理，算法 9.3 展现了众包引擎处理查询的两个阶段（注意该算法描述的是通用的查询处理策略，并不只针对于情感分析工作）。在预处理阶段，引擎使用查询模板为推文生成 HIT 任务（第 1～6 行）。在第一个阶段，它应用预测模型来估计需要多少工作者才能达到要求的精准度（第 7 行，其中，Q. C 表示查询 Q 中所要求达到的精准度）；在第二个阶段，它将 HIT 任务提交到 AMT 平台上，并等待答案的返回（第 8～10 行）。验证模型的作用是选出正确的答案。

算法 9.3：queryProcessing(ArrayList〈Tweet〉buffer, Query Q)

```
1:HtmlDesc H＝new HtmlDesc()
2:for i＝0 to buffer.size-1 do
3:    Tweet t＝buffer.get(i)
4:    HtmlSection hs＝new HtmlSection(Q.template(),t)
5:    H.concatenate(hs)
6:    HIT task＝new HIT(H)
7:    int n＝predictWorkerNumber(Q.C)
8:    submit(task,n)
9:    while not all answers received do
10:    verifyAnswer()
```

　　众包技术让应用开发人员能够利用相关领域人员的专业技能帮他们完成那些对于计算机来说很困难的任务。CDAS 众包数据分析系统解决了众包平台搜集到的答案不准确的问题，利用预测模型和验证模型，提高了众包任务结果的可靠性。

9.3　应用实例

　　这一节中，我们以云展大数据仓库上开发的医疗应用[9] 作为案例，对决策支持系统进行分析。

9.3.1　简介

　　医疗行业中的数据量正在以前所未见的速度迅猛增长，在医疗资源和成本的制约下，使用高端信息技术（例如机器学习和数据整合技术）处理这些海量数据，能够减轻医疗资源不足的压力，为患者提供更好的医疗服务。然而，在对医疗数据进行分析之前，我们需要解决下面的问题。

① 患者的数据资料是分散存储在不同的系统中的，因此需要从多个系统中提取相关信息。同样地，要回答涉及医疗服务质量监控的问题，通常需要对一些数据进行日常采集工作，例如过去 30 天内出院后又再次住院的病人数量，或者糖化血红蛋白值超过 7％的糖尿病患者总数等，如果这些数据都要人工采集，那么工作量将会十分繁重。

② 在医疗环境中，许多预测任务都需要医疗知识的积累，例如如何判定病人是否存在高风险需要住进重症监护室，或者预测病人出院后再次住院的概率。系统需要了解医疗数据的含义，并从数据中推测出隐含信息。

基于云展大数据仓库开发的综合医疗分析系统能够帮助解决上述问题，它包含档案系统和分析系统两个部分。档案系统负责搜集患者的各种信息，并将这些信息存储为患者档案图。患者信息包含各种类型的结构化数据和非结构化数据。结构化数据包括患者基本信息（年龄、性别）、化验结果（例如糖化血红蛋白值）和用药史等，非结构化数据包括医嘱这样的文本信息。图 9-8 展示了一位患者的医疗数据，包括结构化和非结构化的数据，而患者档案图能对患者的医疗数据提供整体统一的审视。图 9-9 展现了用图 9-8 中的医疗数据构建的档案图，该图包含了一些关键概念和它们之间的联系，如疾病（糖尿病，Diabetes Mellitus）和用药（格列吡嗪，Glipizide），这些概念是从非结构化数据（医嘱）和结构化数据（用药剂量）中得到的。分析系统用于分析患者档案图，从而推断出隐含信息，并提取出相关特征用于预测任务。

医嘱
84yo/Indian/Male Smoker(吸烟) 1 IHD - Left-sided chest pain　（左侧胸痛） - 2DE 12/09':LVEF 65% - on GTN 0.5mg prn 2 DM - HbA1c 9/09'7.8% - On glipizide 2.5mg om - On metformin 750mg tds

药物

ID	药物名	剂量
M1	METFORMIN	750mg，一天两次，三个月
M2	GLIPIZIDE	2.5mg，每天早上，三个月
M3	GTN TABLET	0.5mg，按需服用，三个月
...	...	...

化验

ID	名称	结果
L1	HbA1c	7.8%，反常/需要注意
L2	CKMB	4.3，正常
L3	2DE	LVEF65%，反常/需要注意
...	...	...

(a) 非结构化数据　　　　　　　　　　　　　　(b) 结构化数据

图 9-8　原始医疗数据

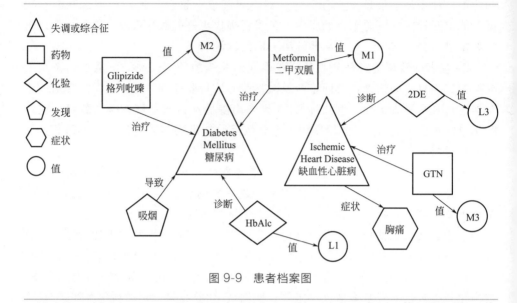

图 9-9　患者档案图

综合医疗分析系统的开发需要解决几个技术性问题。首先，医嘱为患者医疗档案提供了额外的有用信息，系统需要对该非结构化数据进行理解。目前有几种著名的自然语言处理（NLP）引擎，例如 MedLEE 和 CTAKES，以及几种医学词典，如 UMLS（unified medical language system[10]　）。然而，还有两个问题需要解决。

① 文本需要放到具体的语境中去理解，不同科室的医生可能会使用不同的约定和标记，例如骨科的医生用"PID"缩写专指腰椎间盘突出而不是指盆腔炎。

② 现有的知识库缺乏领域知识之间的关联，如疾病与化验测试的关联。概念之间的关联对于挖掘语义计算的潜力有着十分重要的作用，例如糖化血红蛋白与糖尿病之间的关系，糖化血红蛋白值是用于检测糖尿病的，我们可以从糖化血红蛋白值推断糖尿病患者病情是否得到控制。

另一个技术挑战是，医疗分析中，很多任务是无法通过传统数据挖掘来完成的。具体而言，通常会遇到缺少训练样本和类别标签难以定义的问题。例如当预测患者的自杀风险的时候，如果将已经自杀的患者标记为类别 1，未进行自杀的患者标记为类别 0，那么类别 1 的样本总数通常是非常少的，并且将剩余患者标记为类别 0 也不合理。因此我们需要科学的方法对这些患者进行分类。

医疗分析采用了不断迭代的方式来提升，系统与医疗专家保持互动，通过反馈来对自学习的知识库进行信息搜集、推断、证实和加强。更具体地，为了构建患者档案图，系统同时利用知识库中的信息和医嘱中推测得到的隐含信息。在很多医嘱中，医生通常将有关的疾病、药物和化验写在一起，因此系统可以利用这种规律来提高识别和获取概念的准确性，并强化知识库。系统还会对医生提问来进行验证，基于医生给出的答案，它会对推测结果做出调整。随着系统迭代次数的增加，患者档案图变得更加精确和完善，同时知识库变得更详细更复杂，也更加适合于每个机构的实际情况。在分析任务中，医疗分析系统利用医生的输入数据来标记一小部分信息最详尽的患者，这些标记被整合到分析算法中作为专家定义规则或假设。

9.3.2　综合医疗分析系统架构

如图 9-10 所示的是综合医疗分析系统的总体架构，系统从医疗机构和医学知识库中获取的数据作为输入，并向目标用户（如医生和管理员）提供综合医疗分析来解决他们的日常问题。

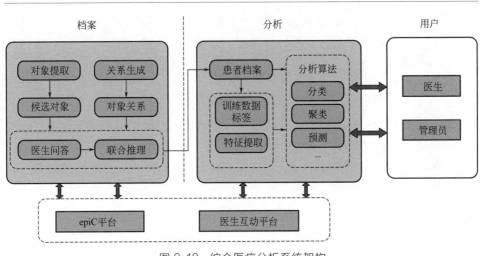

图 9-10　综合医疗分析系统架构

（1）输入和输出

① 医疗数据　综合医疗分析系统使用了从相关医疗机构得到的数据，主要包含以下不同的数据来源：a. 结构化的数据来源，包括基本信息、化验结果和用药史等；b. 非结构化数据来源，存储了文本形式的医嘱。

② 医学知识库　系统使用了医学知识库 UMLS 来解读非结构化的医嘱信息，包括识别医学概念（如糖尿病）和概念之间的联系（如糖化血红蛋白值用于监测糖尿病病情）。UMLS 包含了一套医学概念和概念之间的联系，如图 9-11 所示。每个概念都包含了唯一概念识别符（CUI）、概念名称、语义类型以及一个

代表该概念的字符串。注意一个概念可以用多个字符串表示，而一个字符串也可能表示多个概念（例如"DM"可能指概念 C1 和 C2）。同样地，一个关系也包含唯一关系识别符（RUI）、两个相关概念和关系类型。例如，概念 C3 与概念 C1 之间通过名为 diagnose（诊断）的关系相连。

CUI	名字	类型	字符串
C1	糖尿病	疾病或综合征	Diabetes Mellitus DM, …
C2	强直性肌营养不良	疾病或综合征	Dystrophy Myotonic DM, …
C3	糖化血红蛋白	化验	HbAlc Hemoglobin Alc
…	…	…	…

RUI	CUI1	CUI2	REL
R1	C3	C1	诊断
R2	C5	C1	治疗
R3	C7	C1	诊断
…	…	…	…

图 9-11　UMLS 词典

③ 系统使用方法　综合医疗分析系统面向医疗组织的两种用户：一是管理员，他们为医院的日常运作管理医疗数据；二是医疗专业人员（医生），他们需要查询数据来诊治患者。系统提供了如下多种分析任务。

a. 患者档案图中包含了每个患者的综合信息，系统提供了对该档案图的整体浏览，让用户通过互动的方式从不同的方面来查询信息。医生会问的一些典型的问题包括：列出我诊治的所有得了传染病的患者；列出我诊治的所有使用了阻滞剂治疗的患者（阻滞剂是一种药物）。

b. 系统能回答有关医疗质量的问题，例如过去 30 天中，出院之后又再次住院的患者数量，或者糖尿病患者中糖化血红蛋白值高于 7% 的人数（即糖尿病控制效果不好）。

c. 系统支持各种预测任务分析，例如，识别出那些在近期有高风险得心脏病的患者，或者预测患者在未来 30 天内重新住院的概率等。

（2）系统组件

① 患者档案系统　档案系统使用医疗数据为每个患者建立一个档案图，并提供了对该图的整体的浏览。档案中不仅包含非结构化信息记录和结构化信息，还有识别出的概念之间的各种联系，例如治疗和诊断等。该组件利用自然语言处理（NLP）引擎来提取名词，并通过推断匹配该名词对应知识库中的概念，并发现它们之间的联系。为了提高此过程的精确度，档案系统通过询问医生来进行验证，或让他们协助概念的匹配。总的来说，档案系统组件的输出结果包括：建立患者档案图；改进知识库使之个性化。

② 医疗分析系统　在患者档案图建立之后，医疗分析组件提供了分析能力。

为了帮助用户执行分析任务（例如预测患者的糖尿病是否能得到有效控制，或者患者是否会在未来 30 天内重新住院），该组件采用如下步骤。第一步，它从患者档案图中识别出对特定分析任务有用的概念和关系，这个识别过程可以通过自动特征选取技术或者基于医生输入的特征选取来完成。某些分析任务（例如自杀预测）可能缺乏训练数据，在这种情况下，系统利用医生的专业知识来标记一些资料相对完整的小部分患者作为训练集。第二步，分析系统对提取的特征和训练数据应用多种分析算法，包括各种分类、聚集和预测算法。如有必要，专家定义的规则也可以被运用来解决用户的分析需求。

③ 平台支持　为了支持上面的档案系统和分析系统，还需要另外两个组件。

第一，医疗领域的医疗数据持续猛烈增长，例如，重症监护室的患者每天被持续监控，会产生数以百万计的记录。为了解决扩展性问题，我们使用了灵活的并行处理框架 epiC，用以支持以下特性。

• 分布式数据存储，将医疗数据分块并存储到多个节点上。

• 可扩展的自然语言处理和数据分析，运用多种计算模型（例如 MapReduce 用于名词提取，Pregel 用于图形推导，深度学习用于分析任务等）。

第二，还需要一个平台来为领域专家（医生）提供交互，它向医生提出问题，并获取专业建议。像前面提到的那样，系统利用这个平台，让医生帮助系统进行概念的验证，或让他们协助概念的匹配；还比如让医生标记训练数据，或为某些分析任务识别关键特征等。

9.3.3　联合患者档案

（1）患者档案图

患者档案图是用结构化和非结构化数据共同构建的，它能对患者的资料提供全面的审视。图中包含两种类型的节点——概念节点和值节点。如图 9-9 中的患者档案图，概念节点用几何形状表示，它是由医嘱中提到的概念构成的，例如 Diabetes Mellitus（糖尿病）就是从医嘱文本中的 DM 缩写而来。每个概念节点都有一个与之对应的类型（例如失调或症状），这些类型是从医学词典（UMLS）得来的，我们用不同的形状来表示概念节点的不同类型。值节点是从结构化数据中得来的，它主要与化验结果（例如糖化血红蛋白值）和用药（患者使用过的药物的剂量）有关。图中的边表示概念节点之间的关联。

（2）患者档案图的构建

为了构建患者档案图，方法之一是使用自然语言处理工具（比如 cTAKES）与医学词典相结合，来从医嘱中提取相关词汇，并将其与医学词典中的概念相对应（构建概念节点），然后在概念节点之间构建关系作为边。然而，该方法有如下的局限性。

① 歧义匹配：之前提到过，在医学词典中，一个概念可能对应了不同的字符串（同义词），即使使用精确匹配（而不是字符串模糊匹配），医嘱中的字符串也可能对应多个 UMLS 中的概念。例如在图 9-12 中，DM 可以匹配 C1 和 C2 两个概念。基于我们对于处理医疗数据的经验，上面提到的方法的确会产生很多匹配错误。

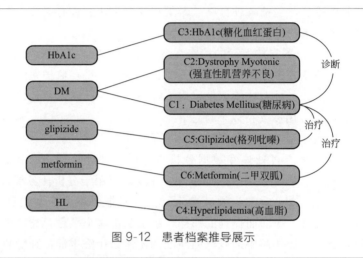

图 9-12　患者档案推导展示

② 匹配缺失：现有知识库中的同义词并不完善，其原因在于医嘱中使用的术语具有地方色彩，它们可能只在一个国家或一个医院中使用，而现有知识库中只包括一些通用的术语。这样就会导致找不到与医嘱中的词汇对应的概念。

③ 关系缺失：现有医学知识库中的关系还远不完整，还缺乏大量重要的关系，包括某些概念类型之间的关系（比如 CreateRisk 包含了发现物与疾病的关系）和特定两个概念之间的关系（例如二甲双胍与糖尿病之间是治疗的关系）。

因此，为了构建精准和完善的患者档案图，还需要解决两个技术问题：a. 正确地将医嘱中词汇与医学知识库中的概念相对应；b. 对概念之间缺失的关系进行补充。

（3）患者档案的联合推断

可以通过将知识库与医嘱中的隐含信息相结合，来提高患者档案的精确性和完整性。以图 9-12 为例分析如下。

① 我们具有以下隐含信息：在医嘱中，HbA1c（糖化血红蛋白）和 glipizide 都在 DM 之后被提到；HbA1c 是用于诊断糖尿病的化验手段；glipizide 是治疗糖尿病的药物。我们使用上述信息就可以推断，DM 更有可能指的是概念 C1（diabetes mellitus，糖尿病）而不是概念 C2（dystrophy myotonic，强直性肌营养不良）。

② 对于 HL 也是一样，知道了 HDL 和 LDL 是用于诊断高血脂的化验，有理由推断 HL 指的是 Hyperlipidemia（高血脂）。

③ 从医嘱中（参考图 9-8），glipizide 和 metformin 都在 DM 之后被提到了，并且都写成相同的格式，DM 被匹配为概念 C1，glipizide 和 metformin 分别对应概念 C5 和 C6，在已知 C1 和 C5 的关系的情况下，就可以推断 C1 与 C6 之间存在着相同的关系。

然而，这会造成识别正确概念与补充缺失关系之间的相互依赖。一方面，需要概念之间的关系来完成正确的匹配；另一方面，又需要正确的概念来推断缺失的关系。不仅如此，词汇与概念之间的匹配关系越复杂越精确，就会发现越多缺失的关系，反之亦然。因此需要一种整体性的方案来进行概念识别和关系发现。具体而言，系统使用了一组相互关联的随机变量来对该任务进行建模，这些变量遵循一个联合概率，该概率反映了变量之间的依赖关系，使用一个概率图模型来表示。运用置信传播推测算法来将不同的信号组合在一起并找到这些变量的最优值。

形式上，使用随机变量 c_m 来表示医嘱中提到的词汇 m 对应的概念，$r_{cc'}$ 表示概念 c 和 c' 之间的关系。c_m 从集合 $\mathcal{C}$ 中取值，其中集合 $\mathcal{C}$ 是从医学知识库中获取的所有概念的全集。$r_{cc'}$ 从集合 $\mathcal{R} \cup \{NA\}$ 中取值，其中 $\mathcal{R}$ 是系统中所有关系的集合，NA 表示没有关系。

① 词汇-概念匹配：在将词汇与概念进行匹配时，一个重要的信号是该词汇是否被包含在概念的同义词列表中，使用如下的势函数来定义这种关系：

$$\psi_{mc}(m, c_m) = 1, \text{if } contain(c_m, m) \text{ is true};$$
$$= 0, \text{othersize}$$

其中 $contain(c_m, m)$ 是一个二值特征函数。该势函数意味着我们更倾向于将词汇匹配给那些包含了该词汇的概念。同时，即使词汇被匹配给了其他概念，也不会有损失，因为该值被设为 0 而不是负值。这就允许增加缺失的匹配。

② 概念-概念关系：在创建概念之间关系时最直接的信号就是该关系是否存在于知识库中，下面的定义中，$exist(c, c', r_{cc'})$ 是一个二值函数，用于判断 $r_{cc'}$ 是否存在。与上面一样，当知识库中缺乏该关系，需要创建的时候，通过该势函数取值为 0 来允许算法发现新关系。

$$\psi_{cc}(c, c', r_{cc'}) = 1, \text{if } exist(c, c', r_{cc'}) \text{ is true};$$
$$= 0, \text{otherwize}$$

③ 兼容性：最后定义变量取值的兼容性。形式上，当词汇 m 匹配为 c_m，m' 匹配为 $c_{m'}$，并且 c_m 与 $c_{m'}$ 之间建立了关系 r，定义如下势函数：

$$\psi_{comp}(m,m',c_m,c_{m'},r) = 0, \text{if } r \text{ is } NA;$$
$$= 1, \text{if } m,m' \text{matches } pat(r);$$
$$= 1, \text{otherwise}$$

其中，$pat(r)$ 返回的是注册在系统中 r 关系类型的字符串模式。例如，如果 r 是 treat 类型（药物与疾病之间的治疗关系），$pat(r)$ 就会返回 "m'-on m number mg" 作为一种可能的模式。简单一点的模式诸如 "offset of m and m' in $range(x,y)$"。正如势函数所示，它更倾向于能够增强兼容性的参数取值。

④ 联合目标：总的来说，该算法的目标是找到 c_m 和 $r_{cc'}$ 的取值，使得如下目标函数值最大：

$$\sum_m \psi_{mc}(m,c_m) + \sum_{c,c'} \psi_{cc}(c,c',r_{cc'}) + \sum_{m,m'} \psi_{comp}(m,m',c_m,c_{m'},r_{c_m,c_{m'}})$$

9.3.4 案例分析：患者返院预测

作为一个具体案例分析，本节使用综合医疗分析系统来预测患者出院之后30 天内再次返院治疗的概率，简称为返院预测。系统从各种媒介中搜集到的信息作为数据源，来构建患者档案图，主要分析对象是那些 2012 年入院的高龄患者（60 岁以上）。在某医院中，2012 年入院的高龄患者总计 29049 名，其中5658 名在出院 30 天后返院了，即返院比例为 0.188。

系统使用如下特征来进行预测任务：用户的基本信息（年龄、性别和种族）、住院信息（住院时间、住院史和急诊情况）、初步诊断，以及从医嘱中提取到的特征，包括化验结果和就医历史（历史疾病）。

使用 WEKA[11]（一种数据挖掘工具）来运行十折交叉验证算法和贝叶斯网络分类器来构建一个返院分类器。表 9-2 所示的是预测结构的准确度，结果显示该分类器可以正确预测 2585 个确实返院治疗的患者，精确率与召回率分别是0.388 ［即：2585/(2585+4070)］ 和 0.457 ［即：2585/(2585+3073)］。把这个结果与专业人员（医生、病例管理员和护士）的预测结果相比已经非常不错了。

表 9-2　分类器准确度

类别	实际类别 1	实际类别 0
预测类别 1	2585	4070
预测类别 0	3073	19321

需要强调的是，这只是一个最初级的数据分析结果，预测结果的准确率还有很高的提升空间，比如，还可以加入更多的特征（生命体征、手术信息、用药和社会因素），使用特殊的分类器来处理高度不均衡的数据集。

参考文献

［1］ Liu X, Lu M, Ooi B C, et al. CDAS: a crowdsourcing data analytics system. Proceedings of the VLDB Endowment, 5（10）: 1040-1051, 2012.

［2］ Jiang D, Chen G, Ooi B C, et al. epic: an extensible and scalable system for processing big data. Proceedings of the VLDB Endowment, 7（7）: 541-552, 2014.

［3］ Ooi B C, Tan K L, Wang S, et al. SIN-GA: A distributed deep learning plat-form. In Proceedings of the 23rd ACM International Conference on Multimedi-a, 685-688, 2015.

［4］ Wang W, Chen G, Dinh T T A, et al. SINGA: Putting deep learning in the hands of multimedia users. MM, 2015.

［5］ Jiang D, Cai Q, Chen G, et al. Cohort query processing. Proceedings of the VLDB Endowment, 10（1）, 2017.

［6］ Jia Y, Shelhamer E, Donahue J, et al. Caffe: Convolutional architecture for fast feature embedding. arXiv preprint arXiv: 1408. 5093, 2014.

［7］ Franklin M J, Kossmann D, Kraska T, et al. Crowddb: answering queries with crowdsourcing. In SIGMOD, 61-72, 2011.

［8］ Yan T, Kumar V, Ganesan D. Crowd-search: exploiting crowds for accurate real time image search on mobile phones. In MobiSys, 77-90, 2010.

［9］ Ling Z J, Tran Q T, Fan J, et al. GEMI-NI: An integrative healthcare analytics sys-tem. Proceedings of the VLDB Endow-ment, 7（13）: 1766-1771, 2014.

［10］ Unified medical language system. ht-tp: //www. nlm. gov/research/umls/.

［11］ Hall M, Frank E, Holmes G, et al. The weka data mining software: An update. SIGKDD Explorations, 11（1）, 2009.

第10章

面向大规模轨迹数据的分析系统TrajBase

10.1 轨迹数据处理系统简介

10.1.1 轨迹数据处理技术简介

轨迹数据处理：包含了对轨迹数据进行抽取、转换、存储、索引、查询、挖掘等各个方面。以轨迹数据挖掘为最终目标，轨迹数据处理分为轨迹数据预处理、轨迹数据索引和查询、各种轨迹数据挖掘任务这几种类型。表 10-1 为轨迹数据处理系统的比较。

表 10-1　轨迹数据处理系统比较

系统	平台	距离	内存计算	数据表示	支持索引	查询类型	数据处理	扩展性
TrajBase	Spark	√	√	点/段/子轨迹/树	多种	多种	多种	易
PIST	Oracle	×	×	点	特定	范围	×	×
BerlinMod	SECONDO	×	×	点	×	范围/kNN	×	×
TrajStore	×	×	×	子轨迹	四叉树	范围	压缩	×
SharkDB	SAP HANA	×	√	帧	×	窗口/kNN	×	×
U²STRA	GPGPU	×	√	点/子轨迹/树	特定	st-agg/sim-join/st-join	清洗/提取/压缩	×
MD-HBase	HBase	√	×	点	四叉树/kd 树	范围/kNN	×	×
Simba	Spark	√	√	点	R 树	范围/kNN/dist-join/knn-join	×	难
CloST	Hadoop	√	×	点	特定	范围	×	×
PRADASE	MapReduce	√	×	段	PMI&OII	范围/traj-based	×	×
Elite	CAN	√	√	段	特定	范围/kNN	×	×

① 轨迹预处理：是在将轨迹数据存储为方便查询和挖掘的形式之前所需要进行的处理。在一些数据集中，一条轨迹是一个物体（如出租车）在非常长的时间范围内所记录的数据，而在实际的处理和分析中，对轨迹进行切分往往能降低

计算量，并获得更有意义的结果，轨迹分段成为很重要的预处理技术。

② 轨迹索引：是在查询大规模轨迹数据的过程中减少 I/O 和计算量的有效手段。针对轨迹数据的索引技术可以分为以下几类：a. 将空间索引 R-tree 扩展到轨迹数据上，如 STRtree 和 TB-tree；b. 将数据按时间切分后，对每个时间片建立空间索引而形成的结构，如 HR-tree 和 MV3Rtree；c. 将数据按空间信息切分之后在每个分片内建立时间索引，如 SETI；d. 针对特定轨迹查询设计的索引，如 TPR∗-tree 和 TrajTree。在不用的场景中，不一样的索引结构往往各有优势。需要指出的是，这几类索引都是针对单机系统设计的，而分布式环境中的索引结构与具体的分布式系统架构有着密切的关系。

③ 轨迹获取与查询：是指在轨迹数据集中获取满足一定要求的轨迹数据的技术。时空范围查询和 kNN 查询是针对轨迹数据的两类基本查询。上面提到的大部分索引都有针对范围查询设计的算法。kNN 查询则是需要根据某些点或者轨迹来查询 Top-k 条最近的轨迹。若查询点是一个点，在单机环境中现有的索引可以直接处理，而在分布式环境中解决针对轨迹的 kNN 查询十分困难，TrajBase 结合特定的分布式索引方式提出了解决方案。Chen[1] 提出的 k-BCT 查询则是根据一组点来查询最近的轨迹，查询点之间的顺序关系也可以列为限制条件。此外，基于轨迹查询轨迹的 kNN 查询一般被称为 k-BST 查询，决定相似性查询的主要因素是所选用的相似性度量方式，如 DTW、LCSS、EDR 和 EDWP 等。

④ 轨迹数据挖掘：是从轨迹数据中获得一定知识的算法。Zheng[2] 将轨迹挖掘归纳为轨迹不确定性、轨迹模式挖掘、轨迹分类和轨迹异常检测这几类，挖掘算法的种类和方法复杂多样，对底层系统的扩展性和优化的要求很高。TrajBase 设计的主要动机便是在一个高效可扩展的环境中解决复杂多样的轨迹数据挖掘中的各种问题。本章介绍 TrajBase 的整体架构和设计思路，并描述用以支撑高效分布式轨迹挖掘的预处理、索引以及查询的机制。

10.1.2　集中式轨迹数据处理系统

随着针对轨迹数据设计的索引技术的发展，多种基于不同架构面向不同应用场景的存储和处理轨迹数据的系统相继出现。基于 Oracle 数据库，PIST 系统通过结合网格形式的数据切分方式和 Oracle 中带有的 B＋tree（B＋树）索引，将历史轨迹数据以轨迹点的形式存储在数据库中，从而支持范围查询。BerlinMOD 在 SECONDO 数据库中存储和查询移动物体。TrajStore 将轨迹以轨迹段的形式存储在一个动态 quadtree 中，并对每个节点中聚类好的轨迹段进行压缩，从而能够支持数据的更新以及高效的范围查询。SharkDB 将轨迹数据转化为列式的数据帧的形式存储在内存数据库 SAP HANA 中，针对列式存储的结构设计了单核和多核并行的窗口查询以及 kNN 查询算法。U²STRA 通过设计三层索引（轨迹索引、路线索引和点索引）在 GPGPU 环境中处理轨迹数据，它们分别提供了轨迹、路线（子轨迹）和点三个层次的轨迹表达方式，并实现了空间和时间聚集查询和相似性连接查询。尽管存储方式和查询算法各有不同，但这些系统都是在单机环境中构建的，因而不能处理超出单个机器容量的数据量，且处理效率不具有好的扩展性。此外，这些系统在架构中采用相对固定的存储结构，因此很难引入其他存储方式和索引结构，不容易针对没有考虑的其他查询进行优化，如 SharkDB 基于帧的数据形式实质上是一种有损的压缩存储方式，因此不适用于精确性要求高的查询场景。相比于这些系统而言，TrajBase 在分布式环境中构建，且采用灵活的框架来兼容多种索引结构和优化方式，因此具有更好的扩展性和更广泛的应用场景。

10.1.3 分布式多维数据处理系统

随着 MapReduce 以及其相关开源实现（如 Hadoop 和 Spark）的流行与发展，针对空间多维数据设计的分布式存储和处理系统被设计出来，然而其中只有少数系统能处理超过二维的数据。MD-HBase[3] 将多维数据索引 Kd-tree 和 Quad-tree 迁移到 HBase 的 key-value 结构中，并设计出基于这样索引的范围查询和 kNN 查询。空间数据处理系统在处理轨迹数据时把时间维度与空间维度等同视之，这种方式具有明显的局限性：一方面由于时间维度上的大量重合而可能造成性能下降，另一方面丢失了轨迹数据本身的特性而限制了多种优化手段和查询方式。

10.1.4 分布式时空数据处理系统

Simba[4] 是最新出现的基于 Spark 的空间数据分析系统。Simba 在 Spark 中引入两层索引来加速查询，在系统架构和优化方式上为 TrajBase 的设计提供了有益的借鉴。然而，TrajBase 相比于 Simba 更适用于处理大规模轨迹数据，是因为 TrajBase 与 Simba 之间具有以下几个本质上的区别：①TrajBase 针对大规模时空轨迹数据而设计和优化，适用于将轨迹数据存储成为多种形式以方便查询分析，面向各种类型的轨迹数据处理算法和优化方式提供一个高效可扩展的框架，而 Simba 作为针对多维数据的存储与查询引擎，其集成的存储、索引和查询算法等技术在应用到轨迹数据中时效率不高。②TrajBase 将处理流程和系统框架的灵活性列为系统设计的重要考虑之一，因而方便分析员灵活地定制数据分析流程，同时支持研究者和开发者方便地集成更多存储、查询和优化手段，而在 Simba 中集成新的存储结构与算法比较困难。③Simba 通过对 Spark SQL 进行扩展从而实现对多维数据的支持，而 TrajBase 构建于 Spark 中的 RDDAPI[5] 之上，从相对底层的角度为优化提供支持，同时对不同的 Spark 版本具有较好的兼容性。

CloST[6] 是最早在 MapReduce 环境中存储时空数据的系统之一。CloST 将数据存储为 HDFS 的文件，时空数据在三个层次进行切分：第一层按 ID 和时间范围大致切分为桶，第二层按照空间信息以 quadtree 的形式切分为区域，最后一层按时间段切分为块。在这样的存储结构上，CloST 将切分信息以索引的形式维护在元数据中，从而支持范围查询。PARADASE[7] 也在 MapReduce 环境中处理轨迹数据，系统同时维护一个基于划分的多层次索引和一个对象倒排索引，分别支持范围查询和按要求查询轨迹的一部分的功能。这一类系统本质上是为加速基本的查询而设计特定的分布式存储和索引方式，从而为轨迹数据处理实现了基本的可扩展性。然而，由于轨迹数据的处理和分析具有复杂多样的需求，这一类系统中针对最基本的查询定制的存储结构不能适用于更复杂的优化方式，因而与 TrajBase 不具有可比性。事实上，由于针对 MapReduce 设计的共同特性，这一类系统的核心设计可以方便地引入到 TrajBase 中。

Elite[8] 是最新出现的分布式轨迹处理系统。为避免 master-slave 架构所产生的单点故障和性能瓶颈，Elite 基于 peer-to-peer overlay（CAN）架构在 share-nothing 集群中。Elite 采用了一种三层索引结构：skip-list layer 按时间段将数据切分为 tori，torus layer 将多维数据信息维护在 CAN 环境中，oct-tree layer 是在各个节点中以本地方式维护的 oct-tree 和哈希表。

Elite 适用于对大规模轨迹数据进行查询与分析，但由于也采用了一种相对固定的数据存储方式，因此在索引结构和查询算法上不易进行扩展来应对复杂的场景。相比于 Elite，TrajBase 的架构虽然是 master-slave 模式，但实际应用中有解决单点问题的方式：一方面，理论分析与实验结果都证明了 master 节点中的全局索引很小，位于 master 中的计算量不大，因而 master 节点并不是整个处理流程的性能瓶颈；另一方面，Spark 架构中具有应对单点故障的容错机制。因此架构上的差别并没有成为 TrajBase 的缺陷，相反，受益于 master-slave 架构的简单性，TrajBase 能在索引设计和算法设计中具有更灵活的优化手段。

10.2 轨迹概念介绍

为了便于读者对 TrajBase 的设计有更清晰的理解，首先对轨迹数据的相关概念和在系统中的表达方式进行定义。轨迹是指对移动的物体（如人、车、动物等）进行采样而产生的一系列时空点的序列。一个轨迹点是轨迹中的采样点，表达为含有该轨迹的 ID 以及两个空间维度和一个时间维度的点：(id; x; y; t)。需要指出的是，本章中使用的方法和系统架构可以通过简单扩展而支持三维空间和其他更多轨迹数据的属性。一个轨迹段是指包含起点和终点的线段，起点和终点是这条轨迹中相邻的两个采样点。一条子轨迹是指一条轨迹中的某一部分，表达为一组连续的轨迹点或者连续的轨迹段。子轨迹往往只包含一条轨迹的一部分，而轨迹的表达方式与子轨迹一样，但其包含了整条轨迹的所有数据。在 TrajBase 中，根据数据处理和分析的需求，轨迹数据在存储时可能以轨迹点、轨迹段、子轨迹或者轨迹中的任一形式为基本单位，为了便于表达，将这些轨迹数据表达的基本单位统称为轨迹元素。

10.3 TrajBase 系统架构

TrajBase 的设计以 TrajFlow 为基础，既要保证处理大规模轨迹数据时的高效和易用，同时也要面向各种轨迹数据处理任务提供足够的灵活性。按照使用 TrajBase 的方式，用户可以分为两类：分析师基于 TrajFlow 设计具体的数据处理流程，通过系统交互完成其所设计的处理流程并得到结果；开发者需要根据需要将更复杂或者更新、更优化的技术引进系统中，从而提供给分析师使用。设计 TrajBase 的难点在于，需要同时满足分析师对性能及易用性的要求和开发者对扩展性的要求。为解决这样的问题，TrajBase 将架构分为交互层和组件层，分析师通过交互层交互式或批量式地提交处理任务，开发者则在组件层中实现和扩展更多组件，如图 10-1 所示。

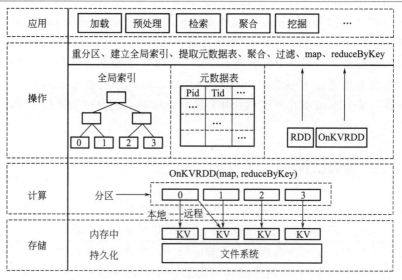

图 10-1　TrajBase 系统架构

作为 Spark 环境中运行的一个模块，TrajBase 运行在 Spark 的驱动程序中。在交互层，TrajBase 采用了与 Spark 一致的交互方式，对于 Spark 用户而言具有很好的易用性。具体而言，TrajBase 提供了一个 TrajBase-Context 作为用户交互的入口，并扩展了 Spark shell 的交互式环境。TrajBase-Context 提供了加载数据、建立索引、进行查询等粗粒度的接口，用户可以将设计好的 TrajFlow 流程直接转化为 TrajBase-Context 的接口调用来提交任务。此外，TrajBase-Context 提供了将建好索引的 RDD 转换为 DataFrame 的接口，从而方便用户通过 Spark SQL 的方式对数据进行查询。

组件层是 TrajBase 的核心部分，组件层采用模块化的设计，包含了五个模块以及相应的子模块。模块中的具体功能实现成为一个个组件，模块本身则定义了不同组件在系统中的工作方式。模块化的架构设计既能保持各个模块内部实现方式的独立性，也保证了不同类型的组件能相互协作而完成一个复杂的数据处理流程。这五个模块具体描述如下。

① 表达　此模块通过轨迹元素定义轨迹数据的表达方式，如带有速度信息的轨迹段，或者具有特定的压缩结构的子轨迹结构。

② 加载　此模块定义了如何解析原始数据的文件和数据结构。

③ 处理　此模块定义了对轨迹进行处理的方式。基于系统优化的考虑，处理模块分为两个子模块：预处理和转换。预处理是在一个节点对一批轨迹或者轨迹元素进行处理的算法，而转换则是对整个分布式数据集进行处理的过程。具体表现在 RDD 的实现上，TrajBase 在 RDD 每个分区中分别执行一系列预处理功能。

④ 索引　索引模块包含切分、本地索引和全局索引三个子模块，分别对应于两层索引建立过程中数据切分、建立本地索引和建立全局索引的三个功能。切分是指将一个数据集按照一定要求切分到集群中各个节点的分区中，切分的方式决定了后续查询的平衡性和剪枝优化的效果；本地索引定义了如何将一个分区的数据转换成带有本地索引的存储结构；全局索引定义了 GlobalInfo 的结构以及将 GlobalInfo 构建成全局索引的方式。其中，GlobalInfo 是一个分区中数据的整体信息，可能是一个分区的时空包围盒，也可能是其他类型的信息（如近似度）。

⑤ 查询　此模块定义了各种分布式数据查询和挖掘算法的调用方式。

需要指出的是，各个模块类别之间的实现虽然是相互独立的，但很多模块所带有的优化方式包含对其他特定模块的依赖，例如在挖掘模块中，基于 EDWP 度量的相似轨迹查询算法依赖于索引模块中构建的分布式 TrajTree。在依赖满足的情况下，TrajBase 会采用优化的算法，而在依赖不能满足的情况下，则会调用算法中设定的基准算法。通过这种方式，TrajBase 可以通过特定的多个模块组合的方式实现具体算法的复杂优化。

10.4 轨迹数据处理技术

10.4.1 轨迹数据表达技术

为了表达轨迹的存储结构，TrajBase 主要设计了两个接口：TrajElement 和 Trajectory。TrajElement 是轨迹数据存储和处理的基本单元，至少包含轨迹 ID、起始时间（可用于将属于同一轨迹的 TrajElement 进行排序）；Trajectory 则是一条轨迹或子轨迹在内存中的具体数据结构，本身也实现了 TrajElement 接口，同时以 Scala 编程语言中的 Iterator 的方式提供其包含的更小的 TrajElement（如轨迹点或轨迹段）的访问方式。

10.4.2 轨迹数据存储技术

TrajBase 将所有数据和索引存储在存储层中。为了支持内存中的计算，此层由一个内存层和一个持久层组成。内存层提供直接用于计算的数据，同时将数据结果传输到持久层（例如 HDFS）中，以确保数据持久地存储。

一些技术，包括内存文件系统、内存数据库引擎和 NoSQL 系统，可以应用于内存层。但对于文件系统，需要重新设计或重新实现一组底层特征（例如二进制编码和高效随机数据访问的方式）；对于传统的数据库引擎和柱状存储引擎，有限的存储结构不足以支持灵活的轨迹格式的有效检索。因此，考虑到高性能、易用性和灵活的存储格式，TrajBase 采用键值存储。

图 10-2 展示了统一引擎中的数据管理。每个工作节点运行多个 Spark 执行程序和一个 Redis 服务器。在每个执行器中，启动一个 Redis 客户端，以维护与本地 Redis 服务器的连接，以便加载或存储数据。由于在 Spark 中分离计算和数据缓存是统一引擎设计的基本目标，因此通过执行器逻辑地管理数据分区，而不是将其物理存储在 Redis 服务器上，并对其进行实时加载使用。通过在 OnKVRDD 中使用这种缓存方法，TrajSys 提供了一个 RDD 兼容的数据管理框架，具有较少的 GC 压力、更好的容错能力和更严格的数据共存。

现有的分布式密钥值存储通常基于一致的散列算法分配数据。然而，在计算层中操作数据比存储层更高效。因此，为了获得高效率，TrajSys 作为统一的引擎在计算层进行操作（例如数据管理的索引构建和数据集的重新分配）。同时，统一引擎也可以实现更加灵活的优化和调度。

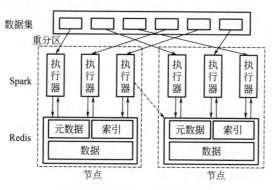

图 10-2　TrajSys 的数据管理

为了支持高效的数据管理，存储在每个 Redis 服务器中的数据分为三个部分，即元数据、索引数据和轨迹数据。在每个部分中，使用一个键空间来区分多个数据集和分区。具体来说，所有的键都包含一个公用的前缀，其中 rid 是 RDD ID，pid 是分区 ID。键空间如表 10-2 所示。更具体地说，元数据存储具有元名称（mname）的必需信息，其中 mname 被视为关键词。例如，要将索引名称列表存储为元数据，需要设置 mname：INDEX NAMES。如果构建索引，则索引名称 iname 将被插入到列表中，并且可以由关键词检索。对于索引数据，每个索引节点被分配一个节点 ID(nid)，并且可以根据索引名称和节点 ID 来访问该节点。类似地，对于轨迹数据，每个轨迹元素被分配唯一的 ID(eid) 它可以用作检索数据的关键词。

表 10-2　Redis 键空间

类型	键格式
元数据	rid_pid：mname
索引数据	rid_pid_iname_nid
轨迹数据	rid_pid_eid

与 Spark 的应用相比，TrajSys 将数据存储在 Redis（即 Spark 外），从而导致额外的成本。额外的成本包括：Spark 执行器与本地 Redis 之间额外的进程间通信成本，以及存储在 Redis 中数据的序列化成本。对于前者，可以在执行器中通过有限的缓存减少成本。另外，考虑到 Redis 存储数据的优点，最小化附加成本是可以接受的。

10.4.3　轨迹数据索引和查询技术

为了有效地管理轨迹数据，已经提出了各种索引结构。其中一种是通过使用处理时间信息的技术来扩展空间 R-tree，如 TB-tree，HR-tree 和 MV3R-tree。另一个类别是考虑轨迹数据的语义信息，其中包括 TPR-tree 和 TrajTree。此外，为了有效地处理轨迹，还有各种预处理技术，包括分割、同步、压缩和地图匹配。

为了对统一引擎进行全局操作，通常要对数据集泛化。构建全局索引是数据泛化中最直接的方法，这种方法已经在以前的系统中采用。然而，现有系统中都应用了特定的索引结构（如 R-tree）和特定的数据分区策略。相比之下，Traj-Dataset 为可制定的全局索引提供了灵活的机制。换句话说，TrajSys 用户能够自定义如何从分区获取通用数据，以及如何在通用数据上构建全局索引。这种灵活性使得全局索引可用于各种各样的分析应用。

如图 10-3(a) 所示，全局索引的构建由以下三个步骤组成。首先，每个数据分区映射到广义特征。特征可以是空间边界框、时间跨度、ID 范围或任何用户定义的特征。然后，TrajSys 驱动程序收集所有广义特征，并相应地构建一个全局索引，其中广义特征被视为关键字，相应的分区 ID 被视为该值。如上所述，索引结构是可制定的，可以是 B-tree、R-tree、反转列表等。最后，TrajDataset 存储了用于全局调度的内置全局索引。TrajDataset 提供了一个界面 buildGI 来支持各种索引的构建，并使用哈希映射来维护多个全局索引，以支持查询、删除和更新。

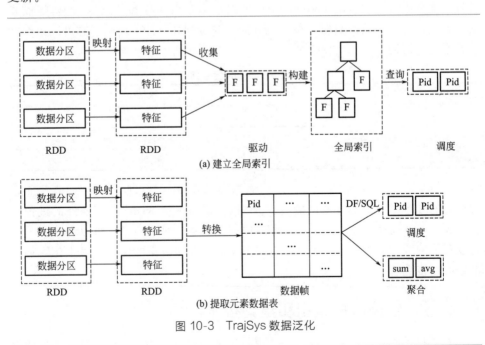

(a) 建立全局索引

(b) 提取元素数据表

图 10-3 TrajSys 数据泛化

为了支持灵活的全局索引调度，支持可制定的数据分区至关重要。例如，如果使用空间信息划分轨迹，则空间范围查询可以极大地受益于建立在该分区策略上的全局 R-tree，因为数据空间可以通过空间范围大大剪枝。然而，如果使用时间信息分割数据，则全局 R-tree 可能是无用的，因为大多数分区覆盖较大的空间区域，并且不能被空间范围剪枝。TrajDataset 提供了一个接口重新分区来支持不同的分区策略。TrajSys 中实现了几个有用的分区器，如 STRPartitioner。请注意，复杂的分区策略可以根据基本分区器轻松地实现。

（1）ID 查询

ID 查询是典型的轨迹数据查询。轨迹数据集中存在三种类型的定义：元素 ID、轨迹 ID（或称为旅行 ID）和移动对象 ID。轨迹可以包含多个元素（例如点），并且一个移动对象可以产生多个轨迹。在这里这些元素和轨迹的定义通常是不同的。在 TrajSys 中，每个元素都被存储为一个分配的 ID，因此主要使用元素 ID 查询，对其他定义类型的查询可以轻松转换为元素 ID 查询。

在统一引擎中，元素存储在 Redis 中，其 ID 作为键，因此，每个分区上的过滤器方法能够检索所有所需的数据。如果频繁地应用 ID 查询，则可以通过特定的全局技术进一步改进效率，即通过 ID 范围分割数据集并构建全局 B-tree 以进行全局过滤。

（2）范围查询

范围查询是指查找某个空间或时空范围的轨迹。虽然多维索引（例如 R-tree）可以大大提高查询性能，但 TrajSys 可以通过设计分区、全局索引和本地索引来实现最大化效益。

为了获得最佳分区，TrajSys 实现了一个 STRPartitioner[4]。首先对数据集进行统一采样，并把采样的数据构建成一个 R-tree。然后使用 R-tree 叶节点的边界对数据集进行分区。自然地，可以使用全局 R-tree 组织分区，同时也可以在每个分区内构建本地 R-tree。为了进行范围查询，在全局和本地 R-tree 上应用过滤器操作，全局过滤安全地剪枝不必要的分区，并且本地过滤筛选掉不合格的数据。

（3）kNN 查询

kNN 查询是指关于轨迹数据的 k 个最近邻（kNN）查询找到给定空间位置的 k 个最近轨迹。在 kNN 中，轨迹和空间位置之间的距离计算为从位置到最近的轨迹点的距离。需要注意的是，kNN 元素查询得到 k 个最近元素，这不同于 kNN 查询，例如，kNN 元素查询可以返回少于 k 个轨迹。

这是因为一些最近的元素可能属于同一轨迹。集中式系统中的传统 kNN 算法可以通过使用选定轨迹的缓冲区来扩展 kNN 元素算法来求解 kNN 查询。算法持续搜索最近的元素，直到缓冲区大小达到 k。但是，此扩展不适用于通用分布式框架中的分布式 kNN 算法。

空间数据的最先进的分布式 kNN 元素算法由两个部分组成。在第一阶段，算法选择一组包含多于 k 个元素的候选分区，然后对候选分区进行 kNN 元素查询，得到当前第 k 个距离作为上限。使用当前第 k 个距离，可以构建范围区域。在第二阶段，算法对与范围区域相交的分区执行 kNN 元素查询以获得最终结果。为了解决 kNN 查询，算法可以类似地扩展。然而，对第一部分中多个分区的轨迹数进行计数是一个挑战，因为一个轨迹的元素可以跨分区存储并重复计数。

TrajSys 可以轻松解决此类问题，它能够在元素表中跨多个分区计算不同的轨迹 ID。因此，TrajSys 中 kNN 轨迹查询的过程如下进行。

① 分区（可选）　根据空间分布进行全局划分，提高剪枝效果和查询效率。

② 索引和提取　构建了全局 R-tree 和多个本地 R-tree 数据的空间特征，以加速全局 kNN 查询、全局范围查询和本地 kNN 查询。此外，还要提取所有轨迹 ID 和分区 ID 元组 [表示为 (tid,pid)] 以构建元素表。

③ 第一次全局过滤　对全局 R-tree 和元素表进行 kNN 查询以选择候选分区。元素表上的以下操作用来计算每个分区的总轨迹数。

```
meta_table.filter("pid in <candidate partitions>")
.agg(countDistinct("tid"))
```

④ 第二次全局过滤　首先在候选分区上进行本地 kNN 轨迹查询，以获得当前第 k 个最近距离，以此形成一个范围区域。之后，在全局 R-tree 上进行范围查询，找到包含最终结果的合适分区。

⑤ 本地 kNN　最后，本地 kNN 在合适的分区上进行本地 kNN 查询。结果按其距离进行全局排序，最后返回 Top-k 轨迹。

在实际应用中，计算距离最近的轨迹段而不是最近的轨迹点更为合理。这是因为到点的距离受到轨迹采样率的高度影响。此外，可以将轨迹数据与道路网匹配，然后制定 R-tree 结构，以支持有效的道路网距。由于 TrajSys 的灵活性，这些扩展也可以由 TrajSys 支持。

10.4.4　轨迹数据挖掘技术

协动模式挖掘是轨迹数据的重要挖掘任务，已经有许多关于它的研究工作。Fan 等人[9] 提出了一个关于 Spark 的分布式框架来挖掘大规模轨迹上的一般协动模式。这个框架可以在 TrajSys 中轻松实现。此外，在 TrajSys 中可以有效地执行一些必要的预处理任务，这些任务不在框架中，因此避免了不必要的数据传输。接下来详细阐述 TrajSys 中协同运动模式挖掘的过程。

① 预处理：格式转换。首先将轨迹数据转换为预定格式，继而挖掘算法对具有数值轨迹 ID 的点进行操作，具体地说，进行映射操作以适当地转换数据格式。

② 预处理：同步。在将数据转换为点之后，需要通过全局时间戳序列同步轨迹。具体而言，首先对元素表进行聚合分析以获得整个时间段，并选择固定的采样率将时间段划分为多个时间戳。之后，数据集由时间戳范围重新分区，并执行地图操作以删除冗余点并填充缺失值。这里，基于每个时间戳建立的空间 R 树可以加速同步的效率。

③ 分析：聚类。在挖掘模式之前，需要先对每个时间戳记上的数据进行聚类。在 TrajSys 中，聚类算法可以利用预先构建的 R-tree 来加速。

④ 挖掘：协动模式。现有的分布式挖掘算法可以在 TrajSys 中实现，与 Spark 类似。不同的是，原始的 RDD 操作（如 map 和 reduceByKey）被替换为对应的 TrajDataset 的操作，以便利用统一引擎的优势。

协同运动模式挖掘的实现验证了 TrajSys 的高效率和灵活性，可以支持各种复杂的轨迹数据分析。表 10-3 为数据集统计。

表 10-3　数据集统计

属性	出租车	购物	啤酒
移动目标数量	12583	12583	12583
轨迹数量	1364362	1364362	1364362
点数量	962264503	962264503	962264503
原始数据集大小	92.83GB	92.83GB	92.83GB

参考文献

[1] Chen Z, Shen H T, Zhou X, et al. Searching trajectories by locations: an efficiency study. In SIGMOD'10, 255-266, 2010.

[2] Zheng Y. Trajectory data mining: An overview. TIST, 6（3）: 29, 2015.

[3] Nishimura S, Das S, Agrawal D, et al. Md-hbase: A scalable multi-dimensional data infrastructure for location aware services. In MDM'11, 7-16, 2011.

[4] Xie D, Li F, Yao B, et al. Simba: Efficient in-memory spatial analytics. In

SIGMOD'16, 1071-1085, 2016.

[5]　Zaharia M, Chowdhury M, Das T, et al. Resilient distributed datasets: A fault-tolerant abstraction for in-memory cluster computing. In NSDI 12, 15-28, 2012.

[6]　Tan H, Luo W, Ni L M. Clost: a hadoop-based storage system for big spatio-temporal data analytics. In CIKM'12, 2139-2143, 2012.

[7]　Ma Q, Yang B, Qian W, et al. Query processing of massive trajectory data based on mapreduce. In CloudDB'09, 9-16, 2009.

[8]　Xie X, Mei B, Chen J, et al. Elite: an elastic infrastructure for big spatiotemporal trajectories. VLDB J. , 25 (4): 473-493, 2016.

[9]　Fan Q, Zhang D, Wu H, et al. A general and parallel platform for mining co-movement patterns over large-scale trajectories. PVLDB, 10 (4): 313-324, 2016.

第11章

基于超图的交互式图像检索与标记系统HIRT

11.1 图像检索与标记方法简介

数据信息管理是文明得以学习、传播和继承的重要手段，人们需要对文献等具有重要意义的物品进行分类和检索。自数码摄影出现以来，对图片进行有效管理成了日益迫切的需求，图片检索因而出现。图片检索方法又分为基于文本的图片检索和基于内容的图片检索，本节分别介绍这两类图片检索方法。

11.1.1 基于文本的图片检索方法

图片检索出现之前，基本都是对文本的管理和检索，所以图片检索出现后，自然将文本检索扩展到图片检索。图片作为一种人工产物，一般具有特定主题和意义，作者往往将这些信息以文本的形式附加给图片。基于文本的图片检索即将这些带有文本信息的图片进行分类，分类的依据即是这些文本信息，此类图片检索实际上是根据文本的检索，文本作为图片的代表。

此类图片检索方法有基于分类的查询和基于关键字的查询两类。基于分类的查询被早期的图片搜索引擎所采用，它对图片进行分类，用户根据分类结构对查询范围进行细化。该方式需要用户进行较多的操作，实际上是一种手动目录式检索方式。基于关键字的查询，目前大部分的搜索引擎使用的是此种查询，用户输入目标关键字，系统根据文本与图片的匹配程度对查询关键字相关联的图片进行查找，具有较快的查询速度。数据库中图片需要附带文本信息，一般有两种文本附加方式，一是人工标注（包括图片作者的标注），二是网络爬虫从图片所在网页获取与图片同时出现的文本。

基于文本的图片检索因其文本信息来源和检索依据，有三点缺陷。其一，文本信息由人工标注，虽有较高的准确度，但工作量巨大，不适合海量数据的处理，且由于人的主观性，有时无法完整并准确地描述图片信息。其二，文本信息由爬虫从图片所在网页提取，该方法基于网页文本和图片有较强相关性的假设，结果往往不尽如人意，和网页排名一样，容易受作弊手段的影响。其三，文本作为描述图片的语义信息，对图片有较好的描述能力，但由于人类有较强的感官能力，视觉感受也属于图片相似度判定的一部分，因此基于文本的图片检索的结果虽然和查询词有较强的语义相关性，但有时和用户需求不相适应。

11.1.2 基于内容的图片检索方法

从 20 世纪 90 年代开始，随着计算机视觉技术的发展，从图片中提取视觉特征并加以分析成为可能，人们可以使用低级视觉特征来表示图片。比如，MPEG-7 是描述图片内容的一种标准，使用一系列描述子描述图片的颜色统计、色彩分布、边缘、纹理等基本视觉信息。由此，将图片度量空间转化为一个多维空间，使用度量空间索引和查询方法来有效管理。

基于内容的图片检索系统使用多种匹配策略，针对一张查询图片，从数据库中找到最相似的图片。Smeulder 等人[1] 发表的一篇综述，总结了两百余个基于内容的图片检索的研究成果，它们使用色彩、纹理和局部几何来进行图片检索。基于统计的全局特征常导致检索质量低下，其原因在于全局统计相似并不一定局部统计相似，Jing 等人[2] 提出了基于区域的图片检索技术，尝试避免全局特征的缺陷。特别地，基于区域的图片检索在局部层级来表示图片，更接近人类视觉系统的认知。后来，Wang 等人[3] 提出了一种新的基于内容的图片检索方法，使用纹理和色彩特征，提高了图片检索的效率。Korde[4] 使用基于图片局部片段的关系图，尝试来表示高级视觉特征。

基于内容的图片检索因其用来检索的依据为图片描述子，可以依照标准来编程实现自动提取，具有高效性，且其检索方法直观而又有多种方法实现。然而，尽管现在的基于内容的图片检索技术一直在进步，但缺乏对高级语义的理解仍限制着其可用性。比如，构图相似而色彩分布又相似的图片经常被认定为相似图片，而图片主题可能相差甚远。

11.1.3 基于超图的图片检索方法

图是数据结构中的重要概念，也是在现实中比较常见的结构类型。基于传统普通图模型的理论算法研究中，往往假设对象之间仅有两两节点间的成对关系。

普通的成对关系可以用普通图表示，若一个节点表示一个对象，则可以用一条边来表示两节点间的成对关系。并且，根据边是否有向，普通图又分为有向图和无向图。两节点的关系如果是对称的，比如兄弟关系，则可以用无向边表示。若两节点的关系不对称，比如父子关系，就用有向边表示。

然而，现实世界中的复杂关系早已超出简单的成对关系的表示能力，不管是有向图还是无向图，都无法将对象的实际关系良好表示。普通图能够表示二元关系，本节此处用简单的三维关系来举例说明普通图在高维关系表达上的不足。本节使用 Bu[5] 提出的一个音乐标注的例子，其示意图如图 11-1 所示。假设有这样的场景，用户 u_1 给音乐 r_1 附加了标签 t_1、给音乐 r_2 附加了标签 t_2，用户 u_2 只给音乐 r_1 附加了标签 t_2，这种场景在现实生活中是非常常见的。本节尝试用普通图对其进行建模，用边连接

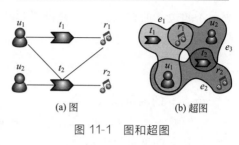

图 11-1　图和超图

有关系的节点对象，形成了如图 11-1(a) 所示的图结构。此图结构看起来清晰自然，而当仅有图模型而不知实际情况时，图 11-1(a) 所示的图模型将导致歧义。虽然，用户 u_1、标签 t_1 和音乐 r_1 的关系一目了然，即用户 u_1 给音乐 r_1 附加了标签 t_1，然而，问题出现在标签 t_2 这个节点。无法得知用户 u_1 和 u_2 给音乐 r_1 和 r_2 都附加了标签 t_2，还是两用户分别给不同的音乐附加了标签 t_2。因此，普通图模型在表示高维关系时出现极大困难，容易导致歧义，给基于普通图的分析造成不利影响。

为了解决上述问题，超图作为普通图的扩展开始出现，被用来描述更加复杂的关系。超图的边称为超边，和普通图的边连接两个节点不同，超边可以包含两个或者多个节点，当超图中的所有超边都仅包含两个节点时，其退化为普通图。

图 11-1(b) 中则使用了超图来对同样的场景进行建模。由于超边的特点，可以包含多个节点，所以可以清晰地看到有三条超边，也即三个高维关系。比如，(u_1,t_1,r_1) 超边表示了用户 u_1 给音乐 r_1 附加了标签 t_1，(u_1,t_2,r_2) 超边表示了用户 u_1 给音乐 r_2 附加了标签 t_2，(u_2,t_2,r_1) 超边表示了用户 u_2 给音乐 r_1 附加了标签 t_2。由此，可以看出超图比普通图能更清晰地表示复杂关系。

普通图结构一般由矩阵或邻接表来表示，超图也类似。图 11-2 展示了一个简单的超图示例及其矩阵表示方法，其中 v_i 表示节点，e_i 表示超边，可以看出超图矩阵是一个 $|V| \times |E|$ 矩阵，V 和 E 分别是节点和超边的集合。若节点 v_i 包含于超边 e_j，则 v_i 所对应的行和 e_j 所对应列的交叉处元素值设为 1，否则为 0。

接下来介绍社交图片的超图模型定义。

超图可以对多种信息和高维关系进行建模。本节用 $G(V,E,w)$ 表示

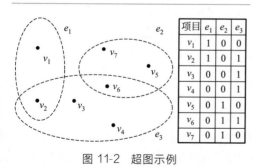

项目	e_1	e_2	e_3
v_1	1	0	0
v_2	1	0	1
v_3	0	0	1
v_4	0	0	1
v_5	0	1	0
v_6	0	1	1
v_7	0	1	0

图 11-2　超图示例

一个超图，其中 V 是节点集合，E 是超边集合，w 是一个权重函数，比如 $w(e)$ 表示了超边 e 的权重。一个超图可以用一个 $|V| \times |E|$ 的矩阵 $\boldsymbol{H}$ 表示，其中矩阵元素为：

$$h(v,e) = \begin{cases} 1, v \in e \\ 0, v \notin e \end{cases} \qquad (11\text{-}1)$$

节点 v 的度可以表示为：

$$d(v) = \sum_{e \in E | v \in e} w(e) = \sum_{e \in E} w(e) h(v,e) \qquad (11\text{-}2)$$

超边 e 的度可以表示为：

$$\delta(e) = |e| = \sum_{v \in V} h(v,e) \qquad (11\text{-}3)$$

因此，本章使用了超图对社交图片信息进行建模，因为其有能力表示高维关系，而不仅仅是二维关系。图 11-3 展示了图和超图分别对社交图片建模的示意图，其中的节点分别表示用户、图片和标签，线条表示关系。

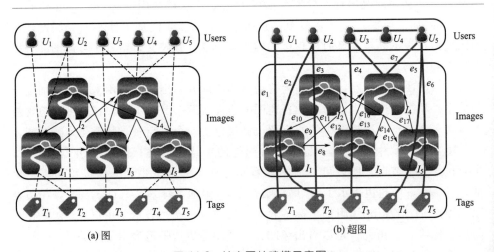

图 11-3　社交图片建模示意图

本节用两个标注行为来举例，用户 U_1 将标签 T_1 附加给图片 I_1、用户 U_2 将标签 T_2 附加给图片 I_1。图 11-3(a) 中，使用普通图建模，仅将两个相关节点简单连接。很明显，这并没有精确地表示打标签这一个行为关系。比如，用户 U_1 是将标签 T_1 还是标签 T_2 附加给了图片 I_1 是不清楚的。另一方面，图 11-3(b) 中的超边（红色表示的）e_1 和 e_2 可以清楚地表示三维关系 (U_1, T_1, I_1) 和 (U_2, T_2, I_1)。

用于在超图上进行随机游走的一个 $|V| \times |V|$ 转移概率矩阵，用 $\boldsymbol{P}$ 来表示。则 $\boldsymbol{P}$ 中的元素 $p[u,v]$ 表示从节点 u 到节点 v 的转移概率，其可以使用如下公式进行计算：

$$p[u,v]=\sum_{e\in E}w(e)\frac{h(u,e)}{d(u)}\times\frac{h(e,v)}{\delta(e)} \tag{11-4}$$

也可以使用矩阵计算来表示 P，则 $P=D_v^{-1}HWD_e^{-1}H^{\mathrm{T}}$，其中 D_v 和 D_e 是分别表示节点和超边的度的对角矩阵，W 是表示超边权重的一个 $|E|\times|E|$ 的对角矩阵。基于图拉普拉斯算子，排名函数可以表示为：

$$f^*=(1-c)(I-cA)^{-1}q \tag{11-5}$$

其中 q 是一个 $|V|\times 1$ 的向量，表示查询节点集，其元素值为对应查询节点权重，且 $\sum_{v\in V}q[v]=1$，$c(0<c<1)$ 为阻尼系数，I 是单位矩阵，而 $A=D_v^{-1/2}HWD_e^{-1}H^{\mathrm{T}}D_v^{-1/2}$。

由于 H 总是在社交或交互环境下更新，因此 $(1-c)(I-cA)^{-1}$ 不能预先计算和存储。尽管 H、W、D_v 和 D_e 是稀疏矩阵，在计算 $f*$ 时仍需要大量的计算和内存存储开销，特别是在节点规模和超边规模特别大时，极大地限制了可扩展性。

因此，不同于现有的研究，本章的讨论注重于提升转移概率矩阵的计算时间和空间效率以及高效地计算 $f*$。

由于计算 $f*$ 的代价极大，并且需要注意到很多用户仅对那些和他们需求最相关的查询结果感兴趣，可以使用 Top-k 查询来根据查询节点或查询节点集合去查找相似节点，而不是计算超图中所有节点的相似排名分数。超图上的 Top-k 查询的形式化定义如下：

定义 11.1：超图上的 Top-k 查询：给定一个超图 G，一个查询节点集合，指定查询结果个数 k，超图上的 Top-k 查询查找相似排名分数最高的 k 个节点。

根据定义 11.1，本章使用超图上的 Top-k 查询来支持本章提出的相似图片检索、关键字图片检索和图片标注功能。特别地，相似图片检索返回 k 个和给定图片最相似的图片，关键字图片检索找到和特定关键字（比如某个标签或话题）最相近的 k 个图片，图片标注功能返回和指定图片最相近的 k 个标签。尽管在实验评估中每次查询仅使用一个查询节点，但本章提出的系统可以灵活地支持包含多个查询节点的情况。

现有的利用超图的多媒体检索工作注重于如何计算相似排名分数。然而，在实际应用中，对节点的排名远比排名分数的精确性更为重要。为了提高图片检索和标注的效率，本章并不是通过计算精确排名分数来找到 Top-k 节点。另外，通过将排名分数的估计误差限制在一定范围内，本章也开发了一种近似 Top-k 查询方法，在用户愿意牺牲部分精确性时，极大地提高查询效率。

根据查询节点和目标结果节点的不同，本章的 Top-k 查询可分为相似图片检索、关键字图片检索和图片标注三类。此外，由于对于 Top-k 查询来说，节点是一般的，故当超图中的节点类型增多时，本章的 Top-k 查询也能灵活地支持更多种类的查询，来应对不同的应用场景。接下来，分别介绍相似图片检索、关键字图片检索和图片标注。

① 相似图片检索，即以图搜图，在本章的 Top-k 查询中，此类查询的查询集合和结果集合中的节点全部为图片。本章的相似图片检索不仅基于图片附带文本和图片内容，更基于超图中多种节点（如用户、图片和标签）以及它们的高维关系（如标注关系、评论关系）。

在超图中，对于查询图片，首先有三种类型的关系，图片内容相似关系、标注关系和评论关系。相对应地，就同时考虑了图片视觉相关性、语义相关性和用户喜好相关性三种关系。所以相似图片 Top-k 查询是查找在这三部分都和查询图片相似的图片。

② 关键字图片检索，即以文本搜图，在本章的 Top-k 查询中，此类查询的查询集合中的节点为标签，结果集合中的节点为图片。本章不是基于图片分类来进行图片检索，而是基于超图中多种节点和高维关系。

传统的关键字图片检索基于图片分类，其分类往往是专人耗费大量时间做的定义好的分类。而在社交图片这个场景中，一张图片的文本信息由不同的用户添加，一些文本信息能够宏观地描述此图片（如地点、名称），而另一些文本信息具有强烈的个人主观性（如心情）。所以，在这种情况下，无法对图片根据其文本信息进行分类，并且各标签与图片的关联程度不同。

超图模型对社交图片建模，对于一个关键字（或标签）具有标注关系（即用户给某图片加某标签），此类关系数量较多。同时由于评论关系（即用户在某张图片下做过评论）给图片和用户进行了关联，也使用户之间有群的关联（喜好同一张图片）。因此，关键字图片检索同时考虑了与图片的相关性和用户喜好的相关性。关键字图片 Top-k 查询是查找在这几部分都和查询关键字相关的图片。

③ 图片标注，即以图片搜标签，在本章的 Top-k 查询中，此类查询的查询集合中的节点为图片，结果集合中的节点为标签。与传统的推荐算法（如协同过滤）不同，本章使用超图中的多种节点和高维关系来进行图片标注。并且，除了给图片附加标签外，也可灵活地进行图片推荐等。

传统的图片标注（或信息补全、图片推荐等）使用协同过滤等方法，主要基于用户之间的关系和用户的喜好信息。本章的基于超图的图片标注方法，除了考虑这些之外，也考虑了图片视觉特征相似关系。同时，超图模型也能更好地把握高维语义关系。

11.2 HIRT 系统架构

HIRT 系统采用浏览器-服务器模式，图 11-4 为对应的架构图。HIRT 主要有三种任务：超图构建、矩阵运算和 Top-k 查询。

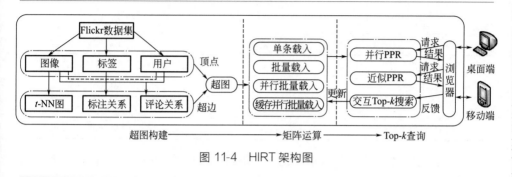

图 11-4 HIRT 架构图

11.2.1 超图构建

超图构建即根据社交图片数据集（比如 Flickr 数据集）建立超图模型。HIRT 系统的数据抓取自 Flickr，其图片被用户附加标签和评论。尽管在本章中，基于 Flickr 数据集构建了超图，但 HIRT 可以支持任何具有多种信息和多维关系的社交图片数据集。

图片相似性可以通过多种距离函数（如加权和[6]、SIFT[6]）来度量。本章中，从图片中提取了五种 MPEG-7 视觉描述子。因此，图片内容之间的相似性可以使用五种描述子距离的权重和来度量。

可以使用 t 最近邻（t-NN）来表示图片内容相似（本章中 t 默认为20），t-NN 图连接了每个节点和其对应的 t 最近邻。图 11-3 显示了图片的 2-NN 图。t-NN 是一个非对称图，比如 I_1 是 I_2 的 2-NN，但 I_2 不是 I_1 的 2-NN，因此 t-NN 是一个有向图。

使用权重和来度量图片的相似度，两个图片的距离越小，其就越相似。因为更相似的图片对应的有向边应该被赋予更大的权重，所以图片的第 x 个最近邻的权重设置为 $0.9^{x-1}/\sum_{y=1}^{t}0.9^{y-1}$。比如，当 $t=2$ 时，第一最近邻对应有向边权重为 0.53，第二最近邻对应有向边权重为 0.47。图片连接到其 t-NN 的边权重之和为 1，随着图片相似度下降，边权重也减少。

Flickr 图片数据集的超图模型包含三种类型的节点（用户 U_i、标签 T_i 和图片 T_i）和三种类型的关系（对图片的标注关系、对图片的评论关系、图片间相似关系），如表 11-1 所示。基于这三种类型和关系，超图构造如下。

$E^{(1)}$：对图片标注关系构建超边。每条超边 (U_i, T_i, I_i) 包含三个节点（用户 U_i、标签 T_i 和图片 I_i）。此类超边权重设置为 1。例如，图 11-3(b) 中红色线条（如 $e_1 \sim e_6$）属于此类超边。

表 11-1　Flickr 数据集的节点和超边

节点和关系	符号	规模
用户	U_i	264834
标签	T_i	400520
图片	I_i	1146841
标注关系	(U_i, T_i, I_i)	23689512
评论关系	$(I_i, U_1, \cdots, U_m)$	656003
图片相似关系	$\langle I_i, I_j \rangle$	22936820

$E^{(2)}$：对图片评论关系构建超边。每条超边（$I_i, U_1, \cdots, U_m$）包含一个图片 I_i 和多个用户 $U_j(1 \leqslant j \leqslant m)$，这些用户对图片 I_i 进行了评论，并且此类超边权重设置为 0.5，例如，图 11-3(b) 中绿色线条（如 e_7）属于此类超边。

$E^{(3)}$：先根据图片相似度量方法构造 t-NN 图，然后根据 t-NN 图中的有向边构建超边。每条超边用一个有序对 $\langle I_i, I_j \rangle$ 表示，若 I_j 是 I_i 的第 x 个最近邻，则其对应超边权重设置为 $0.9^{x-1}/\sum_{y=1}^{t} 0.9^{y-1}$。例如，图 11-3(b) 中黑色线条（如 $e_8 \sim e_{17}$）属于此类超边。

因为表示图片相似性的 t-NN 图是有向图，所以 $E^{(3)}$ 超边也是有向的。例如，图 11-3(b) 中，尽管 e_{16} 这条 $E^{(3)}$ 类型超边连接了两个图片节点 I_2 和 I_5，可以看到 I_2 被 I_5 所指向，而 I_2 没有指向 I_5 的边。为了在超图中体现这种有向关系，设置 $h(I_2, e_{16})=0$、$h(e_{16}, I_2)=1$、$h(I_5, e_{16})=1$ 和 $h(e_{16}, I_5)=0$。而在无向超图中，如果节点 u 连接到 e，则 $h(u, e)=h(e, u)=1$。

11.2.2　矩阵计算

矩阵计算包含两部分，其一即超图模型对应转移概率矩阵的计算，其二为支撑几种查询的矩阵计算方法。

若超图给定，转移概率矩阵就可以预先计算并存储。图 11-5(a) 展示了图 11-3(b) 中所示超图根据等式(11-4) 计算的转移概率矩阵 $\boldsymbol{P}$，其中 $V=U \bigcup T \bigcup I$，$U=\{U_1, U_2, U_3, U_4, U_5\}$，$T=\{T_1, T_2, T_3, T_4, T_5\}$，$I=\{I_1, I_2, I_3, I_4, I_5\}$。

接下来详述四种高效的生成超图矩阵的方法。

首先介绍一种朴素的方法，称为单插法（single insertion method，以下简称为 SIM），图 11-6 描述了 SIM 的框架。因为 B+树为树形结构，所以其插入方法的索引时间复杂度和树高成正比，又因为 B+树为多叉树结构，一个节点可以有多个子树分支，使其树高通常很小，保证其插入效率，而节点大小通常和机器存储系统的页面大小相当，以保证页面置换的时空效率。配合内存缓冲，以及页面置换策略（如 LRU 方法），可以达到良好的 I/O 性能，下面简述 SIM 单插入构建转移矩阵 B+树的过程。

u \ v	U_1	U_2	U_3	U_4	U_5	T_1	T_2	T_3	T_4	T_5	I_1	I_2	I_3	I_4	I_5
U_1	1/3	0	0	0	0	1/3	0	0	0	0	1/3	0	0	0	0
U_2	0	1/3	0	0	0	0	1/3	0	0	0	1/6	1/6	0	0	0
U_3	0	0	11/36	1/12	1/12	0	0	2/9	0	0	0	0	2/9	1/12	0
U_4	0	0	1/4	1/4	1/4	0	0	0	0	0	0	0	0	1/4	0
U_5	0	0	1/20	1/20	19/60	0	0	0	2/15	2/15	0	0	0	1/20	4/15
T_1	1/3	0	0	0	0	1/3	0	0	0	0	1/3	0	0	0	0
T_2	0	1/3	0	0	0	0	1/3	0	0	0	1/6	1/6	0	0	0
T_3	0	0	1/3	0	0	0	0	1/3	0	0	0	0	1/3	0	0
T_4	0	0	0	0	1/3	0	0	0	1/3	0	0	0	0	0	1/3
T_5	0	0	0	0	1/3	0	0	0	0	1/3	0	0	0	0	1/3
I_1	0.085	0.085	0	0	0	0.085	0.085	0	0	0	0.171	0	0.256	0.231	0
I_2	0	0.115	0	0	0	0	0.115	0	0	0	0.345	0.115	0.31	0	0
I_3	0	0	0.115	0	0	0	0	0.115	0	0	0.345	0.115	0.31	0	0
I_4	0	0	0.052	0.052	0.052	0	0	0	0	0	0	0	0.417	0.052	0.375
I_5	0	0	0	0	0.171	0	0	0.085	0.085	0	0	0.256	0	0.231	0.171

(a) 数组存储的转移概率矩阵 P

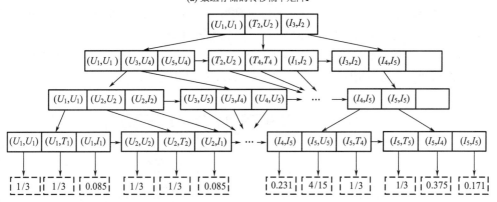

(b) B+树存储的转移概率矩阵 P

图 11-5　转移概率矩阵存储结构

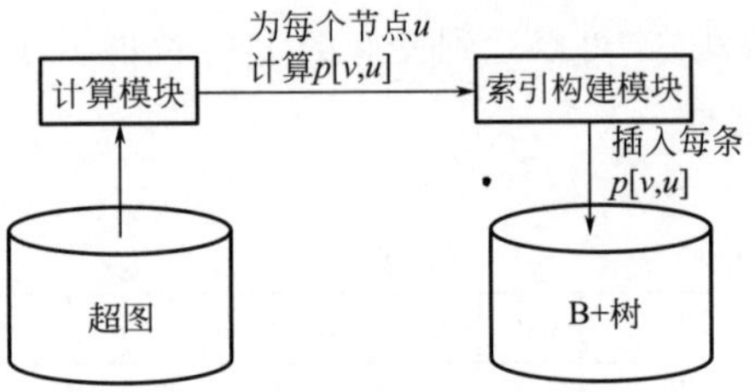

为每个节点u
计算p[v,u]
计算模块
索引构建模块
插入每条
p[v,u]
超图
B+树

图 11-6 单插入构建方法框架图

SIM 首先根据等式(11-4) 计算每个节点 u 的非零元素 $p[v,u](v\in C[u])$。例如，在图 11-3(b) 中，计算节点 U_1 的非零概率 $p[U_1,U_1]$、$p[T_1,U_1]$和 $p[I_1,U_1]$，然后将其对应的键值对$\langle(U_1,U_1)$, $p[U_1,U_1]\rangle$、$\langle(T_1,U_1)$, $p[T_1,U_1]\rangle$和$\langle(I_1,U_1)$, $p[I_1,U_1]\rangle$逐个插入 B+树对应叶子节点。注意，B+树的索引键值可以不止一维，如上面这个例子就使用了二维索引值，B+树可以较好地管理多维索引，所以其也经常被用于空间数据库的底层索引结构。B+树的插入操作即通常的树形数据结构的插入操作，从根节点向下查找，根据中间节点的分支界限在树高时间内获得插入位置。不同点在于其中间节点仅作为索引节点，存储其所有子树的键值范围，而不存储数据，叶子节点存储其键值对应的数据。需要注意计算 $p[v,u]$时需要 $C[u]$、$d(u)$和 $\delta(e)$，所以预计算超图时可以对每个节点 u 和每条超边 e 预先计算 $C[u]$、$d(u)$和 $\delta(e)$，可以通过对数据集的一次遍历即可获得。

为了提高 B+树的构建效率、I/O 性能和空间利用率，可以使用批量构建方法（bulkload method，以下简称 BM）。其思想在于将一批无序键值逐个插入改为一批有序键值同时插入，又可视为自下而上的建树方法，减少插入位置查找次数，提高节点空间使用率。图 11-7 展示了本方法的框架图。

计算模块
索引构建模块
为每个节点u
计算p[v, u]
批量载入
超图
批量载
入文件
B+树

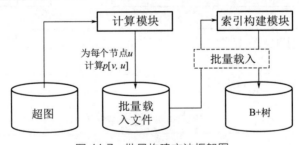

图 11-7 批量构建方法框架图

因为 BM 方法需要键值有序排列，所以首先顺次计算每个节点 u 的非零元

素值 $p[v,u](v \in C[u])$，然后将其写入批量文件中，直到所有节点处理完毕。需要注意的是，在本章的计算方法中，由于 $C[u]$、$d(u)$ 和 $\delta(e)$ 预先计算，因此很容易做到按任意顺序计算节点 u 的非零元素值 $p[v,u](v \in C[u])$。此时批量文件中的键值为有序的，所以可以读入进行批量插入操作来构建 B+树。例如，在图 11-3(b) 中，BM 首先计算节点 U_1 的非零元素值 $p[U_1,U_1]$，$p[T_1,U_1]$ 和 $p[I_1,U_1]$，然后将其对应的键值对〈(U_1,U_1)，$p[U_1,U_1]$〉、〈(T_1,U_1)，$p[T_1,U_1]$〉和〈(I_1,U_1)，$p[I_1,U_1]$〉写入到磁盘上的批量文件，最后 BM 将批量文件读入以构建 B+树。

BM 方法由于节省了 I/O 次数和插入位置的重复查找次数，因此比 SIM 方法更具有效率。又由于 BM 自下而上建树的特点，因此其空间利用率更高，即存储同样的数据集，其 B+树规模更小。

由于转移概率矩阵的概率值可以独立计算，因此可以使用并行批量构建方法（paralleled bulkload method，PBM）来提升计算效率，图 11-8 展示了 PBM 的框架图。

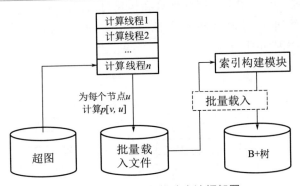

图 11-8　并行批量构建方法框架图

可以使用 n 个线程并行计算非零 $p[v,u]$。根据实验环境，本章中 n 设为 8。每次每个线程计算节点 u 的非零元素值 $p[v,u](v \in C[u])$。为保证负载均衡，线程 Compute_x $(1 \leqslant x \leqslant n)$ 顺序计算节点 u_y，其中 $y \bmod n = x$。需要注意的是，由于批量文件内容需要按照键 (v,u) 顺序排列，所以各线程顺序计算自身需要计算的节点。

如图 11-8 所示，PBM 创建了 n 个线程来并行计算非零 $p[v,u](v \in C[u])$，然后写入到批量文件，直到所有节点处理完毕。其后，批量插入方法读入批量文件并构建 B+树。例如，PBM 来构建如图 11-3(b) 所示超图的 B+树，其首先创建了 n 个线程来并行计算非零 $p[v,u]$。每次每个线程 Compute_x $(1 \leqslant x \leqslant n)$ 先计算其自身负责的满足 $y \bmod n = x$ 的那一部分 $p[v,u_y](v \in C[u_y])$，然后将键值$\langle(v,u_y),p[v,u_y]\rangle$写入到磁盘上的批量文件中。特别地，线程 Compute_1 计算节点 U_1 的 $p[U_1,U_1]$、$p[T_1,U_1]$ 和 $p[I_1,U_1]$，然后将$\langle(U_1,U_1),p[U_1,U_1]\rangle$、$\langle(T_1,U_1),p[T_1,U_1]\rangle$、$\langle(I_1,U_1),p[I_1,U_1]\rangle$写入批量文件，与此同时，线程 Compute_2 计算了节点 U_2 的 $p[U_2,U_2]$、$p[T_2,U_2]$、$p[I_1,U_2]$ 和 $p[I_2,U_2]$，并将$\langle(U_2,U_2),p[U_2,U_2]\rangle$、$\langle(T_2,U_2),p[T_2,U_2]\rangle$、$\langle(I_1,U_2),p[I_1,U_2]\rangle$、$\langle(I_2,U_2),p[I_2,U_2]\rangle$写入批量文件，以此类推。所有节点处理完毕后，PBM 使用批量插入方法构建 B+树。

为了将 I/O 操作降到最少，本章介绍如何使用缓冲技术来存储计算得到的结果，而构建 B+树时即可直接从缓冲中读取已经计算好的转移概率矩阵 $\boldsymbol{P}$ 的值。很明显，若使用单缓冲，计算（生产者）和构建（消费者）两者都需要对缓冲加锁，所以计算和构建仍是实际上的串行关系。所以，本章采用双缓冲的方案，使得转移概率矩阵的计算和 B+树的构建同时进行。其机制在于，计算（生产者）和构建（消费者）分别操作不同的缓冲，当计算（生产者）缓冲满，或者构建（消费者）缓冲空时，交换两个缓冲。由于这种缓冲交换的次数相对于单缓冲方案中的加锁次数少很多，因此计算和构建可以同时进行。

下面介绍缓冲并行批量构建方法（buffered paralleled bulkload method，BPBM），其框架图如图 11-9 所示。

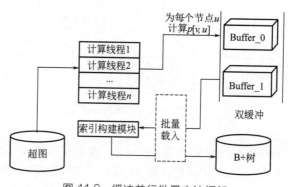

图 11-9　缓冲并行批量方法框架

计算模块首先并行地计算非零元素 $p[v,u]$，然后将其写入一个缓冲之中（如 Buffer_0），与此同时，构建模块利用另一个缓冲（Buffer_1）中的数据使用批量插入方法来构建 B+树。比如，当 Buffer_1 为空时，即其中数据已全部被读出来构建 B+树，交换缓冲 Buffer_0 和 Buffer_1。

例如，使用 BPBM 构建图 11-3(b) 超图对应的 B+树。BPBM 首先创建 n 个线程来并行计算非零元素 $p[v,u]$。每次每个线程 Compute_$x(1 \leqslant x \leqslant n)$ 先

计算其自身负责的满足 $y \bmod n = x$ 的那一部分 $p[v, u_y](v \in C[u_y])$，然后将
键值〈(v, u_y)，$p[v, u_y]$〉写入缓冲 Buffer_0。与此同时 BPBM 使用批量插入方
法，读出缓冲 Buffer_1 中的数据来构建 B+树。当 Buffer_1 为空时，即其中
数据已全部被读出来构建 B+树，交换缓冲 Buffer_0 和 Buffer_1。

11.2.3　Top-k 查询

　　Top-k 查询提供一个网页来供用户在桌面端或移动端提交查询请求，使用并
行或近似 PPR 计算方法获得查询结果并返回给用户。用户对结果质量的评价，
针对任意查询结果，可以返回反馈。相应地，交互式 Top-k 查询方法根据反馈
更新转移概率矩阵，以提高查询质量。

11.3　交互式图像检索技术

　　转移概率矩阵准备完毕后，可以利用高效的 Top-k 算法来支持图片检索和
标注。首先将 PageRank 完全并行化，其中使用了并行技术和流水线技术，然后
提出近似方法提升效率，最后引入群体计算技术提高查询质量。

　　基于随机游走的个性化 PageRank[8]（PPR），因其有效性和坚实的理论基
础，被广泛并成功地运用于多种应用中。在每一步随机游走中，它以概率 c 从当
前节点的出边节点中随机选择一个继续游走，又以概率 $1-c$ 在当前节点重启游
走。用 $\boldsymbol{P}$ 来表示转移概率矩阵，且 $p[u, v]$ 表示从节点 u 到节点 v 的转移概率。
迭代的 PPR 排名分数按照以下公式计算直到收敛：

$$s = c\boldsymbol{P}^{\mathrm{T}}s + (1-c)q \tag{11-6}$$

也可以表示为下述公式：

$$s = (1-c)(\boldsymbol{I} - c\boldsymbol{P}^{\mathrm{T}})^{-1}q \tag{11-7}$$

　　可以观察到上述计算 PPR 的分数计算公式和利用图拉普拉斯计算 f^* 的公
式相似。因此，在本章中，使用 PPR 来度量超图中两个点的相似性。

　　现有的利用 PPR 进行 Top-k 查询的工作可以分为两类：基于矩阵的方法和
基于 Monte Carlo 估计的方法。然而，这些方法需要在查询之前对图进行分解和
采样。因此，这些方法不能支持社交图片的 Top-k 查询，因为在这种环境下的
图总是在更新的。本章中，使用并行和近似方法来提高其 PPR 计算的效率。

　　为了估计排名分数的下限和上限，本章使用 $\lambda_i[u]$ 来表示第 i 轮迭代中从
查询节点到节点 u 的随机游走概率值。另外，本章用 $C[u]$ 来表示节点 u 的入
度节点集合，所以 $\lambda_i[u]$ 可以用下述公式计算：

$$\lambda_i[u] = \begin{cases} q[u], i=0 \\ \sum_{v \in C[u]} p[v,u]\lambda_{i-1}[v], i \neq 0 \end{cases} \qquad (11\text{-}8)$$

利用随机游走概率，可以通过以下公式，计算节点 u 在第 i 轮迭代的排名分数下限：

$$\underline{s}_i[u] = \begin{cases} (1-c)\lambda_i[u], i=0 \\ \underline{s}_{i-1}[u] + (1-c)c^i\lambda_i[u], i \neq 0 \end{cases} \qquad (11\text{-}9)$$

同时，可以用以下公式来计算节点 u 在第 i 轮迭代的排名分数上限：

$$\bar{s}_i[u] = \underline{s}_i[u] + c^{i+1} P_{\max}[u] \qquad (11\text{-}10)$$

其中 $P_{\max}[u] = \max\{p[v,u] | v \in V\}$ 表示节点 u 的最大入度概率。

对于任意第 i 轮迭代，有 $\underline{s}_i[u] \geqslant \underline{s}_{i-1}[u]$ 和 $\bar{s}_i[u] \leqslant \bar{s}_{i-1}[u]$ 恒成立，即下限和上限向精确排名分数收敛。在收敛时，下限和上限将和精确排名分数相等，即 $\underline{s}_\infty[u] = \bar{s}_\infty[u] = s[u]$。

基于下限和上限估计，可以开发出一种不用计算精确排名分数的 Top-k 计算方法。令 θ_i 表示在第 i 轮迭代中 $\underline{s}_i[u](u \in V)$ 第 k 大的下限估计，所以候选节点集合表示为 $C_i = \{u | \bar{s}_i[u] \geqslant \theta_i \wedge u \in V\}$。若 $|C_i| = k$ 并且对于任意 $u \neq v(\in C_i)$ 满足 $\underline{s}_i[u] > \bar{s}_i[v]$ 或 $\bar{s}_i[u] < \underline{s}_i[v]$，此时 k 个查询结果已排序完毕，C_i 是最终结果集，迭代终止。

11.3.1　并行查询方法

转移概率矩阵 P 可以并行计算。相似地，本节可以利用并行技术来计算排名分数 $\lambda_i[u]$、下界 $\underline{s}_i[u]$ 和上界 $\bar{s}_i[u]$。根据等式(11-8)～等式(11-10)，可以得知 $\lambda_i[u]$ 依赖于 $\lambda_{i-1}[u]$，$\underline{s}_i[u]$ 依赖于 $\lambda_i[u]$，$\bar{s}_i[u]$ 依赖于 $\underline{s}_i[u]$。因此，$\lambda_i[u]$、$\underline{s}_i[u]$ 和 $\bar{s}_i[u]$ 应依序计算。

如图 11-10(a) 描述的，创建 n 个线程 Compute _ $x(1 \leqslant x \leqslant n)$ 顺序计算 $\lambda_i[u_j]$、$\underline{s}_i[u_j]$ 和 $\bar{s}_i[u_j](j \bmod n = x)$。然而，计算 $\lambda_i[u]$ 比计算 $\underline{s}_i[u]$ 和 $\bar{s}_i[u]$ 代价更大。所以，本章提出并行方法来提高计算效率。如图 11-10(b) 所示，使用 n 个线程 Compute _ $x(1 \leqslant x \leqslant n)$ 来计算 $\lambda_i[u_j](j \bmod n = x)$，并且同时使用 n 个线程 Estimate _ $x(1 \leqslant x \leqslant n)$ 来并行计算 $\underline{s}_{i-1}[u_j]$ 和 $\bar{s}_{i-1}[u_j](j \bmod n = x)$。至此每轮迭代被分为两部分，两部分都使用并行计算方法，两部分之间仅有前后依赖关系，依上述方法达到流水线化，即新一轮排名分数 $\lambda_i[u_j]$ 和上一轮两个界限（下界 $\underline{s}_{i-1}[u_j]$ 和上界 $\bar{s}_{i-1}[u_j]$）同时计算。

基于上述的讨论的并行化策略以及个性化 PageRank（PPR），本章提出并行 PPR 算法（paralleled PPR algorithm，以下简称 PPA 算法），并在算法 11.1 中列出其伪代码。

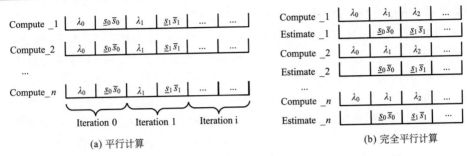

(a) 平行计算   (b) 完全平行计算

图 11-10　并行计算示意图

算法 11.1：并行 PPR 算法（PPA）

Input：查询向量 q，位数 k，概率转移矩阵 **P**，比例参数 c，线程数 n

Output：Top-k 搜索的结果集 S_r

/ * S_c：备选节点 u 的集合，根据最新下限分数 $\underline{s}_i[u]$ 降序排列. * /

1：**for** each iteration i **do**　　//迭代数 i 从 0 开始递增

2：　$S_c = \varnothing$

3：　**if** $i = 0$ **then**

4：　　　create n threads Compute_x(i)($1 \leqslant x \leqslant n$)

5：　**else**

6：　　　create Compute_x(i)($1 \leqslant x \leqslant n$) and Estimate_x($i - 1$)($1 \leqslant x \leqslant n$)

7：　**if** all the threads terminate and $i > 0$ **then**

8：　　　compute θ_k　　//第 k 高的下限分数

9：　**for** each node u **do**

10：　**if** $\overline{s}_{i-1}[u] \geqslant \theta_k$ **then**

11：　　　　insert u into S_c

12：　**if** $|S_c| = k$ and $\forall u \neq v (\in S_c) s.t. \underline{s}_{i-1}[u] > \overline{s}_{i-1}[v] \wedge \overline{s}_{i-1}[u] < \underline{s}_{i-1}[v]$ **then**

13：　　$S_r = S_c$ and **return** S_r

Thread：Compute_x(i)

14：compute $\lambda_i[u_j]$ for nodes u_j with j mod n = x　　// 公式（11.8）

Thread：Estimate_x(i)

15：compute $\underline{s}_i[u_j]$ for nodes u_j with j mod n = x　　//公式（11.9）

16：compute $\overline{s}_i[u_j]$ for nodes u_j with j mod n = x　　//公式（11.10）

一个查询向量 q、一个正整数 k、一个转移概率矩阵 P、一个阻尼系数 c 和一

个线程数量 n 作为 PPA 的输入，其输出为 Top-k 的查询结果集合 S_r。PPA 的迭代次数 i 从 0 开始，持续迭代计算直到 k 个已排序结果被找出（行 1～13）。每轮迭代 i 中，PPA 首先将候选点集合 S_c 初始化为空（行 2），其元素按照分数下限的降序排列。当 $i=0$ 时，PPA 创建 n 个线程 Compute_x(i)（$1 \leqslant x \leqslant n$）来并行地计算 $\lambda_i[u]$（$u \in V$）（行 3～4）。另一方面，PPA 创建 n 个线程 Compute_x(i) 和 n 个线程 Estimate_x($i-1$)（$1 \leqslant x \leqslant n$）以并行计算 $\lambda_i[u]$、$\underline{s}_{i-1}[u]$ 和 $\overline{s}_{i-1}[u]$（$u \in V$）（行 5～6）。当所有线程终止后，如果 $i>0$，算法将计算 θ_k（行 8），$\underline{s}_{i-1}[u]$ 作为节点 u 分数下界，则将所有满足 $\overline{s}_{i-1}[u] \geqslant \theta_k$ 的节点 u 插入到候选点集合 S_c 中（行 9～11）。特别地，当 $|S_c|=k$ 时，若 $\forall u \neq v$（$\in S_c$）都有 $\underline{s}_{i-1}[u] > \overline{s}_{i-1}[v] \wedge \overline{s}_{i-1}[u] < \underline{s}_{i-1}[v]$ 成立，则 S_c 中具有最高排名分数的 k 个节点 u 的排序区间 $[\underline{s}_i[u]$, $\overline{s}_i[u]]$（$u \in S_c$）互相没有重叠，所以 PPA 返回结果集 $S_r = S_c$（行 12～13）。

尽管 PPA 使用上下界来估计排名分数而不是计算精确分数，它仍然可以返回准确的结果集。比如，PPR 可以找到 k 个具有最大排名分数的节点，并按照其分数降序排列。另外，尽管图和超图的矩阵定义和产生方式不同，PPA 及其 Top-k 查询算法仍可以支持图和超图。

假设 I_4 作为一个查询图片来进行图片标注，基于图 11-3(b) 所示的超图展示了对其进行 Top-3 的查询示例。

图 11-11 展示了每轮迭代 i 中的 λ_i、$\underline{s}_i$、$\overline{s}_i$、S_c 和 S_r。在第 0 轮迭代中，PPA 创建了 n 个线程 Compute_x（$1 \leqslant x \leqslant n$）来并行计算 $\lambda_0=\{0,0,0,0,0,0,0,0,0,0,0,0,0,1,0\}$。在第 1 轮迭代，PPA 创建了 n 个线程 Compute_x（$1 \leqslant x \leqslant n$）来并行计算 λ_1，并创建 n 个线程 Estimate_x（$1 \leqslant x \leqslant n$）来并行计算 $\underline{s}_0$ 和 $\overline{s}_0$。然后，算法计算得到了 $\theta_k=0$，并获得候选集合 $S_c=\{T_1,T_2,T_3,T_4,T_5\}$。注意，对于图片标注来说，仅有标签节点被插入到候选集合中。因为 $|S_c|=5 \neq k$，选

Iteration		Scores															S_c	S_r
		U_1	U_2	U_3	U_4	U_5	T_1	T_2	T_3	T_4	T_5	I_1	I_2	I_3	I_4	I_5		
0	λ_0	0	0	0	0	0	0	0	0	0	0	0	0	0	1	0	ϕ	ϕ
1	λ_1	0	0	0.05	0.05	0.05	0	0	0	0	0	0	0	0.42	0.05	0.38	$\{T_1, T_2,$ $T_3, T_4,$ $T_5\}$	ϕ
	$\underline{s}_0$	0	0	0	0	0	0	0	0	0	0	0	0	0	0.2	0		
	$\overline{s}_0$	0.27	0.27	0.27	0.2	0.27	0.27	0.27	0.27	0.27	0.27	0.28	0.28	0.33	0.45	0.3		
...									...								...	...
25	λ_{25}	0.02	0.06	0.08	0.02	0.07	0.02	0.06	0.07	0.02	0.01	0.09	0.11	0.16	0.11	0.09	$\{T_3, T_2,$ $T_4\}$	$\{T_3, T_2,$ $T_4\}$
	$\underline{s}_{24}$	0	0	0	0	0	0.005	0.022	0.05	0.02	0.01	0	0	0	0.2	0		
	$\overline{s}_{24}$	0.27	0.27	0.27	0.2	0.27	0.019	0.024	0.05	0.022	0.018	0.28	0.28	0.33	0.45	0.3		

图 11-11　PPA 查询示例

代持续到第 25 轮。在第 25 轮迭代中，PPA 并行计算 λ_{25}、$\underline{s}_{24}$ 和 $\overline{s}_{24}$，并获得候选集合 $S_c=\{T_3,T_2,T_4\}$。因为此时 $|S_c|=k$，且各区间 $[\underline{s}_{24}[u],\overline{s}_{24}[u]](u\in S_c)$ 相互没有重叠。所以 PPA 返回结果集，$S_r=\{T_3,T_2,T_4\}$。

11.3.2 近似查询方法

为了提升 Top-k 查询的效率，权衡查询质量和查询效率后，本章提出了近似的查询方法。详细来说，不再使用分数下界和上界来对查询结果做精确排序，通过将排名分数的误差限制在一定范围内，就可以只用估计分数直接对结果进行排序。

正如 Fujiwara[8] 证明的，可知 $\underline{s}_{\infty}[u]=\overline{s}_{\infty}[u]=s[u]$。因此，本章使用下界分数 $\underline{s}_i[u]$ 来估计真实排名分数 $s[u]$。随着迭代次数 i 的增加，估计值逐渐逼近真实值。给定一个误差范围 τ，可以推出以下引理。

引理 11.1：给定误差范围 τ，对于任意的节点 $u\in V$，如果迭代次数 $i\geqslant\log_c\tau-1$，有 $|\underline{s}_i[u]-s[u]|\leqslant\tau$ 成立。

证明：根据等式(11-7)，有 $s=(1-c)(I-cP)^{-1}q=(1-c)\{\sum_{i=0}^{\infty}c^iP\}q=(1-c)\sum_{i=0}^{\infty}c^i\lambda_i$，因此又有 $s[u]=(1-c)\sum_{i=0}^{\infty}c^i\lambda_i[u]=\underline{s}_i[u]+(1-c)c^{i+1}\lambda_{i+1}[u]+(1-c)c^{i+2}\lambda_{i+2}[u]+\cdots+(1-c)c^{\infty}\lambda_{\infty}[u]\leqslant\underline{s}_i[u]+c^{i+1}$。如果 $i\geqslant\log_c\tau-1$，则 $c^{i+1}\leqslant\tau$，所以对于任意的节点 $u\in V$，都有 $|\underline{s}_i[u]-s[u]|\leqslant\tau$ 成立，证明完毕。

引理 11.1 适用于任意节点。同时，可以使用 $\overline{s}_i[u]$ 来收紧估计，能进一步提高效率。

引理 11.2：给定误差范围 τ，对于任意节点 $u\in V$，如果迭代次数 $i\geqslant\log_c\dfrac{\tau}{P_{\max}[u]}-1$，有 $|\underline{s}_i[u]-s[u]|\leqslant\tau$ 成立。

证明：根据 $\underline{s}_i[u]$ 和 $\overline{s}_i[u]$ 的定义，可以知道 $|\underline{s}_i[u]-s[u]|\leqslant|\overline{s}_i[u]-\underline{s}_i[u]|=c^{i+1}P_{\max}[u]$。若 $i\geqslant\log_c\dfrac{\tau}{P_{\max}[u]}-1$，则 $c^{i+1}P_{\max}[u]\leqslant\tau$，因此 $|\underline{s}_i[u]-s[u]|\leqslant\tau$ 成立，证明完毕。

对候选节点集合中每个节点应用引理 11.2，如果所有候选节点都满足引理 11.2，即所有候选节点的估计分数和其真实分数的误差落在范围 τ 之内，此时可以结束迭代。

基于引理 11.1 和引理 11.2，本章提出近似 PPR 算法（approximate PPR algorithm，以下简称 APA），算法 11.2 展示了其伪代码。

一个查询向量 q、一个正整数 k、一个转移概率矩阵 P、一个阻尼系数 c、

一个线程数量 n 和一个误差范围 τ 作为 APA 的输入，APA 输出近似结果集 S_r。APA 的迭代次数 i 从 0 开始，持续迭代（行 1～15）直到满足引理 11.1。特别地，如果 $i \geq \log_c \tau - 1$，则所有的估计分数都在误差范围 τ 之内，此时算法直接返回结果集 S_r，其包含候选集合 S_c 的前 k 个节点，这些节点具有最大的估计分数（行 2～3）。在每轮迭代 i 中，APA 首先初始化候选节点集合 S_c 为空，其中节点将根据它们的估计分数降序排列（行 4）。当 $i = 0$ 时，算法首先创建 n 个线程 Compute_x (i) $(1 \leq x \leq n)$ 来并行地计算 $\lambda_i[u]$ $(u \in V)$（行 5～6）。另一方面，APA 创建 n 个线程 Compute_$x(i)$ 和 n 个线程 Estimate_$x(i-1)$ $(1 \leq x \leq n)$ 以并行计算 $\lambda_i[u]$、$\underline{s}_{i-1}[u]$ 和 $\overline{s}_{i-1}[u]$ $(u \in V)$（行 7～8）。当所有线程终止后，如果 $i > 0$，算法将计算 θ_k（行 10），$\underline{s}_{i-1}[u]$ 作为节点 u 分数下界，则将所有满足 $\overline{s}_{i-1}[u] \geq \theta_k$ 的节点 u 插入到候选点集合 S_c 中（行 11～13）。

最终，如果候选节点集合 S_c 中的所有节点 u 都满足 $i \geq \log_c \dfrac{\tau}{P_{max}[u]} - 1$，则根据引理 11.2，所有节点的估计分数的误差都在范围 τ 之内，返回结果集 S_r，其包含候选集 S_c 的前 k 个节点（行 14～15）。

算法 11.2：近似 PPR 算法（APA）

Input：查询向量 q，位数 k，概率转移矩阵 **P**，比例参数 c，线程数 n，误差界 τ

Output：top-k 搜索结果集 S_r

/* S_c：备选节点 u 的集合，根据最新下限分数 $\underline{s}_i[u]$ 降序排列. */

```
1: for each iteration i do        //迭代数i 从 0 开始递增
2:     if i ≥ log_c τ then        //引理 11.1
3:         S_r = {u_i | u_i ∈ S_c ∧ 1 ≤ i ≤ k} and return S_r
4:     S_c = ∅
5:     if i = 0 then
6:         create n threads Compute_x(i)(1 ≤ x ≤ n)        //算法 11.1
7:     else
8:         create Compute_x(i)and Estimate_x(i-1)(1 ≤ x ≤ n)        //算法 11.1
9:     if all the threads terminate and i > 0 then
10:         compute θ_k        //第 k 高的下限分数
11:     for each node u do
12:         if s̄_{i-1}[u] ≥ θ_k then
13:             insert u into S_c
14:     if all the nodes u in S_c s.t. i ≥ log_c τ/P_max[u] then        //引理 11.2
15:         S_r = {u_i | u_i ∈ S_c ∧ 1 ≤ i ≤ k} and return S_r
```

在引理 11.1 和引理 11.2 的帮助下，APA 算法可以较早停止迭代，因此查

询效率有较大提升。尽管 APA 不能保证返回正确的 Top-k 查询结果，但其近似方法可以控制误差范围，此误差范围可以由用户指定。因此，APA 性能更好，并具有较好的准确度。

假设图片 I_4 作为查询图片且误差范围 τ 设置为 0.1，基于图 11-3(b) 所示的超图展示对其进行图片标注 Top-3 的查询示例。

图 11-12 展示了每轮迭代 i 中的 λ_i、$\underline{s}_i$、$\overline{s}_i$、S_c 和 S_r。在第 0 轮迭代中，由于引理 11.1 没有满足，APA 创建了 n 个线程 Compute_x（$1 \leqslant x \leqslant n$）来并行计算 $\lambda_0 = \{0,0,0,0,0,0,0,0,0,0,0,0,0,0,1,0\}$。在第 1 轮迭代，引理 11.1 仍未满足，APA 创建了 n 个线程 Compute_x（$1 \leqslant x \leqslant n$）来并行计算 λ_1，并创建 n 个线程 Estimate_x（$1 \leqslant x \leqslant n$）来并行计算 $\underline{s}_0$ 和 $\overline{s}_0$。然后，算法计算得到了 $\theta_k = 0$，并获得候选集合 $S_c = \{T_1, T_2, T_3, T_4, T_5\}$。注意，对于图片标注来说，仅有标签被插入到候选集合中。直到第 17 轮迭代，对于任意节点 $u \in S_c$ 才有引理 11.2 满足。在第 17 轮迭代中，引理 11.1 也不满足，APA 并行计算 λ_{17}、$\underline{s}_{16}$ 和 $\overline{s}_{16}$，并获得候选集合 $S_c = \{T_3, T_2, T_4\}$。因为此时对于任意节点 $u \in S_c$，都有引理 11.2 满足，所以 APA 返回结果集，$S_r = \{T_3, T_2, T_4\}$。

Iteration	Scores																S_c	S_r
		U_1	U_2	U_3	U_4	U_5	T_1	T_2	T_3	T_4	T_5	I_1	I_2	I_3	I_4	I_5		
0	λ_0	0	0	0	0	0	0	0	0	0	0	0	0	0	1	0	ϕ	ϕ
1	λ_1	0	0	0.05	0.05	0.05	0	0	0	0	0	0	0	0.42	0.05	0.38	$\{T_1, T_2,$ $T_3, T_4,$ $T_5\}$	ϕ
	$\underline{s}_0$	0	0	0	0	0	0	0	0	0	0	0	0	0	0.2	0		
	$\overline{s}_0$	0.27	0.27	0.27	0.2	0.27	0.27	0.27	0.27	0.27	0.27	0.28	0.28	0.33	0.45	0.3		
...								...									...	...
17	λ_{17}	0.02	0.06	0.08	0.02	0.07	0.02	0.06	0.07	0.03	0.01	0.09	0.11	0.16	0.11	0.09	$\{T_3, T_2,$ $T_4\}$	$\{T_3, T_2,$ $T_4\}$
	$\underline{s}_{16}$	0	0	0	0	0	0.005	0.021	0.05	0.02	0.01	0	0	0	0.2	0		
	$\overline{s}_{16}$	0.27	0.27	0.27	0.2	0.27	0.019	0.028	0.05	0.027	0.018	0.28	0.28	0.33	0.45	0.3		

图 11-12 APA 查询示例

11.3.3 交互式查询方法

群体计算将任务众包给大量的用户，用来解决数据检索问题。群体计算的关键在于其开放性和对大规模用户网络的应用。因此，本章的 HIRT 系统也使用群体计算技术来提升检索质量。

群体计算技术：用户使用 HIRT 来找到给定节点的 Top-k 结果。因此，每次查询可以视为一个任务，并且提出查询的用户可以视为此任务的专家。在获得 HIRT 返回的查询结果并检查之后，用户可以告知 HIRT 哪些结果节点和查询节点相关，即正反馈。一个用户可以一次提交多个正反馈。HIRT 收集所有用户的反馈，并在一个时间周期内优化转移概率矩阵。每个用户的反馈可以用 $\langle q,u \rangle$ 代表，其表示查询节点 q 和结果节点 u 相关。

本章使用了简单但高效的策略来优化矩阵，若给出相同正反馈 $\langle q,u \rangle$ 的用户数量超过了一个阈值 m，矩阵就需要更新。基于此，本章提出矩阵优化算法（refine matrix algorithm，RMA），算法 11.3 展示了其伪代码。

算法 11.3：矩阵优化算法（RMA）

Input：查询向量 q,转移概率矩阵 P,用户反馈集 S,阈值 m

Output：优化的转移概率矩阵 P

```
1：for each feedback⟨q,u⟩in S do
2：    if ⟨q,u⟩ is processed previously then continue
3：    if C(⟨q,u⟩)≥m then
4：        p[q,u]=max{p[q,v] | v∈V}×1.2
5：        normalize the vector p[q] such that ∑ᵥ∈ᵥp[q,v]=1
6：    else
7：        C(⟨q,u⟩) = C(⟨q,u⟩)+ 1
8：return P
```

一个查询向量 q、一个转移概率矩阵 P、一个单位时间内用户反馈集合 S 和一个阈值 m，算法输出优化后的转移概率矩阵 P。对于反馈集合 S 中的每一个反馈 $\langle q,u \rangle$，如果其已被处理（如 $p[q,u]$ 已被更新），RMA 继续执行（行 2）。如果 $C(\langle q,u \rangle)$ 总数超过了阈值 m，矩阵元素 $p[q,u]$ 的值将被设置为 $\max\{p[q,v]|v \in V\} \times 1.2$，并且向量 $p[q,u]$ 再次规范化以满足 $\sum_{v \in V} p[q,v]=1$（行 3~5）。这里，参数 1.2（>1）用来将 $p[q,u]$ 设置成 $p[q,v](v \in V)$ 中最大的转移概率值。但此参数不应过大，以避免概率分布的极化。此外，算法将计数 $C(\langle q,u \rangle)$ 自增（行 7）。最终，当所有反馈已被处理完毕，返回已优化的转移概率矩阵 P（行 8）。

使用群体计算技术，本章提出了交互式 PPR 算法（interactive PPR algorithm，IPA），其使用 PPA 来进行 Top-k 查询，并使用 RMA 来持续优化矩阵。

假设图片 I_4 作为查询图片且阈值 m 设置为 1，有用户给出正反馈 $\langle I_4,T_5 \rangle$，基于图 11-3(b) 所示的超图展示对其转移概率矩阵进行优化并给出 Top-3 的查询示例。

u\v	U_1	U_2	U_3	U_4	U_5	T_1	T_2	T_3	T_4	T_5	I_1	I_2	I_3	I_4	I_5
U_1	1/3	0	0	0	0	1/3	0	0	0	0	1/3	0	0	0	0
U_2	0	1/3	0	0	0	0	1/3	0	0	0	1/6	1/6	0	0	0
U_3	0	0	11/36	1/12	1/12	0	0	2/9	0	0	0	0	2/9	1/12	0
U_4	0	0	1/4	1/4	1/4	0	0	0	0	0	0	0	0	1/4	0
U_5	0	0	1/20	1/20	19/60	0	0	0	2/15	2/15	0	0	0	1/20	4/15
T_1	1/3	0	0	0	0	1/3	0	0	0	0	1/3	0	0	0	0
T_2	0	1/3	0	0	0	0	1/3	0	0	0	1/6	1/6	0	0	0
T_3	0	0	1/3	0	0	0	0	1/3	0	0	0	0	1/3	0	0
T_4	0	0	0	0	1/3	0	0	0	1/3	0	0	0	0	0	1/3
T_5	0	0	0	0	1/3	0	0	0	0	1/3	0	0	0	0	1/3
I_1	0.085	0.085	0	0	0	0.085	0.085	0	0	0	0.171	0	0.256	0.231	0
I_2	0	0.115	0	0	0	0	0.115	0	0	0	0.345	0.115	0.31	0	0
I_3	0	0	0.115	0	0	0	0	0.115	0	0	0	0.345	0.115	0.31	0
I_4	0	0	**0.035**	**0.035**	**0.035**	0	0	0	**0.333**	0	0	0	**0.278**	**0.035**	0.249
I_5	0	0	0	0	0.171	0	0.085	0.085	0	0	0.256	0	0.231	0.171	

(a) 更新转移概率矩阵

Iteration	Scores																S_c	S_r
		U_1	U_2	U_3	U_4	U_5	T_1	T_2	T_3	T_4	T_5	I_1	I_2	I_3	I_4	I_5		
0	λ_0	0	0	0	0	0	0	0	0	0	0	0	0	0	1	0	Φ	Φ
1	λ_1	0	0	0.03	0.03	0.03	0	0	0	0	0.33	0	0	0.28	0.03	0.25	$\{T_1,T_2,$ $T_3,T_4,$ $T_5\}$	Φ
	$\underline{S}_0$	0	0	0	0	0	0	0	0	0	0	0	0	0	0.2	0		
	$\bar{S}_0$	0.27	0.27	0.27	0.2	0.27	0.27	0.27	0.27	0.27	0.27	0.28	0.28	0.33	0.45	0.3		
20	λ_{20}	0.02	0.05	0.07	0.02	0.1	0.02	0.05	0.06	0.03	0.07	0.08	0.1	0.13	0.1	0.1	$\{T_5,T_3,$ $T_4\}$	$\{T_5,T_3,$ $T_4\}$
	$\underline{S}_{19}$	0	0	0	0	0	0.003	0.017	0.037	0.025	0.11	0	0	0	0.2	0		
	$\bar{S}_{19}$	0.27	0.27	0.27	0.2	0.27	0.021	0.024	0.05	0.03	0.12	0.28	0.28	0.33	0.45	0.3		

(b) IPA查询示例

图 11-13　IPA 更新矩阵和查询示例

IPA 首先使用 RMA 算法更新转移概率矩阵。由于用户的正反馈 $\langle I_4, T_5\rangle$ 数量达到阈值 m，因此 RMA 将 $p[I_4, T_5]$ 设置为 0.5，并再次标准化向量 $p[I_4]$。图 11-13(a) 展示了更新后的矩阵［原矩阵如图 11-5(a) 所示］，其中加粗部分为更新部分。然后，IPA 使用 PPA 进行查询，21 轮迭代后，返回了新的查询结果集合 $\{T_5, T_3, T_4\}$。图 11-13 展示了每轮迭代 i 中的 λ_i、$\underline{s}_i$、$\bar{s}_i$、S_c 和 S_r。

参考文献

[1] Smeulders A W M, Worring M, Santini S, et al. Content-based image retrieval at the end of the early years [J]. IEEE Trans. on Patt. Analysis and Machine Intell. , 22 (12): 1349-1380, 2000.

[2] Jing F, Li M, Zhang H J , et al. An efficient and effective region-based image retrieval framework[J]. IEEE Transactions on Image Processing, 13 (5): 699-799, 2004.

[3] Wang X Y, Yang H Y, Li D M. A new content-based image retrieval technique using color and texture information [J]. Computers Electrical Engineering, 39 (3): 746-761, 2013.

[4] Korde V. A survey on CBIR using affinity graph based on image segmentation[J]. International Journal of Advanced Research in Computer and Communication Engineering, 5 (5): 943-945, 2016.

[5] Bu J, Tan S, Chen C, et al. Music recommendation by unified hypergraph: Combining social media information and music content [C]. in MM, 391-400, 2010.

[6] Bolettieri P, Esuli A, Falchi F, et al. CoPhIR: A test collection for content-based image retrieval [J]. CoRR abs/ 0905. 4627, 2009.

[7] Lowe D G. Distinctive image features from scale-invariant keypoints [J]. International Journal of Computer Vision, 60 (2): 91-100, 2004.

[8] Fujiwara Y, Nakatsuji M, Shiokawa H. Efficient ad-hoc search for personalized pagerank [C].in SIGMOD, 445-456, 2013.

索　引